Research on French Luxury Brand

Design Culture of
LOUIS VUITTON

法国奢侈品牌研究

路易威登的设计文化

邓小燕 著

重庆大学出版社

图书在版编目（CIP）数据

法国奢侈品牌研究：路易威登的设计文化 / 邓小燕
著. -- 重庆：重庆大学出版社, 2024.5
（万花筒）
ISBN 978-7-5689-4445-8

Ⅰ. ①法⋯　Ⅱ. ①邓⋯　Ⅲ. ①消费品-产品设计-文
化研究-法国　Ⅳ. ①TB472

中国国家版本馆CIP数据核字（2024）第074057号

法国奢侈品牌研究：路易威登的设计文化

FAGUO SHECHI PINPAI YANJIU : LUYIWEIDENG DE SHEJI WENHUA

邓小燕　著
策划编辑：张　维
责任编辑：黄菊香　版式设计：M^{oo} Design
责任校对：邹　忌　责任印制：张　策

*
重庆大学出版社出版发行
出版人：陈晓阳
社址：重庆市沙坪坝区大学城西路21号
邮编：401331
网址：http://www.cqup.com.cn
印刷：天津裕同印刷有限公司
*
开本：720mm×1020mm　1/16　印张：22.5　字数：336千
2024年5月第1版　　2024年5月第1次印刷
ISBN 978-7-5689-4445-8　定价：88.00元

致　谢

谨以此书献给我挚爱的、亲爱的、深爱的家人们!

目　录

路易威登是法国历史悠久的奢侈品牌，也是当代商业运营很成功的品牌之一。对于其品牌运营的研究成果，无论是其深度还是广度在学界都已经有相当的关注，而对于其品牌立足之本的设计文化的探讨却显不足，故本书的主要任务是研究路易威登品牌的设计文化。

国际奢侈品行业群星灿烂，为什么要选择法国的奢侈品牌路易威登这颗璀璨之星而非其他国家品牌作为研究对象，主要有以下三方面的考量。

其一，国家在发展奢侈品经济方面的典型意义。学者们普遍认为"19世纪30年代至50年代末是奢侈品牌诞生时期"[1]，18世纪，奢侈品行业和简单的粗制手工业开始出现分化，制鞋业、鞍具制作和帽子制作这时属于奢侈品行业。欧洲是世界奢侈品行业的繁荣之地，而法国又是其中的代表。法国成为世界上奢侈品贸易非常发达的国家源自17世纪太阳王路易十四（Louis XIV）的审美事业及他制定的贸易政策。1830年法国的"七月革命"使奢侈品的发展得到转机，奢侈品的客户开始向新兴资产阶级倾斜。

1　　王海忠，王子. 欧洲品牌演进研究：兼论对中国品牌的启示 [J]. 中山大学学报（社会科学版），2012，52（6）：186-196.

这种变化也带来了设计的品位及主导权逐渐从客户转向工匠。随后，法国又经历了第二共和国和第二帝国时期，受圣西门思想的影响，拿破仑三世（Napoléon Ⅲ）政府制定各项政策大力发展国力，例如兴建铁路、开凿运河、发展造船业、实行自由贸易和对外开放、减少税收促进工业发展，以上基础设施建设和经贸发展带动了纺织业、冶金业、时装业的发展，推动了农业现代化。同时，拿破仑三世政府还大力规划城市建设，鼓励发展私营企业，以此带动社会的发展。当时乔治-尤金·奥斯曼（Georges-Eugène Haussmann）主持改建巴黎，以"笔直、布局、景观"[1]为原则，将巴黎建成世界的中心并体现出法国奢华浪漫的文化形象。巴黎在1855年和1867年分别举了两次世界博览会（以下简称"世博会"），逐渐成为国际时尚之都。工业和经济的发展改善了人们的生活品质，影响着其价值观念和审美品位。1857年，法国的铁路与邻国相通，就此实现了人们旅行生活的理想。正是在这种经济蓬勃发展的社会环境下，法国诞生了很多著名的奢侈品牌，其中就有1854年由打包师路易·威登（Louis Vuitton）创立的箱包企业路易威登之家。起初为皇家制箱的高起点和与时俱进的品牌设计文化为路易威登赢得了日后名冠全球的奢侈品牌声望。

其二，奢侈品牌的声望。在法国众多的奢侈品牌中，拥有160年以上历史的品牌共有六个，除尚美（Chaumet）创始于1780年以外，其他五个都诞生于19世纪中叶，分别是1837年的爱马仕（Hermès）、1847年的卡地亚（Cartier）、1849年的摩奈（Moynat）、1853年的戈雅（Goyard）和1854年的路易威登（Louis Vuitton）。其中尚美、爱马仕、卡地亚和路易威登是世界著名的奢侈品牌，而摩奈和戈雅也分别是法国历史悠久的生产旅行箱包的家族品牌，它们同样专注品质，坚持手工艺制作，研发新品，与时俱进，消费群体也多为社会精英，近年在国际市场上声名鹊起，属于小众奢侈品牌。然而，由于其企业历史的波折和低调的产业战略，这两个品牌相关资料的公开度较低，无从考证。

1　　张丽，冯棠.法国文化与现代化[M].沈阳：辽海出版社，1999：111.

其三，全球排名。本书主要参考学术界和企业界公认且具有广泛影响的 Interbrand Group 的研究结果。根据 Interbrand Group 提供的 2022 年全球最具价值的 100 个品牌排行榜，路易威登名列第 14 位（＋21%，44.508 亿美元），在奢侈品牌行业中排第 1 位，香奈儿名列第 22 位，爱马仕名列第 23 位，是世界上最重要的"元品牌"之一。从经济价值和国际影响力来看，路易威登在 1990 年从家族经营的品牌转变为奢侈品牌集团中的一员后，经济规模不断扩大。2022 年，酩悦·轩尼诗-路易·威登集团（又称路威酩轩集团，Louis Vuitton Moët Hennessy，LVMH）发布的品牌市场上年盈利数据显示，由路易威登主导的时尚和皮具领域在集团内利润占比最大，品牌在设计文化和营销策略方面都跨入了新的阶段，创造了经典和艺术及时尚跨界融合的新美学特征与行业影响力，为其他奢侈品牌的可持续发展提供了参考范式。因此，本书选择路易威登品牌作为研究对象，侧重于设计文化中作为品牌之根本的产品物态设计及其审美元素和创新的研究，同时也对路易威登如何成为奢侈品牌的历史叙事及其品位做出设计学意义上的探究，这四个方面基本能够涵盖设计文化中涉及的重要元素，因此具有设计学意义上研究的必要性。

另外，为什么要研究设计文化？笔者以"路易威登"为关键词进行文献检索，发现关于此品牌的研究基本集中在品牌战略和管理、营销策略、消费文化、消费群体和消费行为、品牌的历史演变、传播、符号、叙事等领域，却很少从品牌的设计文化层面进行学术探讨。作为国际奢侈品牌的路易威登，能在业内驰骋百余年，其设计文化是品牌屹立的根本，没有产品的设计，其他商业运营都无从谈起，从这一点上讲，其设计文化就是非常值得研究的重要课题。

设计文化研究涉及两个核心层面即路易威登的产品和设计文化。"法国"和"奢侈品牌"这两个限定词体现了路易威登品牌的法国性及品牌的社会定位。本书用"一线""四点"构成了路易威登品牌设计文化的"面"相。本书围绕路易威登品牌，以现代性为推动品牌与时俱进的时代背景隐线，以彭妮·斯帕克（Penny Sparke）和盖伊·朱利耶（Guy Julier）关于设计文化的著述为文本框架结构的宏观指导，从路易威登品牌的历史、产品的设计制作、产品的审美元素和创新以及品牌的品位四个论点层面来阐述它如何从现代设计经典雅致的贵奢侈品演变为后现代设计个性化创意的波普奢侈品，如何从家族品牌发展到金融集团下属品牌的设计文化面相。本书首先探讨与奢侈和奢侈品相关的概念，简述奢侈品的历史，讨论法国文化中重奢的本质，总结设计文化的概念，然后从现代性所呈现的社会变革和历史事件背景中，根据路易威登品牌的历史叙事，阐述路易威登为什么能够成为奢侈品牌以及它的设计文化所涉及的主要层面的内涵和外延。

既然是奢侈品牌，那么和它相关的概念如"奢侈""奢侈品"也需要了解。"奢侈品"和"奢侈品牌"的概念表述源自西方。"奢侈"是指过度挥霍、浪费，引申为行为上的过度和生活方式上超过正常规模的华丽，旨在找到一种获得自身尊严的满足形式，是一种满盈和过分之后的重生。"奢侈"一词在中国古代文献中就存在，指过分享乐地挥霍和浪费财物的享乐主义的生活方式，与中国传统思想提倡的"黜奢尚俭"价值观相悖，具有明显的贬义。"奢侈品"（luxury源于拉丁文，意为额外的，或生活附加品）在国际上被定义为"一种超出人们生存与发展需要范围的、具有独特、稀缺、珍奇等特点的消费品"，又称为非生活必需品。从经济学上讲，奢侈品既是指价值/品质关系比值最高的产品，又是指无形价值/有形价值关系比值最高的产品。从严格意义上说，奢侈品就是奢侈物品，是珍贵之物，不用于交易，是有特殊用途的、具有象征意义的物品，同时也具有文化内涵，为世间最尊贵之人所有，学界也称之为旧式奢侈品。在古代，奢侈品是用于交换的、以维护部落稳定和尊严的礼品。到中世纪，它是统治阶级以宗教神灵名义积累的财富和用以表达奢侈生活方式的物品。在现代社会，奢侈品对资本主义的建立、稳定和发展作出了重要贡献，奢侈和进步是如影随形的。现代人理解的奢侈品诞生于17世纪下半叶到18世纪末之间，而且人们越来越多地将它与品位、时尚、审美和经济竞争联系在一起。随着工业革命的兴起和1789年法国大革命的爆发，王公贵族失去了特权，那些为皇家制作奢侈品的御用工匠也开始为其他阶层服务，并在制作的产品上印刻自己的名字以示识别和广告，也是为了更好地进行市场流通，这就奠定了现代奢侈品的基础，即现代意义上的奢侈品牌产品，是和以往奢侈品（旧式奢侈品）定义不同的新式奢侈品。新式奢侈品是带有现代奢侈品文化包装的民主化产品，也传承了欧洲贵族的礼仪和文化。《奢华，正在流行：新奢侈时代的制胜理念》一书中把新式奢侈品归纳为三类：现成的超优质产品、传统奢侈品的延伸和大众名牌。从经济学角度看，现代奢侈品是指价值／品质关系比值最高的产品；从美学层面看，它精湛的工艺或独特的设计能够带来强烈的美学意味和视觉震撼，是美学价值和消费价值最高的产品；从品牌层面讲，它是指品牌形象／消费价值关系比值最高的产品。故奢侈品牌主要有高认知度、高价格、优秀的设计、卓越的品质、身份和地位的象征以及独特的品牌文化及其象征意义等特点。本书在现代语境下指称的"奢侈品"均为奢侈品牌产品，即现代奢侈品（新式奢侈品），它的合法性包括伦理和审美两个维度，涉及从生产到消费的全过程。

设计文化是非常磅礴且复杂的概念，目前学界还未有定论。从词汇组合看，设计文化是关于如何设计的文化、设计过程和文化的联系、设计的文化表征等。

关于"设计"的含义，目前国内外设计理论界和百科全书比较一致的解释是：给一个事物、一个系统制定演绎基础的计划过程就是设计。彭妮·斯帕克在《设计与文化导论》一书中将其分开阐释，然后通过现代设计中的例子来说明设计和文化的关系。她认为设计作为创造性的活动古已有之，但这个概念的提出是和现代社会的发展相关的。设计没有固定的定义，它是随语境变化着的概念，反映在一系列的实践中，受到不断变化的意识形态和广阔的话语背景影响，设计无论是思维还是行为，其实本身就已包含了文化的指涉。从18世纪起，由于工业革命的发展，资产阶级的兴起，社会阶层森严的界限被打破，批量生产的工业产品扩大了消费市场，消费者不仅要求产品功能强大，而且期待产品的美学意义，生产商也需要为消费者设计出让他们永远不满足的产品，因此设计担任了支撑功能和美化形象的双重角色，进而产生了传播时尚文化、承载身份认同和彰显审美品位的外延意义。

"文化"一词也难定义，能指和所指都非常复杂，包含从规范含义到人类学的含义。前者用来描绘人类最伟大成就的活动，依靠人类之手将自然物质改造成适合人类生存和生活的人造物品，物品中凝结着造物者的思想，是人类在社会历史发展过程中所创造的物质财富和精神财富的总和；后者指群族的历史、风土人情、传统习俗、生活方式、宗教信仰、艺术、伦理道德、法律制度、价值观念、审美情趣、精神图腾等等。据考证，"文"的本义指各色交错的纹理，《易·系辞下》载："物相杂，故曰文。""化"的本义为改易、生成、造化。在汉语系统中，"文化"的本义就是"以文教化"。根据上述阐释，文化可引申为：文化离不开人的创造，文化是多元化的，文化可以被传承和改变。故笔者认为"文化"在本书中是指设计的整体活动所涉及的人的思想和行为。关于"文化"的现代定义，国外学者也作出了很多阐释，其中美国文化人类学家A.L.克罗伯(A.L.Kroeber)和C.克拉克洪(C.Kluckhohn)的文化定义普遍为现代西方学者所接受，两位学者在考察了100种文化定义后认为："文化存在于各种内隐的和外显的模式之中，借助符号的运用得以学习与传播，并构成人类群体的特殊成就，这些成就包括他们制造物品的各种具体式样，文化的基本要素是传统（通过历史衍生和选择得到的）思想观念和价值，其中尤以价值观最为重要。"

文化有高雅文化和通俗文化之分，设计通过视觉和物质来表达这两种文化。在20世纪的现代和后现代思潮背景下，如果将设计与文化相结合会产生非常复杂的意义，两者相互影响的结果就是出现现代设计的高尚理想主义设计和后现代有文化差异的个性化设计。彭妮·斯帕克认为，设计借助视觉和物质的语言，以及自身带有的意识形态价值和信息来传达复杂的文化信息。在这种意义上，设计可以说是文化构建过程的一部分，而不仅仅是其反映。

盖伊·朱利耶在《设计的文化》中认为设计文化领域是围绕着物品、

空间或形象而展开的设计师设计、企业生产和消费者购买三者之间的互动与联系。其中设计师的教育和训练背景、意识形态因素、历史影响、其职业地位以及对市场的认知是产生设计物的基础；设计在生产领域将在材料与技术、制造系统、营销策略、广告传播、产品定位和销售渠道等部门的联合支持下被物化成为产品并被推向市场；当企业生产出的产品到达消费领域时，就需考虑当地的人口问题，群体内的社会关系、人们的购买力、品位、心理反应，以及在跨文化经济中的人种学因素。一旦设计行为和上述因素关联，就构成了具有文化色彩的设计过程，就会产生社会语境中的设计文化。

综上，笔者认为无论"设计"是名词还是动词，只要这个词成立，即行为发生并产生结果，那么设计就带有了文化色彩，就与文化产生了交集，就呈现出和文化相关的社会背景、设计师、生产过程及消费者深刻而丰富的关联，就会产生物质和精神层面的结果，即文化产品及其审美品位。在现代设计转向后现代和新现代设计的过程中，设计产品和形象接替了装饰艺术的位置，担当起促进经济发展、改善物质生活、提升日常生活审美、维护人际交往、区分社会品位的角色。从设计作为主体的角度来看，设计既是设计文化整体过程中的开端，也是核心，这个动态运行的过程涉及多种文化要素，各要素之间相互关联、相互支撑，从而形成一个设计文化的网络和循环过程：设计师—设计思想—设计行为—产品—广告和媒体—销售场域—消费者—生活方式—社会象征意义。从设计所包含的消费层面看，设计在动态的社会语境中能创造出视觉表象以及表象之外的符号意义，从而不断变化和更新着作为"生活方式"的文化。而文化需要物质来维持其稳定性。设计的作用就是以变化来维护物质文化的平静状态；在设计师主导的语境中，将未加工的自然物通过理性的规划达成深思熟虑的结果，这种结果通过媒介被消费，并为消费者树立起物质和精神上的信心。简言之，设计文化无法定义，作为现代概念，它在设计的整个过程中主要涉及设计师、产品、消费者这三大要素，它是一个诸多关系要素相互作用的动态过程，是产生有形结果和无形结果的过程，其中现代性这个复杂的隐形背景对设计走向设计文化起到重要的关联和推动作用。

从设计师方面看，由于早年为法国皇室和上流社会定制箱包，因此企业被赋予奢侈品制造者的名声和传统，经历几代家族成员的振兴和创新，将品牌传统和品位延续至今。路易·威登创立企业，改革箱型和材质；乔治-路易·威登（Georges-Louis Vuitton）继承传统，发明箱锁和经典花押字图案（Monogram），将制箱延伸至手袋制作，将企业扩展至英国和美国；嘉士顿-路易·威登（Gaston-Louis Vuitton）及其子经历了第二次世界大战期间的企业调整，并在战后重振企业；其女婿亨利·雷卡米耶（Henry Racamier）使路易威登走上了全球化和集团化的道路（和酩悦·轩尼诗合并为LVMH奢侈品牌集团）；LVMH奢侈品牌集团由伯纳德·阿诺特（Bernard Arnault）执掌后，聘任马克·雅可布（Marc Jacobs）作为继往开来、重新定位路易威登品牌设计发展方向的创意设计总监，为品牌的设计文化提供了多元的可能性。

从产品设计方面看，自18世纪起，工业革命为欧洲各国和美国带来了现代性的生机，促使工商业运营、交通运输设施和运营方式、交通运输工具的创新、城市规划和道路扩建、殖民地探险活动等发生了巨大变化，并且带动了其他行业的发展，使工作场域发生转移、生活方式发生改变，旅行成为时尚，产品的制作方式有了可以使用机器的选择，工业化生产的批量产品打破了消费阶层的藩篱，现代化进程使流动性的生活方式成为可能，进而使旅途中需要携带的箱包成为必要物品。在社会生产方式发生革命性变化的历史背景下，设计也成为时代精神的产物，不仅体现产品的使用价值，还体现其表达消费者社会身份的形象价值，同时也是传播时尚理念和现代性的重要使者。生活方式的现代性促使路易威登的行李箱设计呈现出革命性的改变，在形态、重量、材质、颜色和图案上都完全与中世纪及19世纪中期的传统行李箱大相径庭，明显具有了现代设计的特征，这一点在乔治-路易·威登撰写的《从古代至今的旅行》一书中可窥见一斑。路易威登行李箱的设计具有现代性特征，是时代的产物。自19世纪中叶以来，当旅行成为时尚和生活品位的镜像时，行李箱也随之产生了革命性的意义和变化。在形态上，箱盖和箱体造型的改变是与交通工具及时装的改革相对应的，箱型从以往适合马车装载的拱形盖箱转变为可放置在火车、轮船和飞机舱位里的叠放式平盖箱（Trunk）；在重量上，箱体框架采用更轻的杨木或榉木，以便携带和搬运；在材质上，将传统的箱体厚皮质外壳换成经过面粉浆胶处理的帆布和后来的 PVC 胶化材料；在色彩上，采用具有理性色彩的、体现现代性的技术乌托邦主义的浅栗色、棕色、黑色和灰色；在图案上，箱体表面从以往具有中世纪特征的缠枝花草纹样的雕刻和饰物镶嵌转变为简洁的几何纹样即条纹（Rayée）、棋盘格（Damiers）和花押字图案。另外，无论是箱体还是箱内格局都力求形式追随功能，保障物品置放空间的合理性和安全性，使行李箱的用途符合消费者的需求和品位。上述箱包的变化体现了现代性背景下的设计在社会政治、经济、文化、艺术等因素影响下所形成的设计文化。

从品位建构方面看，随着工业革命的深入，帝制的崩塌，共和制的建立，审美的资本化和品位的大众化，这些现代性特征使路易威登的产品设计、生产和消费步入了民主化的时代，各社会阶层所拥有的文化资本使其体现出消费趣味和品位，故产品的设计和生产也呈现相应层级，并使对应的品位合法化。品位显示其教养和审美配置。19 世纪中叶，由于铁路运输发达，旅行度假蔚然成风；城市改建出现了很多公园和休闲场所，休闲服装和时装的铁丝结构裙撑流行；鳞次栉比的百货商店使购物便捷、生活有品位，于是产生了对户外野餐箱、分格箱和系列旅行箱的需求。另外，箱子经常被仿制，促使制箱商不断推陈出新。产品生产要对应消费需求，这就需要企业生产出的产品具有对应的消费品位。首先，建构贵族需求的奢侈品的品位。路易威登的箱包因其皇室钦点的身份和专门为各国王公贵族、社会名流定制产品而成为符合上流社会品位的产品，其宣传的途径来自贵族群体的举荐及世博会获奖认可。其次，建构现代奢侈品牌的品位。路易威登通过店铺橱窗展示、平面广告、摄影广告、电影中的道具、参加世博会及各种展览、举办各种社会活动、设立路易威登艺术基金会、出版刊物等途径提高社会认知度。此外，路易威登聘任时尚设计师使传统箱包具有后现代波普文化的艺术性和时尚性，以此形成多元阶层的消费品位。最后，路易威登通过对产品附加艺术元素或将产品置于艺术空间、将装置艺术置于店铺空间或者以数字化纹理将店铺外立面包装成超平建筑，以提高品牌的艺术品位和时尚品位，进而提高消费者对品牌的认知度和好感度。

此外，路易威登精辟的市场销售策略包括在黄金位置开设店铺，以限量培植"选择性销售"、店铺门前排队营造热度、缺货煽动的"饥饿销售"、维护商品从不降价打折的公正价格等方式来普及公众对品牌的感知，以及维护已有客户的品牌忠诚度。这也是品牌设计文化的一部分，能为国内品牌进行商业活动提供思考和借鉴。

本书相关内容大致为：引言主要阐述了写作逻辑以及研究法国奢侈品牌路易威登设计文化的必要性。通过对"设计""文化""设计文化""奢侈""奢侈品"及"奢侈品牌"等相关概念的辨析，廓清了路易威登设计文化所涉及的研究范围，并对为什么要研究其设计文化作出了阐释。目前，虽然中国的奢侈品牌发展取得了一些成就，但在品质、设计创意、品位建构等方面和国际品牌还存在一定差距。第一章"路易威登品牌设计文化相关概念的内涵和外延"分为三节。第一节"奢侈品和奢侈品牌"，主要阐释奢侈、奢侈品及奢侈品牌的含义，奢侈品的特征，如伦理、审美及合法性，进一步探讨奢侈品、艺术品、时尚物和装饰品之间的关系，并论证奢侈品是艺术品、时尚物和装饰品的结合体。第二节"奢侈品和奢侈品牌的历史"，梳理了奢侈品从旧式奢侈品发展到新式奢侈品、从奢侈品演变至奢侈品牌的历史，同时在此大历史背景下追溯了奢侈品牌路易威登的发展历史。第三节"设计、文化及设计文化"，着重阐释设计、文化的含义以及设计文化的内涵和外延，据此，对路易威登的设计文化及其所涉及的范围展开深度论述。在阐明论题相关概念后，第二章到第五章详细论述路易威登品牌设计文化的各个层面，这四章是并列的逻辑关系。第二章"路易威登品牌设计的叙事文化"，叙事文化即对路易威登从奢侈品到奢侈品牌的演变历史做梳理性论述，共分为三节。第一节"路易威登品牌叙事的功能结构"，从历史渊源、传奇人物、时间形状、手工制作、尊贵产地及艺术点睛六个方面论述路易威登成为顶级奢侈品牌的前提。第二节"路易威登产品之叙事"，论述了现代奢侈品的制造者、品牌创始人路易·威登是如何从打包工成为制箱师，其产品又如何被冠以奢侈品的荣誉的。乔治子承父业在现代旅行业兴盛的时代背景下，又是如何将现代奢华商品推向现代奢侈品牌的创新高度的。第三节"路易威登品牌之叙事"是路易威登品牌进入民主化消费时代的历史，论述了乔治之子嘉士顿遵循品牌秉持的"随变哲学"，在品牌中加入美学要素，将奢华精神发扬光大，以及在经济全球化和资本集团化的语境下，路易威登（LV）被并购成为LVMH集团的一员，在保持经典的同时开创了跨界合作的历史。第三章"路易威登品牌产品的'物态'设计"，通过对经典箱包和手袋的工艺性和功能性的论述，论证优异的质量和独特的工艺是成就品牌奢侈声望的基础。第四章"路易威登品牌的审美元素与创新"，从品牌标识的"魅感性"、品牌产品的艺术性以及品牌产品的时尚性三个方面来论证路易威登箱包手袋的美学力量。第五章"路易威登品牌的品位建构及启示"，实际上是在前三章的基础上对奢侈品牌的升华论述，从对品位的认知、品位和生活方式、品位和设计及品位和时尚的关系三个方面来阐述路易威登品牌的品位是权力的象征和生活方式的体现。此外，本章通过对路易威登品牌设计文化的分析和论述，为建构具有国际影响力的中国奢侈品牌提出些许思考和启示。本书研究的路易威登的设计文化涉及重要的设计师、经典产品和品位建构三个主要方面。另外，和设计文化相关的营销和消费因素，都交织在各章的论述中，因其主要属于品牌管理学范畴，故不另辟章节论述。

通过全方位研究，本书力图要表达的是设计文化体现的是奢侈品牌与时俱进的"随变哲学"以及产品所表达的体现生活方式、权力（权利）、国家文化的品位等外延意义。如果超越物象从精神层面看，奢侈品的设计实质上是在设计上对奢侈的想象和对未来美好生活的理想。

第一章

路易威登
品牌设计文化
相关概念的
内涵和外延

路易威登是世界知名的奢侈品牌，它源自法国。在过去的一个半多世纪中，从创立企业到企业品牌设计战略转变，路易威登的品牌面貌也从传统的款式和色调转向呼应时代的波普艺术品和时尚文化品设计。纵观时代变迁，它经历几番沉浮，但依然熠熠生辉、充满活力，这种活力源自它对自身的定位、对其品牌设计理念的认知及对和设计相关文化的深刻理解，才能游刃有余、恰到好处地游走于"设计"这个概念所涉及的手工艺和机械化工业两个领域之间。

要深入理解作为奢侈品牌的路易威登的设计文化，首先需要了解和奢侈品相关概念的内涵，以及这些概念所涉及的历史等外延因素，其次是设计如何与文化相结合而产生设计文化。借此，我们才能深刻理解路易威登品牌的"奢侈"性质和它保持品牌独特风格并持久发展的缘由。

第一节　奢侈品和奢侈品牌

奢侈和奢侈品是人类社会迄今为止一直都存在的现象（或行为）和物

体，而奢侈品牌及其商品则是现代意义上的概念和物体。"奢侈品"是源自欧洲的舶来词，是权贵阶层的专属物品。奢侈品牌起源于法国，与艺术和时尚相关，随着经济全球化和跨文化交流的深入，其服务对象也从特定阶层转向各阶层民众，其设计也从传统理念走向艺术化和时尚化，从而加速了奢侈品交易在国际市场上的蓬勃发展。此外，奢侈品的伦理、审美及合法性也受到关注，所以说它不仅关联着经济现象，更体现着一种设计文化。

一、奢侈、奢侈品及奢侈品牌

关于奢侈、奢侈品及奢侈品牌这三个概念的辨析，刘晓刚在《奢侈品学》中概括了它们之间的区别：奢侈是指消费行为，奢侈品是指商品性质，奢侈品牌是指文化现象，即奢侈是举动，奢侈品是物质，奢侈品牌是精神。如果说它们之间的关联，可以理解为物质在人的行为参与下走向精神。如此，冠以品牌的奢侈品的能指和所指才能真正体现出来。

（一）奢侈：从词源含义到当代定义

对于"奢侈"的理解，权威的《牛津高阶英英词典》《剑桥高阶词典》和《柯林斯高阶英英词典》三大辞典对"奢侈"（luxury）的解释概括起来大致可以提炼出三个要点：贵重的、赏心悦目的、非必需的。

从词源学的角度看，《牛津英语词汇词源学习词典》及《牛津英语词源词典》等权威词源词典显示"luxe"（奢侈）的词源是拉丁语"luxus"（名词兼形容词），其本义是农业术语，最初指"多生长出来的东西"，后来衍生为"过度生长的东西"，最后演变成"普遍意义上的过度"，自17世纪起，它才有了"奢侈"的含义。"luxe"所承载的过度含义中也包含华丽、奢华或公共奢侈风采的正面含义。自此，这种"过度"就服务于社会体系或者在该体系中进行真实或象征意义上的再分配。[1] 但是，"奢侈"

1　卡尔·波兰尼.巨变：当代政治与经济的起源[M].北京：社会科学文献出版社，2013.
　　VEYNE P. Le pain et le cirque: sociologie historique d'un pluralisme politique[M]. Paris: Seuil, 1976：73.

这个词，在其个体意义的"过度"承载中也吸收了同根词"luxuria"的负面含义，即"堕落的放纵"。对于这种一词两意的对立，伯纳德·曼德维尔（Bernard Mandeville）早在1714年撰写的《蜜蜂的寓言：私人的恶德，公众的利益》里就作出了富有挑衅性的揭示，他认为诸如"奢侈"这样的"恶"行是人追求快乐和利益的本性，是推动社会繁荣的必然存在。

"奢侈"一词在中国古代文献中就存在，《国语卷十四·晋语八》记载："及桓子骄泰奢侈。贪欲无艺，略则行志，假货居贿，宜及于难，而赖武之德以没其身。"[1]中文"奢侈"一词的象形表达是"大者"为奢，指物品形态过度、过分，引申为夸张、霸气，"人多"为侈，指数量多，含有过剩、浪费、势众、浩荡之意。两者合一，意味着大、多、气势磅礴。"奢侈"在中文里是贬义词，用以指一种过度异于常规的生活方式或物品的状态，也指过分享乐地挥霍和浪费财物的享乐主义的生活方式，与中国传统思想提倡的"尚俭黜奢"的价值观相悖。

从上述关于"奢侈"一词的分析，可以看出无论在什么国家，"奢侈"系统的基础都具有诱惑性，保留某种距离感以及物有所值的余量，目的是能为平凡的生活和简朴的装饰增添一种光环。从精神层面看，"过量"可以成为人们为自己和他人准备的一种满足感和馈赠。"奢侈"的这种双重性既"过分"又"阔绰"，包含着对自己和他人的尊重和宽容，也就是说，在"奢侈"中寻找一种获得自身尊严的满足形式。因此，超越物质的"奢侈"代表着追求理想的活力，它能产生一种感官快感，带来激情、舒适与和谐。"奢侈"因社会语境不同，能指和所指也就不同。

从现当代的社会语境看，根据法国市场研究公司的最新观察，"奢侈"来自自我意识，因此，"人们不能再把奢侈归结于物品。'奢侈'源于物品与认同它的人的深层自我相遇"[2]。这个研究认为，"奢侈"应该被彻底去

---

1   左丘明.国语[M].韦昭，注.胡文波，校点.上海：上海古籍出版社，2015.

2   P. 德卡夫.什么是适应新千年风尚的奢侈概念？[J].Rime 98通报，1998，3（26）：27. P. 德卡夫是法国市场研究公司社会视角的总经理。

等级化，应该放弃不再流行的豪华理念，转而表达思想观念。"奢侈"应该是想象力的驰骋，体现的是生活的艺术。"奢侈"更应该上升到高级的文明境界，不仅仅是满足自我欲望和社交性需求，还要懂得创造更丰富的关系价值。"奢侈"在后现代的思潮中主要体现为侧重激情、感觉和日常生活审美等。从品牌管理的意义上看，"奢侈"意味着品牌需要赋予消费者购买的物品的溢价和品质，以证明这个看上去昂贵的价格是合理的。帕米拉·丹席格（Pamela Danziger）在他的《流金时代：奢侈品的大众化营销策略》中认为从消费的角度来看，"传统奢侈"聚焦于奢侈品带来的社会地位和财富，而"新奢侈"则注重体验和情感带来的精神富有，因此，承载"奢侈"的奢侈品也会呈现出厚重的历史气息和当代的时尚气质。

（二）奢侈品：从物品到商品

"奢侈品"一词来源于拉丁文"Luxuria"，其含义是额外的物品或生活的附加品，是奢侈概念的具象化。奢侈品是超越必需品的物品，它是情感和功效的混合物，它可以让生活锦上添花。从社会意义上看，奢侈品确实是优越的，严格遵守社会等级制度，代表着善与美、人与物的重新调和。奢侈品从严格意义上讲是奢侈物品，不用作流通交易，是具有特殊用途、具有象征意义的物品，同时也具有文化内涵。它是世间的珍贵之物，稀少而独特，不可复制，极其昂贵或无价，凝结了时间的价值，享有至尊地位，为世间最尊贵之人所拥有。

"奢侈品"没有统一的学术定义，它的概念在特定的时间和空间是动态变化的，取决于当时的社会认为的那些超出人们预期的事物。稀有、昂贵、极大地愉悦人心、非生产性支出是它的特征。美国经济学家沃夫冈·拉茨勒（Rowohlt Verlag GmbH）在《奢侈带来富足》一书中认为"奢侈是一种整体或部分地被各自的社会认为是奢华的生活方式，大多由产品或服务决定"[1]，因此，"奢侈品"则是一种超出人们生存与发展需要

---

1   沃夫冈·拉茨勒.奢侈带来富足[M].刘风，译.北京：中信出版社，2003：46.

范围的、具有独特、稀缺、珍奇等特点的消费品（或服务）。在工业革命前，英国学者亚当·斯密（Adam Smith）在他的《国富论》中只是简单地把奢侈品归为所有不属于必需品的物品。

奢侈物品如果进入流通领域就成了商品。恩格斯对商品进行了科学的总结："商品首先是私人产品。但是，只有这些私人产品不是为自己消费，而是为他人的消费，即为社会的消费而生产时，它们才成为商品，它们通过交换进入社会的消费。"[1]因此，奢侈商品是在流通领域用于交换的稀有、珍贵、品质非常优异的物品。从经济学角度上讲，奢侈品是指价值与品质关系的比值达到最高的商品。从营销学层面看，奢侈品是指无形价值与有形价值关系的比值达到最高的商品。

奢侈品是一个有历史意味的存在，是由不同的社会性质、社会结构、社会文化内涵及经济基础决定的。因此，奢侈品不仅是经济现象，而且具有社会内涵和精神内涵，甚至具有政治价值和道德价值。

在理解奢侈品时，经常会看到一些相关概念，如珍品、高档品、准奢侈品、半奢侈品、新式奢侈品和旧式奢侈品。设计评论家彼得·多默（Peter Dormer）认为"高端设计"[2]分为两类：珍品，为富人设计的物品；象征品，是"想要成为有钱人"的那个群体购买的物品。根据上述说法，珍品是拥有高端设计的、具有高性能的珍稀贵重物品，同时它的来源也为它增加了经济价值和文化价值。珍品设计如果应用在批量生产工业中，就产生了大众化的奢侈品，即"准奢侈品"。吉尔·利波维茨基（Gilles Lipovetsky）和埃丽亚特·胡（Elyette Roux）在《永恒的奢侈：从圣物岁月到品牌时代》中说，高级时装实现了艺术的手工制作与工业联盟，因此机械化的进步也带来了针对中等阶层的廉价"半奢侈品"，即"假奢侈品"。根据上述定义，"半奢侈品"实际上是仿制品，在材料和款式上仿制真品，以满足大众消费。大型百货公司是推行"半奢侈品"的主要媒介。

1   百度百科"商品"词条.

2   彼得·多默.现代设计的意义[M].张蓓，译.南京：译林出版社，2013：118.

在此场域中，不可遏制的购买欲望和便宜合算思维取代了礼仪式的相互交换。"半奢侈品"也就在个体化、情感化、大众化的当代奢侈品发展历程中诞生了。还有学者区分了"旧式奢侈品"和"新式奢侈品"。"旧式奢侈品"是伴随人类文明同时诞生并发展的，或是具有象征意义的物品，或是运用稀有材料或技术，由工匠设计制作的用于表达愿望或展示地位和权力的、工艺精美绝伦、材质稀有贵重的物品，如古代君王拥有的稀世之宝、圣物或现在被认为的古董，以及为这些人群提供的相应服务。"旧式奢侈品"多数是受王公贵族委托的私人定制品。"新式奢侈品"是在19世纪奢侈品牌授权的商业模式建立以后，奢侈品的生产方式、服务对象、销售模式发生重大变化而出现的符号化奢侈品，确切地讲是奢侈品牌。"新式奢侈品"在很大程度上是商业利润驱动的民主化产品。从严格意义上讲，真正的奢侈品是奢侈品牌产品之前的迎合上流社会品位的手工艺物品，而非机械化生产的品牌产品。

经济史学家扬·德·弗里斯（Jan de Vries）将欧洲贵族才能拥有的"旧式奢侈品"和他所定义的"新式奢侈品"做了对比："过去，'奢侈品'主要作为一种区分身份、时间和地点的标志；而'新式奢侈品'则更多的是为了传达文化意义，并且允许参与者之间建立一种互惠关系。"[1]18世纪时，奢侈品的定义发生了新的变化。奢侈品不再是传统贵族身份的象征，而是资产阶级新贵们财富积累的标记。这就是现代意义上的奢侈品，是一种新型的奢侈品概念。现代奢侈品和品牌物都属于"新式奢侈品"。《奢华，正在流行：新奢侈时代的制胜理念》一书中把"新式奢侈品"归纳为三类："现成的超优质产品、传统奢侈品的延伸和大众名牌"。首先，"新式奢侈品"并非真正意义上的奢侈品，不能划归奢侈品范畴。"奢侈品"是权力、稀少、完美、独特和情感的集合物。"新式奢侈品"从含义上来看已经和

---

1   JAN DE VRIES. Luxury in the Dutch Golden Age in theory and practice[M]// BERG M, EGER E. Luxury in the eighteenth century: debates, desires and delectable goods. Basingstoke: Palgrave, 2003: 43.

诞生之初的奢侈品文化渐行渐远。最明显的推动"新式奢侈品"发展的动力是经济价值，量化的奢侈品含有的稀有性特质已经消失。其次，"新式奢侈品"是观念转变的产物，奢侈品的大众化使其阶级属性弱化而个体欲望突出，破坏了它的独特性和权力象征性。因此单纯从物质成就的角度看，"奢侈品"的稀有、手工艺、财富和权力地位的象征性等文化特征都在淡化，逐渐被强烈的民主色彩所代替。从严格意义上讲，"新式奢侈品"已经不是真正的奢侈品，它只是借用奢侈品的文化包装出来的大众化物品，借以满足经济发展的需要与大众的奢侈品理想。它的流水线式手工制作和工业化的参与，大大提高了生产效率，为奢侈品大众化奠定了物质基础；它的民主性使它得以创造出更多具有流行美学特征的时尚奢侈品。因此，"新式奢侈品"一词的概念仅代表奢侈品牌授权商业模式之后演变出来的一种高价值物品。过去少数特定人群的神圣化的奢侈品向现在的每个人的大众化奢侈品过渡，贵族奢侈品与大众奢侈品并存。这并不是奢侈品高品质保值特点的改变，而是一种"奢侈"的人性化细分。

时装设计师加布里埃·香奈儿（Gabrielle Chanel）说："我爱奢侈品。奢侈不是代表富有和华丽，而是高雅和有品位。"[1]因此，从设计和消费两方面来说，奢侈品是精神性高于功能性的物品，是个体自我理想的投射，也是自身品位的镜像，是一种内省性物品。不同的人在不同的语境下对奢侈和奢侈品有不同的理解。正如香奈儿所说："奢华的反义词并非贫穷，因为在穷人的家里也能品尝到一锅美味的蔬菜炖牛肉。奢华的反义词并非简朴，因为就算是日常可见的谷仓也有它的美。奢华往往简朴，但粗俗才是和它完全相反的概念。"[2]因此，从富贵华美的奢侈物品到高雅有品位的奢侈商品，奢侈品经历了从"旧"到"新"的转变生成，虽然商业色彩愈加浓厚，但文化内涵也愈加复杂。

1   帕米拉·N.丹席格.流金时代：奢侈品的大众化营销策略[M].宋亦平，朱百军，译.上海：上海财经大学出版社，2007：21.

2   彼得·麦克尼尔，乔治·列洛.奢侈品史[M].李思齐，译.上海：格致出版社，2021：1.

（三）奢侈品牌产品：从商品到品牌产品

"品牌"一词起源于古挪威文"brandr"（原意为"烙印"），故品牌原始形态最早源于欧洲，一般都是工匠将自己的名字印记在自己制作的物品上，用于识别和契约宣传。品牌涵盖的不仅是产品的本体和用途，还包括标识、符号、形象、声誉以及由此品牌所引发的联想等因素。汪秀英在《品牌学》中从"品牌"的字面意思理解："品"是物品、有品位之物，引申为商品与服务的品格和修养；"牌"为印记、标号、产品的名称、商标。所以"品牌"意为"有品位的牌子，它凝结着企业对品牌的培育所付出的劳动与智慧，体现着企业的风格与特征……"[1]

在"品牌"前加上限定词"奢侈"就意味着"品牌"所代表的产品"昂贵"、带有"高附加值"。"奢侈品牌是指奢侈品的名称、术语、标记、符号，以及目标顾客、营销定位和营销组合等要素的结合，打造品牌的目的在于与竞争对手的产品相区别，并给顾客带来特有的附加价值和精神享受。"[2]奢侈品牌是一个综合的文化体，包括和产品相关的各种因素及设计制作与销售等各个阶段。同时，"品牌"也是卖者和买者之间的契约，是卖者给予买者消费上的承诺。

现代品牌的历史可追溯至欧洲悠久的商业历史和最早的现代工业革命。法国当属奢侈品牌的发源地，起源于路易十四执政时期。法国国王路易十四执政期间推动了奢侈品贸易发展，并在宫廷形成了奢侈高雅的生活方式。随着1789年法国大革命爆发，奢侈品的使用阶层扩大了，那些大革命前仅隶属于王公贵族的能工巧匠在大革命后纷纷放下御用工匠的身份，通过创造出有可识别标签的精美物品为贵族阶层之外的、更多的新兴资产阶级、中产阶级及普通人服务。标签具有身份所属和识别功能，是一种印记，也就是现代意义上的品牌，但它更具为了社会流通而竭力广告的意味。

1　汪秀英.品牌学[M].北京：首都经济贸易大学出版社，2007：2.

2　李飞，贺曦鸣，胡赛全，等.奢侈品品牌的形成和成长机理：基于欧洲150年以上历史顶级奢侈品品牌的多案例研究[J].南开管理评论，2015，18（6）：60-70.

从奢侈品的本质上讲，奢侈品从皇宫走出来之后，不再一定要显得华贵奢靡，但一定要继续保持精致得体，实际上也传承了欧洲封建社会的贵族文化和礼仪。因此，奢侈品的礼仪和文化与现代社会商品讲究的流通性、交换价值和使用价值结合在一起，就产生了带有创始者标识的现代奢侈商品，即奢侈品牌产品。先前具有贵族气质的奢侈品逐渐演化为巴尔扎克所说的"简洁的奢侈"[1]，具有了现代性的特征。19世纪20年代末到50年代末，法国和瑞士诞生了欧洲第一批奢侈品牌。此后，奢侈品牌在全球化、集团化和资本化的路径中不断演化至今。奢侈品的发展依赖经济全球化，以及扩展品牌的国际规模和声望。随着现代工业的发展，奢侈商品制造者开始注重广告效应，致力于把"名家"发展为著名标签，将发源国的有限知名度发展为世界知名品牌，这正是现代性的体现。奢侈品牌物最突出的特征是非常卓越的品质、非常昂贵的价格及强烈的品牌声望效益。随着奢侈品牌物的知名度不断提高，奢侈品牌也衍生出多层次的副线大众品牌，因而现代及后现代奢侈品逐渐呈现出个性化、完美质量、先进技术、优美设计、情感共鸣、前卫时尚等特点。

然而，无论是从其价值的恒久性、身份的象征性还是审美的高雅性看，奢侈品都是人类对欲望和尊严的一种投射，是一种象征物，具有排他性。在奢侈品向奢侈品牌物演变的过程中，需要以下四个维度做支撑才能撑起品牌身份：赋予品牌传奇叙事，设计独特的品牌标识，拥有专业的品牌管理，融合传统工艺和现代时尚。

路易威登正是在奢侈品从权贵阶层转变至民主范围的时期诞生的。路易·威登结束打工生涯和宫廷服务之后，专门创立以自己名字命名的企业，为旅行者设计制作款式新颖、功能强大的行李箱，其中平盖行李箱（Malle trunk）具有划时代的意义。行李箱在时代迭代更新的过程中，在走向

1　　吉尔·利波维茨基，埃丽亚特·胡.永恒的奢侈：从圣物岁月到品牌时代[M].谢强，译.北京：中国人民大学出版社，2007：40.

流通领域时都印有创始人首字母缩写的商标，这个标识也逐渐成为路易威登企业的品牌，而乔治-路易·威登创作的花押字图案是更具辨识度的品牌标识。无论是家族企业还是转向品牌集团管理，路易威登始终坚持手工制作的工艺，设计风格融合艺术和时尚元素，从而构成了品牌身份的维度。

根据上述论述，关于奢侈、奢侈品、奢侈品牌之间的关系可从图1-1中理解。

图1-1 奢侈、奢侈品、奢侈品牌之间的关系

(四) 路易威登：从奢侈商品到奢侈品牌产品

路易威登是1854年诞生的法国奢侈品牌，也是威登家族代代相传的以箱包手工艺经营为主的家族企业，20世纪90年代后，路易威登和其他品牌合并为LVMH奢侈品集团。路易·威登起初是为皇家制包的，在天时、地利、人和的境遇中，建立工坊、开设店铺，为上流社会和精英阶层定制功能各异的行李箱。从整体上看，箱子的材质名贵或稀有、设计现代、质量优异、功能强大；在制作方面，箱子的手工技艺精湛、工序严格，同时也符合王公贵族的身份，因此成为皇室的御用奢侈商品，后来由于皇室的举荐也逐渐成为上流社会的高定奢侈商品。随着科技的进步和交通方式的迭代，轮船、火车和飞机成为成熟便捷的出行工具，旅行成为时尚，带有各种功能的行李箱，如衣柜箱、床箱、书桌箱、梳妆箱、野营箱等成为旅行和远足的必备品，同时也成为移动的家具，体现了非传统的生活方式。作为奢侈商品的路易威登行李箱的样式和功能也应时扩大，为了防止他人仿制，行李箱上都印有标志品牌身份的路易威登（LV）商标，箱体上是独创的花押字图案标识，此时的行李箱也从奢侈商品转变为奢侈品牌物。20世纪90年代后，路易威登与时俱进、推陈出新，将时尚引入品牌领域，

使品牌的品位分层中加入了大众化的趣味，因此品牌的类属中也包括了大众奢侈品牌物。在此过程中，路易威登完美地融合品牌的二元特质，如高级感与普及性、创新性与商业性、传统典雅与流行时尚。从排他性拥有到民主化消费，路易威登通过采用一系列的设计战略和经营策略来展现品牌个性和品牌实力。在设计战略方面，路易威登虽坚持家族传统但勇于开创，在经典中融入艺术和时尚；在经营策略方面，路易威登拥有其他品牌无法模仿的商品、超越价格的独特价值、独立的流通渠道、特立独行的促销手法等。因此，在从奢侈商品转向奢侈品牌产品的经年累月的设计文化中，路易威登形成了自己独有的、厚重的品牌文化。

二、奢侈品的伦理和审美及合法性

吉尔·利波维茨基和埃丽亚特·胡在《永恒的奢侈：从圣物岁月到品牌时代》中认为奢侈品的身份和合法性存在两个维度：伦理和审美。奢侈品牌物需要激活消费者记忆中与其相联系的所有认知，包括伦理和审美，使其体验到某种共情、分享某种联觉，以合法性证实它的价值。

（一）奢侈品的伦理和审美

伦理和道德都与风俗德行相关。伦理是一种规范行为、试图实现自身价值的方式，而道德是将完美的生活与体现某种普遍性愿望和某种强制效果的标准结合起来。伦理是内生的，属于个体意愿范畴；道德是外源的，属于义务范畴。如果说奢侈品的伦理和感知、审美相关，那么它首先要以蕴含和体现美感来实现自身价值。在《审美人——民主时代审美观的创造》一书中，作者吕克·费里（Luc Ferry）指出，鲍姆加登（Baumgarten）在1750年把美学定义为"感性知识的科学"，那是一个美的表现发生彻底变革的年代，美在这时可以理解为品位，"当美如此紧密地与人的主观性联系在一起时，人们甚至可以把它界定为美带来的快感和它在我们身上唤起的感觉或情感"[1]。一件物品不是因为它的"内在"美而引人入胜，而是因为它带来某种视觉和心觉的快感，人们才认为它是美的。对美的感知也是世界观的传达，感受到美即唤起了伦理的激情，奢侈美学是精致、细腻、追求完美的美学。它不仅来自技艺和文化的考究，还来自奢侈品在宏观意义上的风格、物品的自律及物品所表现出的各种感觉形态即"联觉"[2]的协调性——触觉（重量、手感）、味觉、视觉（形式、颜色）的协调。伦理和美学相关联构成了奢侈的生活方式。从伦理和美学层面来定义奢侈，吉尔·利波维茨基和埃丽亚特·胡认为："奢侈是一种伦理（世界观）对任何经济因素的抗拒与一种美学（奢侈）被认为是通过感觉一致性来传递某种激情的唯一方式的结合。奢侈作为生活方式应该被定义为是伦理与美学的结合。"[3]一切经济因素都在控制之外，奢侈品制造者必须平衡好经济原则与拒绝一切经济因素的伦理之间的关系。比如，奢侈品牌长期以来是否合法合理获取极其稀有的原材料、是否达到手工艺精工细作的要求、质检是否严格、是否付出了时间价值等。要实现奢侈伦理和美学这个双重维度的不同要求，在从生产到销售再到消费的整个过程中，从伦理层面看，肯定会出现不可抗拒的因素，如路易威登皮包从选皮料到皮革加工和处理（挑选生皮、分离生皮、切割、清洗、鞣制、植物鞣皮、挤压、加油脂、干燥和平整、分类拣选、检查厚度、测量面积）都是手工完成的，再经过非常严格的质量检测以保证其优质、耐用、纹理均匀，整个过程都是由巴黎阿斯涅尔（Asnières）手工坊的专业工匠，以古老的传统技艺完成的。因为在选购皮料和皮种上，合适的数量和质量是不可能绝对预测和计算的，如

1   FERRY L. Aesthetic man—an invention of judgment in the democratic age (Homo aestheti-cus—l' invention du gout a i' agedémocratique)[M]. Paris: Grasset, 1990: 33.

2   吉尔·利波维茨基，埃丽亚特·胡. 永恒的奢侈：从圣物岁月到品牌时代 [M]. 谢强, 译. 北京：中国人民大学出版社，2007: 154. 埃丽亚特·胡的注释：这是对五种感官联系的参照，是 J.M. 弗洛克最宝贵之处。他和我自 1991 年以来都一直在路易威登研讨会和其他讲座上对此做广泛传播，此后许多人士纷纷效仿。

3   吉尔·利波维茨基，埃丽亚特·胡. 永恒的奢侈：从圣物岁月到品牌时代 [M]. 谢强, 译. 北京：中国人民大学出版社，2007: 152.

皮料稀少、自然环境的变化都会影响收成；在生产制作上，手工加工的精细度和克洛德·列维‑斯特劳斯（Claude Levi‑Strauss）所讲的"创作快感"也是无法估算的。从审美上讲，路易威登的美学不仅是箱包上的花押字图案和LV商标，还涉及产品包装的"考究"和"别致""细节"奢侈、专卖店内装潢设计的艺术性、店里的"氛围"（由声音、香气、颜色构成的气场）等。例如，路易威登店铺里洋溢着的皮革气味、棕色主色调（木色与古铜色）视觉以及呈现的树纹皮革触觉。伦理和审美也体现在销售和消费阶段，只有极其严格和统一的品牌管理才能让客户在拿到和使用产品时享有绝对的"奢侈"感和被尊重感。奢侈品要达到极致高贵（珍稀材料）和极端美丽，但有时其伦理和审美会出现二律背反，这就需要路易威登及时作出战略协调和优先抉择。此外，伦理还需在整个设计文化贯彻的过程中注重环境保护和生态平衡以保证设计文化的良性发展。

在后现代语境下，奢侈的伦理和审美两个维度使人们对"奢侈品"有了更深入的理解，克服了以往简单的欲望和炫耀的冲动。因为，"奢侈可以满足某种'感觉需求'，一方面它同时代表被摈弃和被接受的价值，另一方面，它意味着产品和品牌承载的感性形式和审美世界不是没有价值的，它们符合某些传统、某些文化、某些生活选择或某些世界观"[1]。故此，伦理和审美形成了奢侈品的合法性。

（二）奢侈品的合法性

奢侈物品是稀有的、独特的，因而是昂贵的。比如，古董、艺术品、宗教遗物等，其身份是藏品，被用以观瞻，具有很强的文化属性和象征意义。奢侈商品是奢侈品牌名义下诞生的产品，被用作商业交易，具有功能内涵和社会学外延意义。这种品牌商品成为奢侈商品需要有其合法性认定。

1　　吉尔·利波维茨基，埃丽亚特·胡.永恒的奢侈：从圣物岁月到品牌时代[M].谢强，译.北京：中国人民大学出版社，2007：160.

合法性，这个概念意为法律授权或为法律所接受，符合公道、公正及理性。因此，合法性是合法、公正、公道事物的性质，合法性也涉及权威。马克斯·韦伯（Max Weber）依据不同的支配基础，区分出三种不同种类的合法性：传统类型、法理类型、威信类型（也称为克里斯玛型或超凡魅力型）。如果将韦伯的这三种分类应用到奢侈品牌，特别是法国品牌上，这些品牌的合法性就占有其中两种：一是传统（传统的合法性），二是创造（威信的合法性）。这两种类型在过去几十年里构成了法国品牌的权威和优势，是获得国际地位和被认同的必要条件。传统与技艺，是一个行业的生存之本，是质量和风格的保证，而创新是其延续的前提。就路易威登而言，其合法性也具备以上条件。它的箱包手工技艺是其品牌合法性的传统因素（第一个因素），凝聚着时间成本，以及其为皇家制箱的御用身份，印刻着至高的荣耀。合法性中的第二个因素体现在威登家族历代管理者兼设计师独具匠心、与时俱进的创造性上。他们勇于突破传统思维、创设社会语境和事件，如时尚设计师马克·雅可布跨界到艺术和时尚领域等都是在"突围"中维护其合法性地位和延续品牌权威。也就是说，"一个奢侈品牌成功的秘诀包含：一个清晰可见的身份，这个身份新颖协调地投射在时空上；一个或多个有代表性的产品（以区分畅销品），它们易识别并容易让人联想到创新品牌；一个与严格管理程序相匹配的创新文化"[1]。正是因为路易威登长久以来睿智地维护其品牌的合法性，才使其在一百多年的历史中坚守着"奢侈"的身份和荣誉。

吉尔·利波维茨基和埃丽亚特·胡认为"合法性来自工艺、独一无二的制作质量、设计师超群的、不断创新的才华。在这种合法性的基础上，一种协调的可识别和独特的形象在发展和维护时需要价值环链上的所有元素——设计、生产、综合产品、价格、销售和宣传——在时间或空间上体

1　吉尔·利波维茨基，埃丽亚特·胡.永恒的奢侈：从圣物岁月到品牌时代[M].谢强，译.北京：中国人民大学出版社，2007：146.

现和加强品牌的伦理和美学"[1]。在未来，品牌不仅需要在设计上创新，还需在产品上体现出价值观、世界观等精神性因素，才能真正保值和增值。

三、奢侈品和艺术品、时尚物、装饰品之关系

奢侈品具有艺术品、时尚物和装饰品的特征，但是后者却不一定会具备前者的内涵。奢侈品经过艺术家的再创作拥有了艺术品的独特性，时尚使奢侈品具有了时代精神，而奢侈品除了实用功能外，总是带有装饰意味。

（一）奢侈品和奢侈：永恒性

奢侈在某种意义上说是一种个人化的行为，是一种更加趋向自我导向和注重内在生活质量的追求，是私人的愉悦间或有公众的炫耀，是拥有信息和知情的先验特权，然后才是获得某种物（产）品。从这个意义上说，奢侈和奢侈品不会消失，因为它拥有这种内驱的乌托邦愿望和奢侈品特有的超时间性，同时它也一直未脱离远古时代的礼仪原则和圣物崇拜，这是承载其永恒性的依据。

奢侈品的永恒性和"圣物"相关。在消费实践中，人们仍可发现它的"圣物"特征，奢侈与各种礼仪保持着紧密联系。因此，人们总会在节日和有象征意义的日子里赠送最贵重的礼品，而最贵重的礼品总是要遵循一定仪式规则的消费程序。即使在不讲究形式的时代，人们虽然不刻意遵守礼节，但对待奢侈品还是保持着仪式感，这正是奢侈品的永恒魅力所在。在我们的社会中，只有奢侈品可以唤起一种"圣物"感，可以给物质世界提供仪式趣味，可以将礼仪性置入失去魅力的、功利性浓厚的消费领域之中。因此，这种礼仪原则的复兴经历了享乐主义和情感思维的锻造，成为奢侈品永恒性的一个特点。由此，"奢侈"的生活艺术不再是一种阶级习惯，而成为更好地体验感官享受的舞台，一种更好地感知人与物关系的

1　　吉尔·利波维茨基，埃丽亚特·胡.永恒的奢侈：从圣物岁月到品牌时代[M].谢强，译.北京：中国人民大学出版社，2007：160。

仪式。

奢侈品的永恒性和时间紧密相连。作为创造场所，奢侈品制造企业被认为是一个"记忆场所"[1]，其产品是传统技艺历史传承的结果。奢侈品制造者也被认为是一个历史语境中的"神话叙事者"，奢侈品的存在离不开追根溯源的象征管理和神话创造，通过参照具有神话色彩的过去和营造传奇境界，来加强它的永恒性价值。同时，因为对其历史叙事的渲染，使消费者产生了对缔造者和创造者的崇敬，以及对"品牌精神"和风格或符码的忠诚。今天的奢侈品也可以说与不朽的神话思想有相似之处，两者都有神奇的创业叙事，并且都通过"仪式性"礼仪将它们再现出来，"英雄"的创造行为得到传扬，米尔恰·埃里亚德（Mircea Eliade）称之为"原始感觉"，它有崇拜事物秩序起源的永恒性，具有现实意义。所以，支持原始信仰系统的"圣物崇拜"原则仍然支撑着现代奢侈礼仪，奢侈品被视为在非神圣化的商业文化中延续了神话思想形式的"圣物"。

（二）奢侈品和艺术品：独一性

奢侈品一直以来都从艺术中发掘设计灵感，挪用艺术中的美学元素为其增加溢价、艺术气质和独一性品质。尤其是在当代，由于商业利益的驱使，奢侈品和艺术品的界限逐渐模糊，艺术家和设计师相互借力，使奢侈品成为含功利目的的功能性艺术品。保罗·波烈（Paul Poiret）在其设计中借鉴了劳尔·杜飞（Raoul Dufy）的创作；艾尔莎·夏帕瑞丽（Elsa Schiaparelli）在她的服装里使用了萨尔瓦多·达利（Salvador Dalí）的素描；索尼娅·德劳内（Sonia Delaunay）、谢尔盖·达基列夫（Sergei Diaghilev）和俄罗斯芭蕾舞蹈成为伊夫·圣洛朗（Yves Saint Laurent）的灵感来源，使他设计出著名的俄罗斯风格高级定制系列；1965年圣洛朗借鉴蒙德里安（Mondrian）抽象画精髓，创作出著名的蒙德里安风格直筒连衣裙。奢侈

1　　吉尔·利波维茨基，埃丽亚特·胡.永恒的奢侈：从圣物岁月到品牌时代[M].谢强,译.北京：中国人民大学出版社，2007：79.

品中的艺术性为它自身带来了附加价值，双重身份的叠加产生了巨大的经济效益。此外，以艺术的思维设计的奢侈品使其变得独一无二。例如，在路易威登的经典手袋上印上村上隆（Murakami Takashi）、理查德·普林斯（Richard Prince）、草间弥生（Yayoi Kusama）的标志性艺术元素，手袋因此从传统经典转变为后现代艺术商品，在原来的奢侈品牌价值上又附加了一层艺术价值，使产品具有奢侈和艺术的二元性，投资价值增加，而1997年聘任的美国设计师马克·雅可布则是使路易威登的商品不断呈现艺术、时尚面貌和增值溢价的重要推手。

　　与此同时，艺术品也从奢侈品上寻找创作灵感。从安迪·沃霍尔（Andy Warhol）的工厂工作室开始，艺术品与奢侈品的关系已不仅仅是艺术影响奢侈品行业，奢侈品行业同时也反向提携艺术和艺术家们，艺术家借奢侈品牌的名声出位。例如，艺术家们将奢侈品牌的标识以其他的形式呈现：香奈儿（Chanel）交叉的双C字母，被印在了汤姆·萨克斯（Tom Sachs）的作品《香奈儿断头台》上；2005年，香榭丽舍大街（Avenue des Champs - Elysées）上的路易威登旗舰店建成，艺术家瓦妮莎·比克罗夫特（Vanessa Beecroft）让一些裸体模特组成了一个活动的路易威登字母商标；2008年，比利时艺术家威姆·德沃伊（Wim Delvoye）在上海当代艺术展上展出了将活猪的全身纹上了LV商标的震撼作品……同时，艺术家们受邀为品牌进行创作以纪念品牌曾经的经典之作。例如，由伊拉克裔英国女建筑师扎哈·哈迪德（Zaha Hadid）设计建造的巡回展馆"Chanel Mobile Art"，是为了纪念1955年推出的香奈儿经典菱格纹手提包——著名的Chanel 2.55而建的，而展馆内的艺术作品，也是20多位艺术家以2.55为灵感创作的。这些艺术家包括小野洋子（Yoko Ono）、苏菲·卡尔（Sophie Calle）、丹尼尔·布伦（Daniel Buren）、皮埃尔和吉尔组合（Pierre et Gilles）等。

　　在后现代语境下，奢侈品和艺术品的边界时而模糊时而清晰，人们越来越注重奢侈品的精神性和感官性，奢侈品的物性和被拥有感趋于次要地位。艺术品和奢侈品两者互相影响、互相借鉴、不分伯仲。虽然奢侈品的

奢侈品	艺术
选择性与偶然性	普遍性
商品的可复制性	作品的独一性
用途和实用性	无用途
当下	未来
超越性与美感	内在性与关系

图1-2 奢侈品与艺术品的区别
图片来源：亚历山大·德·圣马里.理解奢侈品[M].王资,译.上海：格致出版社,2019：20.

灵感取自艺术品、受艺术品影响，但它却不是艺术品，它有自己独特的属性和自洽性（图1-2）。

（三）奢侈品和时尚物：矛盾性

1855年，马克西姆·杜·坎普（Maxime Du Camp）出版了一本诗集，以《现代性之宣言》为前言，他在该文中盛赞美学对各式新兴技术的重要意义，并从两种对立的时间性——永恒性和瞬间性这一矛盾关系中创造出了"时尚"这个前途无量的全新词汇。

时尚的永恒性是指它在古往今来的社会中都有被某一阶层率先引领当时的风尚和潮流的性质，但这种风尚会随着时代更迭又具有瞬间性。因此，从这两个层面讲，时尚是永恒和短暂的矛盾体。

现代意义上的时尚是以法国的古典时尚为起点的。当时的王公贵族拥有经济实力和文化霸权，因而可以主导时尚。17世纪，"太阳王"路易十四以自己的着装和品位引领法国宫廷的时尚文化：头顶假发，身着镶金服装，脚穿白色长筒袜和高跟鞋。19世纪，时尚随着现代奢侈品的诞生和中产阶级的出现呈现出两种品位：上流阶层引领的高级定制奢侈品位和中产阶级所崇尚的趣味。新式奢侈品的诞生显示出那个时代对个人主义和人格化表达的尊重。移居巴黎的英国人查尔斯·弗雷德里克·沃斯（Charles Frederick Worth）为高级时装定制行业开了先河。作为第一位现代意义上的定制服装设计师，沃斯将旧时的从属关系彻底反转，以他的做法颠覆了供需双方的地位。他设计的服装给女性衣着与时尚带来了长久深远的影响，这种时尚也被欧仁妮皇后（Empress Eugénie）及梅特涅公主（奥地利驻法大使的夫人 Princess Pauline Metternich）这样的奢侈品客户青睐。沃斯开创的高级定制被归类为奢侈品，而他对时装形制的改革却引领了时尚。此后，时装设计师，如保罗·波烈，珍妮·朗万（Jeanne

法国奢侈品牌研究：路易威登的设计文化

Lanvin）、加布里埃·香奈儿、艾尔莎·夏帕瑞丽等都在高级定制和时装领域具有双重身份，既在时装体系中保持着高定的奢侈品质，又在设计上不断创新以应和时尚的潮流，因此，奢侈品既有奢侈的持久品质，又有时尚的短暂停留，通过在矛盾中调和自身的属性而不断获得重生。

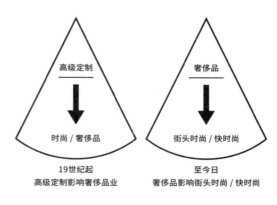

图1-3 影响力的演变
图片来源：亚历山大·德·圣马里.理解奢侈品 [M].王资，译.上海：格致出版社，2019：8.

奢侈品的持久流传需要借助时尚锐意进取的先锋精神。无论在 19 世纪还是当代，奢侈品和时尚总是相互影响、彼此借力（图1-3）的。1994年，汤姆·福特（Tom Ford）对古驰（Gucci）的彻底转型策略，使品牌走向年轻化。1997年，马克·雅可布将路易威登的奢侈品质融入时尚设计中，为品牌在继承传统经典的同时，开创出别开生面的波普文化奢侈品。从时间、金钱和功能层面看，时尚与奢侈品是彼此矛盾的。时尚的即时性和低售价，与奢侈品相对而言的持久性和高昂售价形成对比。"时尚的功能在于通过创造符号、图像这些使得季节和流年物质化的元素，以人为的方式重新赋予时间以新的节奏。它的功能还在于创造了一种横向的分化，补足了奢侈品所带来的纵向分化，让普通大众中的每个人都凭借身着的服装，自主加入某个群体。每个个体甚至还可以通过混搭产生的微妙效果，表达他拒绝臣服于所谓'他的'群体设立的强制性标准，由此显示他的与众不同。"[1]现代奢侈品无疑是时尚的，而时尚并不一定体现奢侈。奢侈品构建的是利己行为，而时尚物呼应的是利他的时间节奏。时尚通过和奢侈品牌设计师合作以及借助奢侈品广告要素等策略与奢侈品产生某种暧昧不清的关系，所谓"时

---

1   亚历山大·德·圣马里.理解奢侈品 [M].王资，译.上海：格致出版社，2019：8.

尚在左，奢侈在右"[1]，如影随形，但又矛盾重重。

（四）奢侈品和装饰品：联觉性

装饰是为原本平静的表面或空间添加额外的物性或精神性，装饰可以是附加物，也可以是结构本身。历史上最有影响力的装饰艺术是兴起于20世纪20—30年代的巴黎装饰艺术运动（Art Deco），它表现出风格芜杂的、渊源来自多个时期、多元文化与多个国度的视觉艺术和设计风格，彰显了奢华和简约的双重气质。

人生来是喜欢装饰的，装饰能使人产生联觉的心理愉悦。联觉是指各种感觉之间产生相互作用的心理现象，即对一种感官的刺激作用触发另一种感觉的现象。奢侈作为美丽、高品位、讲究的标志，人们经常把它同五官享受结合起来，奢侈品的装饰性能唤起观者对其的各种感官体验。乔迅在《魅惑的表面：明清的玩好之物》中探讨了明清奢侈物品所拥有的"魅惑性"表面，这种"魅感性"带有隐喻的（metaphoric）和触动人的（affective）可能性，这一可能性借助人们对器物的愉悦体验被实现。乔迅认为衡量装饰的成功和意义的标准在于能否产生共鸣，即"韵"。"韵"可以概括为装饰的多元联系——它将思考、感觉、表面和不同的实物通过愉悦介入彼此之间的关系中。奢侈品以物质的生命力与同一语境中的人们同思，从而产生愉悦感，完成它们作为装饰的最基本的功能。这一功能从视觉上和物理上将人们编织进周边的世界，摒除了随意性，制造出一种有意义的秩序。固然，所有的视觉艺术之所以能打动人心，就是因为它们与周围世界建立的关联性，但装饰与其他的视觉艺术略有不同的一点是，它的全部调节功能就是营造这种多种模态的感性关联，而其他的艺术创作往往会在此之外同时追求营造一种距离感，去刺激人们批判地思考。的确，装饰的众多社会功能的实现取决于物品实现这一感性调节与关联的能力。

1　　KAPFERER J N, BASTIEN V. 奢侈品战略：揭秘世界顶级奢侈品的品牌战略 [M]. 谢绮红，译. 北京：机械工业出版社，2014:Ⅲ.

奢侈品从宏观意义上看就是装饰品。无论是空间本身，还是空间中的古董家具、器物、服装、配饰、室内装饰、珠宝、皮草等，它们都需要空间来承载并和空间及空间中的人生成新的联觉意义。奢侈品以自身的物态激发相关者的品味感觉、联觉想象、文化记忆和允动性[1]行为，是"关联的思考"。作为装饰的奢侈品，正如奢侈，是一种有意识地"挥霍"的形式。

（五）奢侈品牌路易威登：奢侈、艺术、时尚和装饰的结合体

奢侈品是尖端技术和工艺、稀有昂贵的材料、卓越品质、高品位设计、先进审美文化和时代崇尚的风格的集合体。奢侈品牌物是具有现代性的奢侈品。路易威登从起初的奢侈商品到奢侈品牌物的演变过程中，随着时代的变化，经典产品不断革新并衍生出新的形态和意义，既保留了品牌本身的奢侈属性，又体现出艺术、时尚和装饰的特点。但总体来讲，路易威登的商品是奢侈、艺术、时尚和装饰之间的相互支撑而产生的，具体可以从以下四个方面来认识。

其一，奢侈赋权。奢侈品的说法起源于欧洲，欧洲各国贵族社会体制下的财富给奢侈品发展提供了充足的物质条件，贵族群体的良好教育与艺术修养引领着奢侈品品位的潮流，这个具有持久生命力的群体造就了同样具有持久生命力的奢侈品文化。18世纪的启蒙运动使手工艺人开始有了社会地位，同时也为现代意义的奢侈品牌的诞生做好了观念上的准备，一些奢侈品牌相继出现在这一时期的法国及意大利，奢侈品从为权贵服务与定制的时代转变为设计师主导设计的品牌时代。设计师或制造商们以自己的名字注册商标，开始出现代表财富、身份地位的符号化的奢侈品牌。1854年成立的路易威登以绝对优质、现代设计、流行风格，装饰

1　　"允动性（affordance）"是环境心理学创始人詹姆斯·吉布森（James Gibson）创造的词，它指的是一种可以互动（interact）的环境条件，大多是不可见的，也就是，它们是关于行为主体的行动可能性。"允动性"不是用（use）本身，而是对用的召唤（call for use），它们是邀请行为主体对对象采取行动的线索；或者指不变的常量，始终可以被感知到的特性。

想象，再加上品牌的家族历史以及神话传说，构成了其品牌的重要身份和品位，成为奢侈品牌历史上的杰出代表。严格意义上讲，路易威登产品不属于奢侈品，而只是奢侈品牌物，是通过奢侈品文化包装的现代奢侈商品。它为欧仁妮皇后和其他贵族定制箱包，定制箱包的高贵和独特品位延续了君主体制下的奢侈品文化和权力象征。

其二，艺术赋形。奢侈品牌产品与艺术品具有共同的特点，主要体现在三个方面：首先，奢侈品和艺术品都具有手工性，因此是独一无二的。其次，它们都有签名标识，标记所属性和识别性。最后，它们都积淀了创作者的审美意趣和思想观念，都需要作出关于形态、样式、颜色的决策，同时，也需要通过作品来表达创作者对社会的关注、对美的向往、对伦理的理解以及对价值观的阐释。因此，两者都具有原真性、永恒性和膜拜性。从审美层面看，美国美学家门罗·比尔兹利（Monroe Beardsley）认为，"艺术品是一种可以提供具有审美特征经验的条件安排，或者是属于这类功能的安排"[1]。据此说法，奢侈品也能提供这种审美经验，也能给人以审美愉悦和审美享受。奢侈品牌物与奢侈品作为审美对象，经过创意赋形和意义附加，产生引起消费者审美共鸣的审美意象。奢侈品试图借用审美意象创造出情景交融的美学化商品，从而调动起消费者的情感共鸣，通过有限的物品形式来延伸无限的审美意味。所以，奢侈品符合艺术的功能性定义，在此程度上可以将奢侈品视为艺术品。路易威登所有箱包和手袋的共同祖先是以下五款：硬质手提箱（Porte-Habits Rigide）、定制化妆箱（Sac Garni）、女士手袋（Sac à Main Pour Dame）、短途旅行包（Sac de Nuit）、洗衣袋（Sac à Linge）。这五款简洁大气，形式追随功能，在设计赋形上采取长方形、横向柱状拱形、收口桶形，呈现出少即是多的形式美。基于这些款型衍生出"Vanity"化妆包，"Alzer"手提箱，"Steamer"旅行袋和"Keepall"旅行袋四个基础款。无论是革命性的平盖皮衣箱、军用可折叠

1　　BEARDSLEY. Redefining art[A] // WREEN M J，CALLEN M. The aesthetic point of view. Ithaca, N.Y.: Cornell University Press, 1982：298-315.

皮箱、旅行中的各式特定行李箱以及后现代波普艺术家的个性化创作手袋，都是基础款添加了艺术内涵和外延，是设计中的设计，是一种元设计，同时也成了消费者的收藏品。

当然，从创作目的来看，奢侈品和艺术品确实存在一定的区别。画家皮埃尔·苏拉热（Pierre Soulages）曾说："艺术家从事的是研究与探索，在前进中他们没有现成的道路，为了到达目的地，他们必须探索；手艺人以达到目的为主要目标，道路明确，即为上流社会阶层服务缔造他们所需要的产品。"[1]

其三，时尚赋能。时尚是某段时间内被崇尚的物质或精神，它体现了当时人们的生活态度和与之交流的能力，同时也赋予品牌迎接流行的能量。路易威登被时尚赋能的是它永远都和时下风尚保持默契的应对力。当蒸汽轮船、蒸汽火车、汽车、飞机等使旅行现代化，改进的裙装和购物方式掀起了新的时尚时，路易威登也从皇家御用的打包工身份转变成为上流社会定制行李箱的设计师和制作者。针对马车行驶颠簸的路面，叠放稳固且节省空间的平盖箱取代了拱形盖箱，与时俱进的防水帆布行李箱、衣柜行李箱（Malle Armoire）、长途旅行的硬质行李箱、私人定制旅行箱不断推陈出新。此后，路易威登品牌推出了一系列重要的革命性发明，包括可以藏在后备轮胎中央的防水"Driver bag"，必要时可当作脸盆，充满实验意味的"Nacelle trunk"行李箱，轻盈的"Aéro trunk"行李箱，轻巧柔韧的"Steamer"旅行袋，以及由它衍生出的平开口系列手袋。它们都是迎接时尚的产物。在庆祝花押字图案诞生100周年之际，路易威登邀请了7位前卫设计师，设计出花押字经典箱包的变体款式；1997年，美国时尚设计师马克·雅可布加入LVMH集团，出任创意设计总监，提出"从零开始"的极简哲学，将路易威登引入时装界，将隐性的时尚转化为显性的时装。不断革新的时尚形式为路易威登在激烈的时尚领域竞争中赋予生命力。

1　　王乐.论现代奢侈品与艺术品的异同并存与跨界融合[J].艺术设计研究，2020（4）：5-10.

其四，装饰赋联。路易威登箱包的装饰来自它本身的造型和材料的质地及其图案。棕色和米色相间的条纹、棕色和米色交织的棋盘格、花押字帆布上的LV标识、星星和四花瓣图案，经路易·威登、乔治-路易·威登的改变、联系和衍化后用于所有的产品设计之中，成为经典图案和品牌品位甚至是消费者品位的标签，具有装饰美学价值和文化延续意义。不论是花押字图案的丝网印帆布、银色浮雕聚乙烯、粒面压花帆布、绗缝和绣花羊羔皮，还是饰有珍珠、玻璃和马海毛绣花的真丝绸，凸印亮漆小牛皮，印花貂皮，提花梭织帆布，植绒面料装饰的小牛皮等，材质本身是对箱包的装饰，箱包又是拥有者的装饰物，引发了观者对其社会属性和心理活动的联想。

除了箱包外，路易威登专卖店的建筑也有装饰意味，其中最富有装饰想象的是日本的路易威登专卖店建筑。例如，双层镶嵌多孔玻璃幕墙的名古屋店，在夜幕下的暗黑空间中，呈现为光芒四射的立方体。方格云纹的表面借助线、形、色的特殊排列规律来引起观者的视错觉，从而使静态的画面产生炫目流动的欧普动感效果。随后，表参道、六本木之丘、银座的纳米木以及纽约第五大道的路易威登店铺在设计上都应用了类似的变体装饰模式。通过现代科技，在建筑的外立面组成光影辉映和光线折射的云纹装饰，吸引观者驻足凝视、参与互动和想象。附着了装饰外表的建筑物成为具有工艺品性质的艺术品，既有功能性、审美性、科技感，又引发人们无限遐想……

第二节　奢侈品和奢侈品牌的历史

奢侈品的历史其实可以追溯到史前时期。法国拉斯科岩洞的旧石器时代晚期壁画不仅是现存最早的人类艺术形式之一，也是最早的奢侈品形式之一，它并非生活必需品，却具有象征意义。普通物品一旦被原始社会的部族首领认定为用于联络部落间情感的礼品，就成为象征权力和地位的奢侈品。在后来的时代，无论是古罗马时期的珍稀物品和珠宝、君王陵墓中的陪葬品、中世纪的圣物、文艺复兴时期的艺术品，还是18世纪法国宫廷里的奢侈品都"展现了一种超越狭隘功能性的秩序和美的有机结合"[1]。19世纪的工业发展和商业资本主义的繁荣开启了奢侈品牌的历史，从此这部历史就和财富、利润、时尚联系在一起。

一、从旧式奢侈品到新式奢侈品

奢侈品的含义是在社会变迁中改变的。旧式奢侈品的礼仪性、神圣性、古董性、专属性、稀世性，新式奢侈品的品牌性、商业性、民主化，都可在下述的社会体制演进中窥见一斑。

（一）从物品到原始社会的礼品

在古代，奢侈品是维护部落稳定的媒介。奢侈是人类生活中的点缀和间或对自己的犒赏，从古至今一直持续。"旧石器时代的人类在休息时间进行毫无保留的'消费'、分享一切物品和食物的无度的慷慨是无视经济'理性'，不顾明天、不计用度的奢侈，是一种没有贵重物品的奢侈伦理，这就是旧石器时代奢侈的思维逻辑。"

因此奢侈的原始意义不在于物品本身的贵重，而在于部落头领将其作为财富流通的方式，用于相互馈赠礼物和赢得荣誉的象征性，这种交换礼物的行为包含社会和精神意义及神话意味。部落族民贡献出贵重物品供头领送礼，为集体利益贡献的慷慨是抵御财富集中，使个人服从集体的政治统治手段。无度的慷慨馈赠不仅是为了规定和巩固人与人之间的关系和赢得荣誉，还有宗教、宇宙观和魔法的功能。奢侈品作为礼品的含义也源自与精神和神灵接触的方式，引申为吉祥物、精神存在、祭品，这是一种既可用以祭奠死者，也可用来安抚活人的神秘思想体系。人与人之间的送礼

1   BAINES J. On the status and purposes of ancient egyptian art[J]. Cambridge Archaeological Journal，1994，（4/1）：69.

义务与祭神、祭灵、祭奉、祭酒的义务同出一辙，都是为了按照相互性原则体现慷慨和寻求保护。在一些宗教节日上，必须浪费、尽情挥霍以便更年替月、再转乾坤，再生出新的世间秩序。因此，奢侈行为的能指是现实，它的所指是不可见的权力体系和统治秩序，能指和所指形成的昂贵交换体制维护着部落的稳定。

（二）从中世纪的圣物到18世纪的时尚物

奢侈品具有符号和名利属性。奢侈的新纪元是以神学、政治等级为基础的。随着国家和等级社会的出现，原始的集体性奢侈思想让位于中世纪宗教神灵名义上的统治阶级垄断财富的奢侈生活。统治阶级以宗教名义铸就人与人间君主的关系秩序，政治体制是天意神授的系统，统治阶级是神的代言者，担当着保护民众的责任，民众须提供敬奉，于是体现天地关系的华丽建筑、表现已故国王幸福来生的雕塑、壁画和丧葬用品替代了野蛮挥霍，这是神权崇拜和王权尊奉的结果。由集体遵从规则的象征性礼品交换过渡到了一种完全服从国王和上帝意志的奢华，统治阶级内部也不断进行着奢侈的攀比，赢者为王。马克斯·韦伯和诺尔贝·埃里亚斯曾经明确强调过："在贵族社会，奢侈不是剩余物，它是社会不平等秩序表现的绝对手段。在人与人关系超过人与物关系的社会中，名誉消费就是一种阶级义务和理想，一种表现社会差别和自我肯定的必然工具。"[1]所以奢侈消费实质上是名誉消费。对贵族来说，即便没有华衣珠宝，他们象征身份的纹章、旗帜、宝剑和冠冕就是其"奢侈品"。

从中世纪到文艺复兴时期，由于君主权力的巩固、贵族的落寞、资产阶级的兴起，奢侈逐渐走向民主化，人人可以通过工作、才华和功绩获取奢侈品，奢侈具有了现代性的意义。历史学家认为，现代意义的奢侈品诞生于17世纪下半叶到18世纪末，而且人们越来越多地将它与品位、时尚、

1 　吉尔·利波维茨基，埃丽亚特·胡.永恒的奢侈：从圣物岁月到品牌时代[M].谢强,译.北京：中国人民大学出版社,2007: 26.

社会和经济竞争联系在一起。此时的奢侈品具有个性和审美属性。随着王公贵族成为艺术家的赞助人，奢侈品注入了艺术的气息，标注了署名，成为象征个人身份和品位的物品。其实，奢侈品和艺术的这种关系自古有之，只是奢侈品所承载的信息随时代而变化。它不再是彼岸生活的想象，而是世俗生活的延续；不再是历史的不朽，而是某个人、某个家族、某个名字在人们记忆中可延续的荣耀。这时，奢侈的永恒境界就被世俗化了。从14世纪起，奢侈品呈现出崇尚古董和迎合时尚两种趣味性审美。王公贵族沉迷于收藏古董和艺术品，同时也喜好体现社会地位的华服美妆。中世纪和文艺复兴时期纺织业的兴盛见证了奢华时尚业的诞生。时装的出现打破了欧洲一体式宽松长袍的着装习俗，表现出游戏性的、礼仪性的分体紧身打扮的现代服装雏形。现代时装的出现是从过去和不可见物中解放出来的奢侈的一个重要形态。时装的巨变是新富阶层兴起的象征。这种变化有其内在的文化逻辑。首先，中世纪末出现的是一种更加接受变化的文化，出现了一些新艺术形式、文化世俗化运动、新金融和商业现象、艺术品爱好者、旅行狂热者等，时尚是这些新文化运动和激进事物相互激荡的产物，而非源自阶级较量。时尚具有颠覆传统主义外表的动力和价值，且确立了追求"全新尽美"的原则。其次，时尚张扬个性，是一种新型的关系。齐奥尔格·西美尔（Georg Simmel）曾说过，时尚永远改变模仿品位和变化嗜好，这就是因循守旧与个人主义的差别，时尚者向往融入某一社会群体，他们有哪怕在某一个细节上区别他人的渴望。中世纪末出现了许多时尚现象，如自传、肖像画等都证明了上流阶级社会对个性的肯定，即对时尚的向往。18世纪的奢侈品新格局中充满了时尚品位，它不是产生于炫耀性消费和经济上的变化，而是产生于文化想象物的转变。由于相对便宜的材料源自新发明和新技术，奢侈品成为一种更加普及的流行品，它们的风格会随时流转，加之印刷业的发展、大众传媒的普及，时尚杂志将这些奢侈品汇集并重新整合成一种生活方式，而宣扬这种生活方式既是一种商业广告，也是一种观念更迭，更隐含着阶级分层，也是现代奢侈品历史的开端。

二、从现代奢侈品到现代奢侈品牌产品

有些学者这样定义现代奢侈品：它是能代表人类智慧结晶的制造技术、能代表自然精华的物质资源、能代表当代人精神财富与期望、能满足个体特别需求的载体，是具有一定前瞻性设计的消费品。从 13 世纪起，各国政府通过颁布禁奢法开始控制和遏制炫耀性消费，17 世纪至 18 世纪初这些法令被陆续废除。17 世纪诞生了现代奢侈品，诞生地主要是在法国和意大利。在欧洲宫廷，奢侈品的风格也逐渐从"华丽"蔓延到"壮丽"，由于当时盛行的"中国风"，奢侈品的设计和收藏倾向于东方风尚。尽管早在中世纪时充满异国情调的亚洲奢侈品在欧洲就大受欢迎，但货物的流通仅限于大型城市，丝绸、棉布和瓷器仍然是王公贵族和超级富豪的专属。18 世纪，随着国际贸易的发展，中产阶级的壮大，奢侈品的需求成为整个社会工业和艺术蓬勃发展的动力，而非仅仅只面向社会精英。19 世纪中叶，奢侈领域物品的制造者还是手工艺人，他们服从客户的设计和订货要求，制造出的物品具有独一性。然而，现代性改变了定制关系。19 世纪下半叶，高级时装的奠基人沃斯创建了现代奢侈品行业体系。他使奢侈品的主客体关系倒置，手工艺人成为独立的设计师，为客户提供可选择的式样和材质，来自上流社会的客户失去了定制的决定权，手工艺人成为有话语权的艺术家和设计师。此时，整个奢侈品行业都已同某个个体的名字、名声和商号相关。奢侈品个性化了，从此署上制造者或大商家的名号，而不再是某一高等阶层或某一地理区域的特点。构成奢侈品价值的不仅有贵重的材料和新颖的设计，还有设计者的名字、商家的名声和品牌的合法性。20 世纪诞生了许多奢侈品牌，曾经只有少数人才能拥有的物品，通过好莱坞电影、时尚杂志和多媒体对富人或名人生活方式的演绎与报道，促使大众"消费奢侈化"[1]。奢侈品牌物在 20 世纪走向 21 世纪的漫长岁月中，为了适应全球市场，开始强调"地域特色"和"民俗传统"，为了盈利，

1　彼得·麦克尼尔，乔治·列洛. 奢侈品史 [M]. 李思齐，译. 上海：格致出版社，2021：167.

它们也蒙上了"奢侈品通货膨胀"[1]的阴影，其伦理和审美也受到挑战。表1-1梳理了欧洲奢侈品牌的发展时期、时代特征和当时的代表性品牌。

表1-1　欧洲奢侈品牌的发展时期、时代特征和代表性品牌

发展时期	时代特征	代表性品牌		
权贵化：17—19世纪上半叶（路易十四，拿破仑时期）	现代奢侈品在17世纪诞生，主要服务于贵族阶层，是权力的象征。法国波旁王朝的国王路易十四对传播奢侈品和时尚物起到重要作用，他发明了"天鹅绒长外衣""高跟鞋""王冠""长筒袜"等引领时尚潮流的单品	1829年德尔沃（比） DELVAUX	1828年娇兰（法） GUERLAIN PARIS	1837年爱马仕（法） HERMÈS PARIS
		1846年罗意威（西） LOEWE	1847年卡地亚（法） Cartier Paris	1849年摩奈（法） MOYNAT PARIS
民主化：19世纪下半叶—20世纪初（工业革命，殖民主义）	工业革命和殖民主义产生了大量财富，资产阶级新贵们开始效仿旧贵族的生活方式和礼仪。两次工业革命提升了奢侈品的生产效率，扩大了奢侈品的受众群体。蕾丝等纺织品大规模量产，简化了奢侈品的工艺流程，加快了时尚的更新迭代	1851年巴利（瑞） BALLY	1853年戈雅（法） GOYARD	1854年路易威登（法） LV　　　1884年宝格丽（意） BVLGARI
		1906年梵克雅宝（法） Van Cleef & Arpels	1910年香奈儿（法） CHANEL	1913年普拉达（意） PRADA MILANO

1　彼得·麦克尼尔，乔治·列洛.奢侈品史[M].李思齐，译.上海：格致出版社，2021：167.

发展时期	时代特征	代表性品牌		
		1921年古驰（意） GUCCI	1927年 菲拉格慕（意） Salvatore Ferragamo	1925年芬迪（意） FENDI ROMA
		1936年巴黎世家（法） B	1945年赛琳（法） CELINE 1967	1946年迪奥（法） Dior
全球化： 20世纪 50—70年代 （第二次世界 大战结束，美 国崛起）	第二次世界大战后， 西方经济体开始崛 起，诞生了许多奢 侈品牌，迎来了奢 侈品行业的第二次 繁荣	1952年克洛伊（法） Chloé	1960年华伦天奴 （意） V VALENTINO	1966年葆蝶家（意） BOTTEGA VENETA
		1962年圣罗兰（法） YVES SAINT LAURENT 圣罗兰	1975年阿玛尼（美）	1976年范思哲（意） VERSACE
集团化： 20世纪 80—90年代 （并购潮，日 本经济腾飞）	20世纪80年代，品 牌开始向全球扩张， 走向集团化发展。 路威酩轩集团、历 峰集团、开云集团 相继上市，走向寡 头垄断，奢侈品牌 开始从欧洲转向经 济高速发展的日本， 日本奢侈品市场逐 渐成熟	1987年LVMH集团	1988年历峰集团	1993年爱马仕
资本化： 20世纪90年 代以后（中国 成为重点市 场）	新兴经济体的崛起 为奢侈品带来新一 轮的发展机遇，中 国成为重点的拓展 市场	1993年 华伦天奴入驻中国	1996年爱马仕、古驰 入驻中国	1999年香奈儿入驻中国
		2000年江诗丹顿、 范思哲入驻中国	2001年蒂芙尼入驻中 国	

三、路易威登品牌的历史：从贵族奢侈到大众奢华

路易·威登来自法瑞边境被崇山峻岭包围的安锲（Anchay）村庄，威登家族有从事木工的传统，因此路易·威登也具有此种手艺。由于家庭原因，路易·威登背井离乡，独自前往巴黎闯荡。他起初在马歇尔（Maréchal）先生开设的制木箱工坊当学徒工。年轻好学、专业精进的路易·威登由于偶然机遇为皇家制箱，后来成为皇家御用的资深制箱师和打包工。由于对市场的敏锐洞察力，1854年路易·威登创立了打包和制作行李箱的店铺，这时的行李箱基本都是专为上流社会定制的奢侈产品。由于旅行方式的现代化、裙装样式和购物方式的变化，路易威登创造了革命性的平盖行李箱，开发的新产品将组合性、便携性和实用性结合在一起。1892年，女士手袋出现在路易威登产品目录中。1897年，乔治-路易·威登设计的花押字防伪图案被注册专利，1905年注册为品牌。1987年，路易威登公司和轩尼诗公司合并组成路威酩轩集团，收购了诸多奢侈品牌，同时也开辟了多元化品位的奢侈产品领域。1998年，美国时尚设计师马克·雅可布加盟集团，协助集团转变和调整了路易威登品牌的战略与设计理念，使路易威登正式跨入时尚界。路易威登品牌也从原来的单一箱包、手袋制作转变为多元跨界合作。

第三节　设计、文化及设计文化

一、设计文化的内涵和外延

"设计文化"没有现成的定义，所以要通过文献研读提炼出对它的理解。"设计文化"是关于"设计"的文化。因此，首先要对"设计"和"文化"这两个词作出解释，然后才能透彻理解"设计文化"的含义及其所涉及的研究层面。

（一）设计

"设计处于内容和表达的中间，是表达的概念面，概念的表达面。"[1]这说明"设计"既扮演抽象思维又具备具象行为，它在不断协调思维和行动的过程中展现创造性。设计作为创造性活动古已有之，但作为概念的提出是和现代社会的发展相关的，它促成了大众化品位的形成和日常生活的审美化，并为产品品位、审美和功能提供了视觉与用觉上的支持，是设计现代性的体现。从 18 世纪起，由于工业革命的蓬勃发展，批量生产的工业产品扩大了消费市场，消费的社会阶层界限被打破，消费者要求产品功能强大且具有美感，因此设计担任了支撑功能和美化形象的双重角色，并且它还具有传播时尚和显示社会地位的外延意义。"为了适应、维持和扩展这个新的大众市场而采取的策略涉及设计的问题，并且从设计在广告、营销和零售中所起的日益重要的作用体现出来。"[2]随着全球化经济、跨界合作、品牌并购等不断加深和延展，设计也从考虑物品形象、功能、空间转向研究设计过程中所涉及的关系和结构，转向与其他商业活动如广告、管理咨询、公关等行业融合。设计过程从关注解决视觉和材料个性化的具体问题，转向整合商品设计、生产和服务"供应系统"在内的各种活动。这是设计从现代社会的背景转向后现代和新现代社会背景的过程，也是设计活动逐渐复杂的过程。因此，在本书中笔者认为"设计"是在设计师主导的语境中，将未加工的自然物通过理性的规划达成深思熟虑的结果，这种结果通过媒介的营销被消费，并在消费者的语境中达到物质和精神上的目的。故"设计"是一个动态过程，主要涉及设计师、产品、消费者三大要素，这三个要素和其他诸多关系要素相互作用，产生有形和无形结果，而"设计文化"就存在于这个过程中。

---

1   KRESS G，VAN LEEUWEN T. Multimodal discourse: the modes and media of contemporary communication[M]. London: Arnold, 2001：5.

2   彭妮·斯帕克.设计与文化导论[M].钱凤根, 于晓红, 译.南京: 译林出版社, 2012: 11.

（二）文化

"文化"一词的能指和所指都很复杂，它是人类活动凝结成的伟大成就，是物质财富和精神财富的集合，具有社会学、人类学、哲学、美学和设计学等方面的意义。据考证，"文"的本义，指各色交错的纹理。《易·系辞下》载："物相杂，故曰文。""化"，本义为改易、生成、造化。在汉语系统中，"文化"的本义就是"以文教化"。根据上述阐释，文化离不开人的创造，文化是多元化的，文化可以被传承和改变。故笔者认为"文化"在本书中是指设计的整体活动所涉及的人的思想和行为以及结果。关于"文化"的现代定义，英国人类学家爱德华·伯内特·泰勒（Edward Burnett Tylor）在他的《原始文化》中作出了阐述，他指出："据人种志学的观点来看，文化或文明是一个复杂的整体，它包括知识、信仰、艺术、伦理道德、法律、风俗和作为一个社会成员的人通过学习而获得的任何其他能力和习惯。"而美国文化人类学家 A. L. 克罗伯和 C. 克拉克洪也对"文化"作出了阐释，他们在 1952 年发表的《文化：一个概念定义的考评》中分析考察了 100 多种"文化"定义，然后对"文化"作出了一个综合定义："文化存在于各种内隐的和外显的模式之中，借助符号的运用得以学习与传播，并构成人类群体的特殊成就，这些成就包括他们制造物品的各种具体式样，文化的基本要素是传统（通过历史衍生和选择得到的）思想观念和价值，其中尤以价值观最为重要。"A. L. 克罗伯和 C. 克拉克洪的"文化"定义普遍为现代西方学者所接受。据此，路易威登品牌的文化存在于内隐的"品位"和"品味""审美趣味"中，以及外显的物态、工艺和材质上，这两者借助花押字图案和 LV 标识或符号来传播品牌价值，并在现代性的语境中通过对传统经典产品的"物态"再设计及其衍生的视觉文化产品"广告"的创作来体现设计的价值和品牌的价值观。

（三）设计文化

设计文化是一种广义文化，包括物质技术、社会规范和观念精神等。其中"设计"是它的核心动力，并始终在文化发展的各个场域中协调和推动"设计"的成果，为设计文化这个概念注入了生命力。设计文化将"设计"视为特殊的文化实践，它几乎完全由差异化策略所推动。这个过程挪用和使用了多种话语性特征：不仅有现代性的，还有风险、传统、亚文化、公共空间、欧洲性、消费者增权，以及其他特征。设计文化并不是僵化的、同质的；相反，它是一个包含人类活动、感知和表达的复合体，是一种动态变化的、视觉的、物质的、空间的和文本的表达。

彭妮·斯帕克认为："如果不是现代所特有的急剧变化的社会需要视觉和物质的手段来表达它的追求和身份认同，设计以及设计师也就不可能在现代生活中扮演如此重要的角色了。设计和设计师现在是而且许多年来都是现代商业系统的必要条件，通过生产和消费活动，使人们的需求和渴望在消费场所中实现，获得拥有人工制品的满足感，并以视觉文化和物质形象帮助人们确立身份认同。"[1]由此可见，设计文化是和设计师、产品及消费者相关的各种因素相互作用的复杂关系网。

盖伊·朱利耶在他的《设计的文化》一书中将当代设计文化的思考纳入三个主要领域，即设计师设计、企业生产和消费者购买（图1-4），无论是作为物品、空间还是形象的设计产品，都可以归入其中。在设计环节，设计师受教育和训练的背景、意识形态、所处的时代环境、在行业里的地位以及对市场的认知，都会影响产品品位和消费意愿；产品的生产环节中不仅包括制造，还涉及商品和服务的开发、实施、销售和流通过程中一切有意识的干预形式；销售和消费紧密相连，营销策略的制订需考虑人口分布、社会关系、趣味文化层次、心理反应及人种学上的分析等。因此，生产不仅受材料、技术和制造系统的影响，还受市场、广告和销售渠道带来的影响。设计产业就是在这种技术环境和社会语境中构建的，形成了一个不断复制和修正自身的动态过程。设计师设计、企业生产和消费者购买这三者都无法独立存在，它们在无止境的交换循环中不断给予彼此信息，调整和改进物品、空间和形象，使之符合消费者的愿望。但它们也不是中立

1　　彭妮·斯帕克.设计与文化导论[M].钱凤根，于晓红，译.南京：译林出版社，2012：10.

的：在影响其供应系统或使其供应系统合理化方面，它们发挥着积极的作用。而且，在当代，生产、设计和消费环境使这三个领域结合得更紧密，以至于它们的某些方面有时甚至可能重叠。

综上，笔者认为"设计"是设计文化整体过程中的开端，也是核心，这个过程涉及的各要素被连接在一起，形成了设计文化的整体。新技术、新材料的诞生为设计提供了创新的条件，"设计"出的新产品给人们带来了和以往不同的生活方式，以及由此所产生的象征意义，这是由文化产生的而

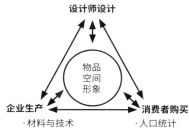

图1-4　设计文化领域
图片来源：盖伊·朱利耶.设计的文化[M].
钱凤根，译.南京：译林出版社，2015：4.

非自然决定的。而设计师、产品、消费者这三个主要要素，在时代精神的推动下使设计文化不断丰富和深厚，同时也使其具有复杂性和意外性。

二、路易威登品牌的设计文化

设计文化是非常复杂的体系，在从现代性转向后现代性的过程中，设计已不再是某个物品所承载的文化，而是生活方式的文化。如前述学者的阐释，它是一种创造性活动体系，涉及物质和观念，以时代精神为风格指向，用视觉和物质语言来体现其功能性目的和美学取向。简言之，设计师、设计产品和消费者三者勾勒出设计文化的面貌，使其落实到具象的、有审美意志的物态形式上，在消费领域实现其功能和审美，同时也开启了设计文化的再循环过程。

路易威登的设计文化从设计到产品，最终是在消费中转换生成新一轮的设计理想，其设计的意义在于催发了一种对新奇、多样化或"下一件事"的无限向往，这是现代性的体现。从生产过程来看，人类学家丹尼

尔·米勒（Daniel Miller）认为，人工制品在本质上是异化的，它们很少带有或不带任何有关生产和销售它们的环境的信息，而且消费者与生产商之间也不具有社会关系，因此，消费是一种无名行为，通过使用以及针对个人需求的定制，消费者参与到这些物品的去异化中。从奢侈品本身来看，人工制品又是"有名"的，品牌的身份、品牌所处的时代背景、设计师的自觉介入、品牌的行业定位及其商品价格标签是建立人工制品的文化印记和审美趣味的重要凭证。从消费者角度看，消费被用来表达个体的自由和权利，以及个体的身份认同。品牌商具有一种"进取"品质和预测并利用市场的前瞻力，他们利用广告来提高消费者对品牌的忠诚度，利用企业文化让其不断回味品牌历史中个人英雄主义的叙事；利用公共场域，如博物馆、展览，或举办社会活动，或将店铺包装成艺术馆，使购物成为现代性的景观、高雅活动和娱乐体验。

（一）现代性的背景

现代性很早就出现了，但是在19世纪作为一个全面革新的概念，它是民族国家出现后，新的意识形态下新的生活方式的体现。现代性是一个无限的概念。它的存在取决于人们对未来的想象力及这种未来观对现在的影响力。"它常常被体验为一种渴求性的概念——对人们生活中一定的'附加值'做出承诺的某种东西，它使人们超越'需求'而进入'欲望'世界。现代性是通过工业制造品、杂志、电影和广告等大众媒介呈现给人们的，它含有某种不能完全但可在一定程度上获得的东西。它是奢侈的，但又是大众的。"[1]随着阶级层级的消解、工业化批量生产、商品需要现代化外观、商店成为城市新景观、新的交通工具（如轮船、火车、汽车和飞机）出现，日常生活被赋予新的品位。在这样一个时期，商品和环境成为现代性的物质文化构成，旅行成为新的愿望，消费者在新生活方式中的视觉消费和物质体验激励着现代设计师不断创新、创造。现代性是路易威登

1　　彭妮·斯帕克.设计与文化导论[M].钱凤根，于晓红，译.南京：译林出版社，2012：31.

设计文化生成的背景因素。

首先是蒸汽时代。19世纪中叶，世界本身发生了剧变，到处弥漫着"蒸汽"。在这几十年中，技术和工业型社会出现了，民众的生活和工作条件也发生了革命性的变化。这是现代性的全面开始，路易威登的诞生和兴盛与此休戚相关。能源和技术的革命是所有社会变迁的根源。在此之前，人们依靠自己的力量劳作和制造。劳动和运输依靠动物协助，水力发电促使纺织、冶金、木工等制造业运转更高效，由风力助动的轮船使旅行成为可能。而18世纪末，蒸汽机车的发展和引入极大地改变了这些传统。到19世纪，蒸汽机已经普遍应用于社会生产和制造的各个领域，煤炭是驱动蒸汽机工作的主要能源，从1850年的几百万吨到1913年的13亿吨，煤炭的产量一直稳定上升。能量的增加和机器的大量使用改变了生产的基本原则。相较于其他产业，冶金业扩大增容可观，金属产量和质量都得到大幅提升。因此，在这个工业制造链中，钢铁的生产促进了蒸汽机本身的制造，而蒸汽机的普遍应用加速了人类活动的机械化进程。

铁路是蒸汽机的最先受惠者。它基于两大发明：蒸汽机车和轨道。轨道起初是木质的，到18世纪末由铸铁制成。1825年，英国的铁路工程师兼发明家乔治·史蒂芬森（George Stephenson）开设了第一条铁路。在随后的几十年里，铁路遍布英国全境。而法国相对滞后，在拿破仑三世的支持和一些金融家的资助下，法国积极发展全国性的铁路系统以追赶英国的铁路业。

此外，海洋运输也掀起了革命。蒸汽作为风能的协助者推动了轮船业的发展。1819年跨越大西洋的蒸汽帆船需要行驶27天才能到达目的地，而到1862年却只用9天时间就可以到达。通过用螺旋桨代替桨轮和完善机器的节煤系统，蒸汽轮船在19世纪后半叶成为海洋上的佼佼者。法国轮船公司和东方、南美以及北美的公司都有贸易往来，轮船停泊的港口也不断增容和修缮。

其次是贸易革命。铁路和海洋运输的发展加速了支持大型投资金融机构的现代化进程。由拿破仑三世支持的新型银行体系建成。银行金融业脱离了传统家族式经营模式，代之以入股和借贷的方式进行管理。银行发行的类似今天的信用卡性质的期票已普遍使用，支票在1865年也获准流通。随着生产的增长，贸易活动在全球范围内不断强化和扩大。在大都市，最显著的变化是出现了大型百货商店。这些商店提供豪华奢侈的购物环境，琳琅满目、缤纷精美的商品被分门别类地摆设，且出售价格颇具吸引力，消费时代替代了节日的宗教和礼仪时代。大型百货商店层出不穷、经营兴旺，其中大多数至今仍然存在，如创立于1852年的乐蓬马歇（Le Bon Marché）到1869年销售额就达到2000多万法郎，创立于1855年卢浮宫百货商店（Grands Magasins du Louvre），紧随其后的是1865年创立的春天百货（Printemps）和1869年的莎玛丽丹（La Samaritaine）。这就是正在形成的现代世界，它看似一位巨人，一位多变的、难以捉摸的海神普罗透斯（Proteus）。面对新的、无法预测的竞争，小商店和商人们并没有消失，而是不断扩大规模和走向专业化。路易·威登就是其中的一员，他谨慎观察，伺机而动，依仗巴黎天时、地利、人和的条件创造了美好的前景，同时他也在思考，在这个变化莫测的世界，凭借勇气和经验，他未来的出路究竟在哪里？

最后是非同寻常的海上旅途。先来看一段对话：

"环游世界。"路路通低声说。

"是啊，只有八十天。"福格先生回答道，"我们可是一刻都不能浪费啊。"

"但是，到哪里去弄个结实好用的行李箱呢？"路路通叹了口气，下意识地摇了摇头。

"我们没有行李箱，只有毡包，可以放两件羊毛衬衫，三双长筒袜。你也如此。我们路上需要什么就买吧。把我的防水雨衣和旅行毯拿下来，虽然我们很少走路，那也得穿上结实的鞋子。走，出发吧。"

上面这段对话出自1873年出版的法国作家儒勒·凡尔纳（Jules Verne）创作的长篇小说《八十天环游地球》。小说反映了当时的出行状况。主人公英国绅士菲利亚·福格（Phileas Fogg）和他的仆人完成了在规定时间内的旅行。旅途中不期而遇的险境都因新式交通运输方式而化险为夷。可见，19世纪后半叶，新式交通工具提高了出行频率，缩短了旅途时间，扩大了出行范围，减少了旅途风险。火车和轮船有固定的时刻表，能够载着人们跋山涉水、穿洋越陆，到遥远的新世界去开创新生活。从此，到地球的另一端去探索已不是梦想。旅行者中既有探险者、殖民者，也有富裕的环球旅行家，他们到远方旅行需要携带大量的供给：一切能提供自由和舒适的物品。没有人像菲利亚·福格那样不带行李箱就出行。像他那样的英国男士环游世界可能会带一个包，但女士完全不可能，她们必须购买旅途中相中的衣服和物品。路易·威登深谙此事，于是设计出适应各种场合和客户需求的、能尽可能装下各种所需物品的、功能齐全的行李箱，适应了人们热爱出行的现代性生活方式。同时，他将箱包的形态制作成符合火车、轮船、汽车和飞机等现代交通运输工具空间的形式，箱包内部的格架也呼应着现代建筑室的内格局，在色彩上，具有现代感的黑色、棕色和灰色的箱包颜色体现出现代性的技术乌托邦主义。

（二）设计师

斯科特·拉什（Scott Lash）和约翰·厄里（John Urry）认为，文化产业需要的不是认知性的知识，而是一种敏感的解释……或者是一种凭直觉了解公众语义需要的能力。从19世纪中叶创立起，路易威登的历任掌门人路易·威登、乔治-路易·威登、嘉士顿-路易·威登和亨利-路易·威登（Henry-Louis Vuitton）不仅是家族的管理者，也是产品的设计师，凭借对时代背景下社会各阶层需求的认知，奠定并维护着品牌的奢侈品位，如路易威登应高端客户要求定制的100个箱包。到20世纪90年代大众文化盛行的时代，LVMH集团以敏感的直觉将路易威登品牌延伸到艺术和时尚领域，聘任马克·雅可布为创意设计总监，他联合其他时尚设计师和艺术家以品牌已有的产品与形象为载体来诠释大众文化，使品牌年轻化和时尚化，从而不断提升品牌的传播力，为其添加新的时代价值，可以说这是一种元设计，也是设计产品适时地展现其品牌"随变"精神的方式。

（三）产品

路易威登生产的箱包、皮具及配件凭借其核心箱包的质量、形态和标识，在历史上保持了独一的尊贵地位，机器制造与手工艺的结合直接和间接地宣扬了工艺的职业标准，展现出机器背景下手工产品内在的人工情感凝结和时间价值，因此产品将自身负载的他者劳动传递给了消费者，消费者拥有它实际上是对他者劳动、时间价值和创意设计的拥有。箱包除了使用价值，还有制造商不断使其成为合法化奢侈商品所赋予的文化价值，包括历史传奇、名人效应、瓦尔特·本雅明（Walter Benjamin）的原作光晕、店铺艺术馆化等价值要素。此外，品牌还将核心产品的品牌价值转移到其他产品上，产生了"延伸产品"。从审美上看，路易威登的功能性箱包是实用物品，是一件大众文化产品，拥有反康德式审美，它的设计文化实际上表达了地位和财富的象征意义。但在后期和艺术家的合作中，它是一件有距离感和感知性的艺术性产品，被赋予了多义性。多种意义通过一系列调动被精心安排，可能的确会给人一种无限制地获取自身意义的印象，但事实上它始终是自我的参照物，自我的功能性一直都存在。因此，使用价值、文化价值及审美价值共同构成了路易威登产品的奢侈品位。

（四）生活方式和品位

皮埃尔·布尔迪厄认为商品生产对应着趣味生产。这就是说，生产出来的商品不仅带着自身的品位，还要符合消费者的品位（味）。箱包自身生产的意义，也随箱包中装盛的物品、携带箱包的人以及被安置的空间重新生成某种有意义的、趣味性的生活方式。箱包这种和人、物及空间的互动交流产生了既可以展示"静态"美的摆设功能，如古董箱、陈列箱、柜箱，也可以体现出一种"动态"的生活方式，这种生活方式是从"家"这个固定居所转变为"他地"这个临时场域，箱包承担了这种移动的生活方式"转换生成"的职责，如行李箱、化妆箱、野营箱，等等。

在路易威登创立早期，箱包主要体现的是其功能性，是非凡人士的平凡消费。到20世纪后期，作为珍品的奢侈品内容便开始与作为象征物品的奢侈品领域重叠，它们是"想要成为有钱人"的那群人所参与的部分，成为平凡人士的非凡消费。象征物品提供对富翁生活的模仿和暗示，保有某种识别气息和阶层意识，支撑它的是一种从亚文化底部向高端品位环境"渐进"（trickle up）的动力。这也许促使路易威登20世纪后期设计品位的部分转向，产品日渐追求形象化和象征意味，或正如斯科特·拉什和约翰·厄里所言，不断生产出来的不是物质品，而是符号。有符号意味的箱包和店铺建筑物设计创造了一种景观生活，它们的物质形态代表了所有的无形品位和趣味。

昔日和"艺术"一体的"设计"分离出与现代工业相关的身份，它的思维产生了由设计师、产品和消费者构成的"设计文化"，古时的"奢侈"也在现代性的浸染中转向了不断自我反省的"奢侈"。而冠以"奢侈品牌"的"设计文化"不仅关照的是审美形式和物态功能，还要强调体现品牌"奢侈"的传奇历史和与时偕行的变通能力。本书将在以下各章中对路易威登品牌的"叙事""物态""审美"展开阐述，借此，探讨一种体现品牌设计文化更高境界的"品位"，通过"品位"映射出路易威登品牌设计其实是一种"精神奢侈"、一种对"奢侈"的想象、一种生活方式的乌托邦、一种对文化的崇敬。

第二章

路易威登
品牌设计的叙事文化

《叙述学：叙事理论导论》将叙事学解释为："关于叙述、叙述本文、形象、事象、事件以及'讲述故事'的文化产品的理论。"[1] 从中可以看出叙事的故事性和文化性，叙事也是一种被设计的文化产品。英国小说家毛姆（Maugham）曾说人们渴望听故事，就如同财产观念一样，是根深蒂固于人的本性之中的。品牌叙事深谙人性对故事形式的偏爱与信任，它以更具有情节性和历史感、更具有感染力的方式将品牌理念和文化内涵传递给大众，来关联品牌和大众之间的情感，引导大众的消费情绪，在情感和文化的洗礼中敦促大众消费，以达到获取经济利益的根本目的。因此，叙事是通过文学体裁展示故事题材，以此来销售有"历史厚度"的产品。

　　叙事就是讲故事，但它与讲故事有一点区别，叙事通辽讲述故事而显现叙事者的思想与情绪，叙事文本也印有浓郁的个人主观意识，而讲故事可以采用旁观者的身份客观地陈述。在奢侈品牌叙事中，品牌方实际担当了叙事者或潜在叙事者的角色，叙事文本传达了品牌的意志。历史、回忆

1　　米克·巴尔.叙述学：叙事理论导论[M].谭君强，译.2版.北京：中国社会科学出版社，2003：1.

和虚构交织在一起的叙事使故事情节跌宕起伏，它与超越显性形式的隐藏信息产生共鸣，就像所有的比喻一样，它是一个精心计划的事件集合体。叙事通过创造认知和渲染情感使受众参与到故事的演绎中，认同故事中的角色，并把角色想象成"另外的自我"，角色和受众重叠，互为镜像，受众在无意识中成为叙事的局中人。在奢侈品牌的营销文化中，品牌叙事者利用叙事的逻辑连接起品牌和消费者的情感，以建构起消费者对品牌的信任，因为叙事使消费者认为自己归属于那个品牌家族。正是叙事中语言符号的能指和所指浸入消费者对现实事件的真实感受中，并激发其对现实世界作出推理和判断，以此影响消费者的情绪并指引其消费行为。

第一节　路易威登品牌叙事的功能结构

在奢侈品牌的历史中，产品总是先于品牌的，所以叙事逻辑也总是围绕着一种产品通过怎样的资质证明过程才获得奢侈品的地位这个命题来展开的。在叙事过程中，奢侈品需要用图文符号来向消费者讲述品牌所承载的历史文化，促使消费者认为正是那些产品背后的故事造就了其奢侈品位。也就是说，是因为故事赋予了奢侈品以情感和资质，故事中的奢侈品是在漫长悠久的历史长河中为王公贵族和传奇人物专门定制的，经过几代人的传承和创新，以工匠精神和精湛工艺创造出凝聚着时间和情感的卓越物品等故事情节，将奢华和高贵固化在产品中，以引领消费者进一步走进品牌营销的指示符号中，去接受奢侈品的符号意义。

当然，奢侈品不等于高档品，其差别就在于奢侈品凝聚着人类文化，是由文化创造出来的一个奢侈符号，此文化集合象征着时尚、个性、独特、稀有，象征着品位与身份阶层。而历史文化因素对于高档品的确立是非必要条件。奢侈品中的这些文化价值是通过奢侈品的叙事被附加上去的。圣罗兰的总裁皮埃尔·贝杰(Pierre Bergé)常说奢侈品的义务是提供目标物品而不是产品，是享受而非消费的状态。奢侈品牌需要依靠叙事找到与之有身份共鸣或者有文化认同的人群。因此要理解奢侈品，就需要具备一些"文化行李"。例如，路易威登在日本能够成功必定不是巧合，原因有很多，其中一个原因就是文化溯源上的。19世纪70年代和80年代，日本文化和艺术，如浮世绘、漆器、瓷器等，在欧洲民众与艺术家中掀起了一股热潮。此外，日本人有创制和传承家族纹章的传统，纹章通常是圆形的，但也有方形、长方形、菱形或像龟壳背一样的六边形，图形中都带有图案。乔治绘制的几何形状内嵌花型图案的花押字标识也正是在这一时期诞生的。他于1896年设计的花押字图案中包含的几何符号与日本纹章学中的符号极为相似。学界有一种解释是花押字图案设计受到了同期日本美学的影响。因此，路易威登在日本人眼中是具有本民族文化基因的品牌，这种关联使路易威登在日本找到了品牌文化的归属和身份认同，所以其产品在日本的保有量很高。

关于品牌的叙事要素，国内外学者都提出了自己的见解，其中与本章论点相关的有彭传新提出的品牌故事四个要素：真实（Authenticity）、情感（Affectivity）、共识（Commonality）和承诺（Commitment），但这种表述比较抽象，没有明确落实在具体的叙事要素上。学者侯微从更具象的层面分析了品牌叙事要素，她以LVMH集团为例，认为通过产品创意的"独特性"、匠艺的"先进性"、产品品质的"正宗性"、奢华内涵的"优异性"四方面叙事来体现企业精神和价值观。

民俗学家弗拉基米尔·普罗普（Vladimir Propp）开创了叙事结构研究，他发现叙事里有共同的深层逻辑结构和转换生成规则，这种规则是有限且固定不变的。此后，人类学家克洛德·列维-斯特劳斯通过对神话叙事结构的分析认为，在人类社会的每一种制度与习俗之后，都隐藏着深层的、共同或相似的无意识结构。语言学家阿尔吉达斯·朱利安·格雷马斯（Algirdas Julien Greimas）在前人的基础上提出了叙事中三对二元对立的"行为身份"假设：主体与客体、发送者与接受者、助手与敌手，并研究了多样的叙述顺序。基于上述结构主义的理论研究，从乔纳森·卡勒（Jonathan Culler）的《论解构：结构主义之后的理论和批评》中的一段

话 "人类文化的各种文本尽管表面上各不相同,每一种文本下面却有着共同的深层结构,是这种相对而言有限和稳定的深层结构,才产生出变幻无穷的表层文本"[1],可以分析出叙事的内涵覆盖了表层文本和深层结构。

因此,奢侈品及品牌的叙事功能也是基于深层叙事结构框架下品牌的表层文本的。奢侈品牌的叙事文本各不相同,但都基于大致相同的深层叙事结构,如历史溯源、传奇人物、时间形状、手工制作、尊贵产地和艺术点睛等文本要素,而形成一种叙事产品,并成为奢侈品价值的一部分。

一、历史溯源

奢侈品牌都是从历史起源开始叙事。没有历史的非商业化因素支撑,奢侈品牌就没有引人联想的基础。路易威登产生于历史又从历史中获得了强大的自信心。真实的历史,只要它能够生成现代神话就有传播的效力。路易威登的创立人路易·威登于 1821 年出生在法国名为安锁的小村庄,这个人穷志坚的小伙由于家庭原因离家前往巴黎创业。因有祖传木工手艺和对木材的辨识力,路易·威登被马歇尔先生的制箱工坊雇用为打包工和制箱师,工坊也为王公贵族打包和制箱,由于手艺超群,路易·威登被钦点为皇室的御用打包师和制箱师。在这个叙事中,路易·威登偶然的打工经历成为他后来创业的必然条件。随着时装的改良,工业革命的兴盛,旅行生活成为贵族的风尚,路易·威登以敏锐的洞察力、精湛的手艺和广博的人脉于 1854 年在巴黎开设了自己的行李箱制作、销售兼打包的店铺。

这个创业过程放在品牌对其的历史叙事中,如果只宣称店铺成立于1854 年是贫乏而枯燥的,它只会让品牌变得古老陈旧,所以叙事中需要呈现额外的筹码,即奢侈品的名望需要皇族的加持。路易·威登的声望是从成为法兰西第二帝国皇后欧仁妮的御用打包师和制箱师开始的,在皇后的举荐下,他后续又为世界各地的上流人士提供箱包定制服务。箱包的

卓越声誉不仅在高贵客户中流传，还需要专业机构的认证以便收获社会各界潜在的客户，而世博会就能提供这样的权威认证。1862年和1867年的世博会分别在伦敦和巴黎举行。在1867年巴黎世博会上，路易威登赢得铜制奖章。此后，除了1878年没有参加世博会，路易威登参加了所有世博会。世博会使路易威登赢得了很多奖章和有鉴赏力的高品位客户。在1889年的世博会上，路易威登赢得了金制奖章，名声也达到了顶峰。这些叙事要素都加强了奢侈品的神话色彩，催生出一个史诗般的品牌传奇。

此外，路易威登的历史也因旅行的历史而辉煌，故能成为客户的信赖品牌。19世纪，法兰西第三共和国领导下的法国殖民统治达到了顶峰，成为继英国之后的世界第二大殖民帝国。除了私人旅行，公派旅行的业务也很频繁。从1894年起，法国管辖着从非洲到亚洲的广大殖民地。为了建立法兰西殖民帝国新秩序，法国在其殖民地成立了各种新机构，同时也派遣人员前往殖民地工作。无疑，在当时，海运公司是保障法国本土及其殖民地日常联系的纽带，特别是1869年苏伊士运河竣工通航以来，海运变得更加快捷，海路可能是当时唯一的选择。在每次乘船航行时，对所有人而言，船用行李箱是必需品。由于运输条件欠佳，加上炎热的气候和灰尘的侵袭，会使行李受到损毁。每一个在全球各大海洋中往返穿梭的人，不管是公干还是私旅的旅行者，都希望行李箱制造商能够同样关注这些问题。应对旅行的需求，19世纪末，路易威登不仅在市场上推出了锌制外壳的行李箱，也有铜制和铝制外壳的款式，这些行李箱的电镀技术有助于防腐、防氧化。有此行李箱的防护，人们可以放心地将贵重物品带往世界各个角落，而不必担心炎热、潮湿及其他旅途中不可避免的气候灾害造成物品损毁。20世纪以来，随着火车、汽车和飞机成为常规旅行交通工具，路易威登又研制了轻型防水帆布箱、可折叠的软质行李包及皮质或花押字防水帆布四轮拉杆箱。

历史赋予品牌以文化与内涵，赋予产品以品位与创意。但历史并不意味着受过去的束缚，而是指品牌和产品的遗产性和连续性。从将拱形箱盖改为平顶箱盖开始，铝制、铜制、木质、皮质的行李箱被改为防水帆布箱，帆布颜色和图案也从灰色改为红色条纹和米色条纹相间、深褐色条纹和米色条纹相间、深褐色和米色交错的棋盘格、嵌入四叶花瓣的几何图形与叠错的 LV 字母组合成的花押字图案。这些基础材质和图案根据客户的需求又衍生出配有个性化材质和图案的箱包。1996 年，在路易威登花押字图案诞辰 100 周年之际，有艺术家和时尚家庆祝的生日会接续了品牌的遗产传统。路易威登邀请了七位时尚设计师围绕着花押字图案重新设计，以表达他们对花押字图案的敬意和美学理解。这些元设计的对象主要是都市手袋。软面都市手袋起源于各种便携行李箱，它们本身也可以被装进那些长久以来象征着路易威登品牌传统的平盖行李箱和衣柜行李箱中。160 多年以来，路易威登都市手袋演变出多种经典形态（"Speedy""Papillon""Alma""Lockit""Noé""Bucket""Neverfull""Sac Plat"和 "Pochette"），展现出手袋所能拥有的所有形式和功能，体现了现代女性所能想象到的一切需求，具有深远的影响力。另外，花押字图案本身就具有贵族纹章标识身份的意义，它既体现了路易威登品牌的尊贵身份，又说明了它的历史渊源。

因此，路易威登的历史在革新中不断被深化和神化，在叙事中创造出一个无与伦比的圣所，而同时又是每一个后裔产品都可以追溯源头的可靠依据，从而使品牌和产品的史诗更加宏大，名声也历久弥新。

二、传奇人物

只有历史是不够的，奢侈品牌要创建史诗般的传奇，必定要突出充满传奇色彩的人物，正如结构主义叙事功能理论所言，人物的角色是可以任意置换的，但重要的是引进人物的功能是要通过他们来宣传产品和品牌的立足理念、尊贵的身份、高雅的品位和厚重的文化传统。

创始人路易·威登本人就是一个传奇。他是一个有坚定毅力的人，经历了 19 世纪跌宕起伏的时代变迁：亲历了三次革命，两个共和国（法兰西第一共和国、第二共和国）和一个帝国（法兰西第二帝国），更不用说五次由法国发动的、导致一系列危机和衰退的战争。然而，他却能完美地把

法国奢侈品牌研究：路易威登的设计文化

握时机，做出呼应时代的最佳转变。他生于汝拉（Jura）山区，发家于巴黎，虽出身卑微，但凭借技艺、毅力、直觉、眼界、勤勉和交际能力刷新了身份。

叙事中的人物不仅需要主角的传奇，而且需要配角的加持。路易威登叙事中的人物配角是世界各地的王公贵族和社会名流。路易威登的名望兴起于法兰西第二帝国的欧仁妮皇后，而埃及总督伊斯梅尔·帕夏（Isma'il Pasha）为苏伊士运河建成典礼订购的箱子使路易威登扬名国际。此后，路易威登成为社会名流及各种社会活动订制和合作的品牌。法国著名女高音歌唱家玛尔特·舍纳尔（Marthe Chenal）使用了路易威登梳妆箱及其他用途的箱子；由安德烈·雪铁龙（André Citroen）策划的1924年雪铁龙"黑色之旅"以及1931年的"黄色之旅"均向路易威登订购了各种功能的行李箱；印度王公萨亚基劳（Sayajirao）也是路易威登的忠实客户；此外，时装设计师保罗·波烈，珍妮·朗万、卡尔·拉格斐（Karl Lagerfeld）以及演员奥黛丽·赫本（Audrey Hepburn）、莎朗·斯通（Sharon Stone）等名人都曾订购过路易威登的箱包手袋。通过叙事中这些著名人物和品牌的互动，使路易威登的产品被人格化和理想化，叙事中社会名人携带箱包手袋出行的生活方式也成为大众效仿的对象。

三、时间形状

时间的形状是造物者在造物过程中所消耗的情感、精力、思想等无形的精神元素凝结成的一种态势，这种态势要在造物者的造化下，在恰好的时机和环境中，在合适的材料中，通过技艺落地生发，物化成物品的形状。这正是《考工记》里所提倡的"天有时、地有气、材有美、工有巧，合此四者，然后可以为良"中国的造物思想。奢侈品的制作依存于时间的过程性。在农耕社会，物品的生产与时间过程有着直接的因果关系，因此对于时间性原则的尊重是农业文明的根本，时间的经验是人类文明先验的资本。在手工造物或半手工造物的文明中，时间性原则也是指导物品生产的根本原则。理查德·轩尼诗（Richard Hennessy）曾说："我们必须让时间穿透现在所不能的。"奢侈品的价值就在于它将时间具体化、凝固化后又延长化。奢侈品从容不迫，精美而卓越，因为它浸润了时间的深邃。在工业文明中，时间的穿透是将奢侈品与工业的生产逻辑区分开来的界限。奢侈品行业并不把效率当作好的管理标准，对机器批量化产品来说，"时间就是金钱"意味着高效、快速和利润。而奢侈品牌则是遵循品牌自身的造物传统，花时间琢磨最好的产品，用时间慢慢滋养和打磨产品，当时间的痕迹烙印在这个慢工出细活的匠艺过程中，奢侈的味道也随之散发出来。

首先，时间性体现在原料中。需要时间等待最好的木材成熟，它的坚硬度和纹理、色泽都需从时间中获得；或者是让时间去寻找，不管它在何地，需要时间沿着自然的指向发现奇迹。路易威登的高级定制就是遵循客户的意愿在原产地寻找材料，寻找成材的木料和上等皮料，找到理想的材料，还需要加工、打磨、鞣革、规整，等待时间将其熟化和美化。例如，乔治-路易·威登和嘉士顿-路易·威登于 1930 年 4 月在香榭丽舍的专卖店里举办了一次土著展览，展品包括小雕塑、法属西非的传统首饰及具有非洲风情的路易威登系列产品。除了象牙和紫檀制成的物件，行李箱的皮革材质也做了一定的改变，箱包表面采用大象皮、鸵鸟皮、鳄鱼皮、蜥蜴皮等珍稀皮革，这些皮质的鞣革、护色、上色工艺都与常规皮质不同，工序复杂，时间成本很高。如果是特殊功能的定制箱，箱内配置和内饰也要以不同的材料重新设计，需要大量时间研发并调整制作工序。例如，奢华的摩洛哥皮质理发箱在设计上就别具一格，它是由深蓝色摩洛哥皮内衬红色摩洛哥皮制成的，箱内配的是象牙刷子与盖着银质瓶塞和瓶盖的水晶瓶。它的设计既先进又非常实用，两侧装有活板，嵌套也十分出彩，这款箱子做工相当复杂，堪称一款由时间集成的臻品。

其次，时间性也体现在创造者的创作过程中。路易威登在为客户定制箱包时，首先和客户反复沟通，以达到客户满意的效果，然后再在材质和配饰、外形和内饰、功能和格局等设计上进行推敲与研究，这些落实在制作工序、工艺上都需花费大量的时间，才能产生一个高级定制箱包。

奥古斯丁（Augustine）认为时间的本质就是人的念念相续。根据他的观点，人们在度量时间时，其实度量的是思想的印象。"将来尚未存在"，"现在没有长短"，"过去已不存在"[1]。但是，对过去的记忆、对未来的期待和对现在的关注作为印象却能够被心灵度量。奢侈品承载着过去、现在，并通过技艺和记忆传续下去，也以遗传的、继承的、受尊重和崇敬的价值观的集中形式体现出来，将绵延的时间融入产品并在人的心灵度量中生成意义。

四、手工制作

奢侈品卓越的手工技艺成就了它的极致、独特与唯一。在机械工业时代，奢侈产品不会是完全手工的，但每一个奢侈产品都会有部分是手工完成的，设计制作游走在手工和机器之间。手工技艺的参与保证了奢侈产品的卓越质量和奢侈的价值。自 1859 年以来，阿斯涅尔工坊就是路易威登传统制箱的根据地，也是品牌工艺传奇的核心。制箱工作总是按照以往的节奏，使用相同的工具进行着。和 19 世纪工坊里的氛围一样，如今工坊里的工匠们依然以灵巧的双手把握着工具在切割、整合、锯、粘、锤后，以令人钦佩的精工细作和极端耐心打造出每一个行李箱。完成这项工作需要三种手工传承的工艺：制箱（构建箱框）、皮革加工、鞍形缝线。箱子制作始于两种木料：杨木柔软、结实、轻质，用于制作箱框；榉木坚硬、柔韧、抗压，易被硬化，常用于制作家具，故用作箱外部的加固板条，可以减震防护。在此过程中，制箱师要给箱内抽屉和格架加装一层护套。虽然制箱师不参与金属配件和锁的制作，但他的整个工作流程还包括包边，箱子的包边材料是纸板、破布纸和经过热处理的木材加工成的耐磨柔韧的硫化纤维物（Lozine）[2]，这种材料可以保护硬箱的边角。路易威登的硫化纤维物是经典的干邑色，上面印着 LV 商标。关于

1　　奥古斯丁.忏悔录 [M].周士良，译.北京：商务印书馆，1963：253.

2　　Lozine 是一种融合了硬板纸、破布料和木头，再经过热抗压处理而成的材质。此材质柔软耐磨，常用来加强保护硬箱的边角。

皮革加工，路易威登选用最好的皮料，用植物鞣皮，再用一千零一种染料为粒面皮上色。鞍形缝线是最后一道工艺，常用于缝制"Steamer"旅行袋，自 1901 年以来，这款包完全是手工缝制的，其工艺能从特殊技术产生的毛边上识别出来，缝线时工人一手拿着穿着涂有蜂蜡的麻线的针，一手用钻子钻孔，钻孔和缝线以固定的距离有节奏地交替进行，这样就不会有出错的空间。此外，皮革工艺也是手工艺的典型，这种工艺源于对山羊皮的加工，现在通过传统工艺加工皮革的种类繁多，如"Monogram""Vernis""Utah""Taiga""Mahina""Nomade"等，它们有各自的强度和纹理，同时也有细微差别，需要通过皮料的拼配或调整来保证最终产品的纹理和色泽的一致性。在制作皮件的过程中，首先用含羞草、栗树、白坚木树皮将生皮鞣革后，再将其拉展，然后用圆刀将皮料裁切成半圆形，经过改进、分割、上色、压制、折叠，将每一个裁片缝合并修剪整理，最后折角并将边缘封漆。对于精细切割边缘、打磨条带、用涂蜡的麻线缝合皮片等手工艺，集中精力和精确细致是至关重要的，如此，最后的成品才能尽可能减少收缩。经过精细的多工序皮革工艺处理，带有路易威登标识的经典箱包和手袋才能被世人传颂。

关于 LV 手工产品的卓越功能有很多"传说"，其中最出名的莫过于"泰坦尼克号"的一段故事。"泰坦尼克号"沉没于 1912 年 4 月，当时，头等舱的乘客都是来自富裕阶层，他们大多使用路易威登的行李箱存放衣物。令人惊讶的是，传说邮轮沉没后从遇难海域打捞上来的路易威登行李箱密封完好得丝毫没有发生渗水现象……这也是叙事情节中的一个插曲，但究竟是否属实并不重要，重要的是路易威登产品历来的卓越功能美誉会使人对这个品牌产生"如此高质量的路易威登产品，当然有可能不渗水"的联想，可见品牌的工艺高品位已深入人心。

五、尊贵产地

从 18 世纪起，法国成为世界的时尚和奢侈品中心，并且这两大产业已经上升为国家的支柱产业。法国从路易十四执政时期起，皇家贵族就开始成为引领世界时尚和奢侈的风向标，上行下效已成为默认的习俗，内盛外仿也掀起了大西洋彼岸的狂热。在精通时尚和奢侈文化的国王路易十四的提议下，在奥斯曼男爵的推动下，法国大力发展奢侈品贸易，同时巴黎也在现代化建设的过程中成为国际大都市。旧体制中的贵族和出自银行业、资本家、生意场中的一代新贵肆意挥霍，在这里构建起了他们专属的奢华街区。

当世界跨入现代时期，法国也在现代性的推动下进入了法兰西第二帝国时期，此时的巴黎正经历着空前的巅峰时代，时尚起源于法国宫廷，使巴黎成为世界时尚的集散地。皇宫的极尽奢华促进了财富行业的兴起，服装业和珠宝业经历了前所未有的发展。为满足服装与装饰的需求，纺织业也进入了黄金时代。旅游业也在交通革命的发展中推动了"移动"的奢侈生活方式的形成。总之，奢侈、时尚、优雅不仅仅是国民性的诉求，更是法国的国家大事。

从 18 世纪起，巴黎成为世界时尚和奢侈品之都，可从其对世界各地富豪的迎来送往中窥见一斑。为摆脱维多利亚时期的繁复刻板生活，许多英国贵族也来到巴黎，寻求奢华浪漫的新生活。世界各地的商人也都来到这里，为他们钟爱的娱乐人士赠送奢侈礼物，接踵而至的是他们忙于占领法国奢侈品市场份额的俄国亲友。此外，印度各邦邦主也纷至沓来，在巴黎挥霍无度。欧洲的王室贵族们、新世界的消费女王们、工商业界的巨擘们及各地没落的王公贵族们纷纷到各地旅行，足迹遍布全球，但都要在法国驻足，购买行李箱是他们的必需之举。这些人在每次度假之前，会事先派人把装满物品的行李箱送达目的地。虽然社会习俗和交通方式已经改变了旅行的方式，但这种象征上流社会生活的习惯却被长久保留和传承。

六、艺术点睛

奢侈品不仅有工艺，还有艺术。工艺只是它的物体性，而艺术则是它的精神归属。奢侈品通过艺术的渗透具有了美学特征，意味着物质越界到精神领域，有形和无形的美升华到符号的象征意义。艺术使奢侈品成为有签名的艺术商品。艺术的永恒性也使奢侈品与时尚区别开来。奢侈品只培养永恒的神话，而时尚则在经济的运作下经历过去、现在和未来。艺术作品将比它的创作者及其年代存在得更久远，奢侈品就是这样表明其不仅仅是商品，还有艺术品的身份。路易威登的设计师们，不论是乔治-路易·威登、嘉士顿-路易·威登还是马克·雅可布，都致力于和艺术家合作。乔治-路易·威登的花押字图案设计借鉴了中世纪的教堂建筑艺术、现代艺术和东方美学；而嘉士顿-路易·威登本人的艺术造诣已达到了专业品位。20世纪初，嘉士顿-路易·威登迷恋新艺术运动，到了20世纪20年代，装饰艺术运动成为他的创作灵感。他和当时一些伟大的艺术家和设计师，包括皮埃尔-埃米尔·勒格兰（Pierre-Emile Legrain）、皮福尔卡（Puiforcat）、孔维尔萨（Conversat）、鲁兰斯（Rulance）、拉里克（Lalique）合作设计带有法国奢侈品传统色彩的行李箱。1997年以后，马克·雅可布邀请艺术家、时尚家和建筑师将路易威登的古典艺术气质推向了波普艺术品位。因此，贯穿路易威登设计叙事的艺术要素是其在百年辉煌发展过程中的点睛之笔，也是品牌长久存在的因素之一。

以上叙事要素及其关系在图2-1中可以得到清晰的认识。

从图2-1中可以看出，奢侈品叙事中每一个要素的功能都是多重交互

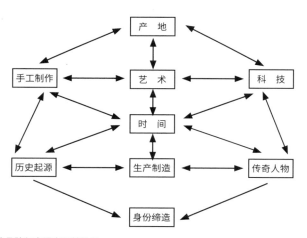

图2-1　奢侈品牌叙事要素及其关系

图片来源：黄雨水.奢侈品品牌传播研究：符号生产和符号消费的共谋[D].杭州：浙江大学，2011：126.

的，要素之间相互影响。每一个要素可以直接或间接作用于其他要素，产生多层次的交流功能，最后各要素的互动共同缔造了奢侈品的身份。例如"时间"这一要素在路易威登行李箱的制作过程中，需和其他要素相互作用，具体体现在：适合的、成熟的木材生长年限中；皮革加工的复杂工序，如收到皮革、清洗、分离生皮、切割、鞣制、挤压、加脂、干燥平整、分类拣选、检查厚度及测量；皮革进一步加工和美化以形成制作箱包的材质；与时俱进的科技手段；工匠的制作过程：鞍形针脚、拼接花形；百余年悠久传统之上的良好信誉和品牌权威；五代家族传人在品质上的把控；历史中的传奇人物在不同寻常意义上对产品的作用；等等。在这个循环过程中，所有要素彼此之间需要相互衬托、双向交流，且都会显示时间这个本质性要素；时间直接或间接地连接了所有叙事要素，并体现出功能上的闭环性特征，最终缔造了品牌的身份。也就是说，在整个功能场域中，任何一个要素都不是一个独立的部分，而是相互作用的一分子，要素之间形成了一个封闭的环状，循环往复地进行着相互的协调和推动。由功能要素构成的闭环，进一步使每一个要素的功能发挥得有效、不分散，从而保证了奢侈品叙事意义的实现和对其身份的缔造。正是这些叙事中的功能要素构成的深层结构叙述着不一样的奢侈品牌故事。

第二节　路易威登产品之叙事

路易威登产品的叙事和创立者路易·威登的个人背景、自身的手工艺、设计天赋、经济洞察力、所遇到的传奇人物及时代风尚相关。随着产品制造人身份的变化、视野的改变，关于产品之叙事的各种功能要素也随之改变。本节叙事主要涉及从路易·威登到乔治-路易·威登这一"产品期"，路易威登现代奢侈品的身份是如何确立的。

一、从打包工到制箱师

路易·威登是现代奢侈品的创造者之一。作为路易威登品牌的创立者，他深谙产品的质量价值和使用价值是其商业发展的生命底线，而产品曾经的客户背景是开创广阔市场的广告保障。除此之外，他最大的贡献是以时代语境中的市场需求为基础，力求使设计与艺术保持关联以获得某种高水准的文化意义和精神价值，从而使其产品与市场中的商品区别开来，以保证溢价空间。这种策略性的产品产出指向使产品明显具有"设计"内涵和附加值。

（一）卡普西纳大街4号：创业伊始

路易·威登于1821年出生在法国名为安锲的小村庄，这个村庄位于崇山峻岭的汝拉山区。其家族五代人都是工匠、木匠、碾磨工和农民。1835年，13岁的路易·威登离开磨坊，踏上了离家出走的旅程。这个不到14岁的男孩义无反顾地离开了祖辈生活的这片土地，从此开启了路易威登品牌的传奇历史。

安锲位于法国东部的汝拉山区，汝拉的名字源于法国和瑞士交界处的山脉。这里是偏远山区，属于弗朗什-孔泰（Franche-Comté）大区，也是欧洲君王们常年征战抢夺的地区。16—17世纪，这片土地经历了多次残酷战争的洗礼，到1678年才成为法国的一部分，因此，这个地区及其居民也因那段历史而受尽折磨和煎熬。当地恶劣的居住条件铸就了居民吃苦耐劳的坚韧性格。路易·威登在未来的创业过程中就展现了这些品质。

路易·威登背井离乡的革命性举动完全打破了祖先的传统。他为什么会作出如此激进的决定？据家族史记载，他是为躲避继母。母亲在他10岁时去世，父亲续娶之人就像《灰姑娘》中的继母一样，嫌弃前妻所生子女。由于无法忍受继母的虐待，路易·威登在漫长的冬季过后就踏上了离家的路途。离开汝拉的人通常都去里昂发展，在那里的丝绸厂工作，而路易·威登却不然，他的雄心壮志使他踏上了一条前往巴黎的不同寻常的道路，他坚定的毅力也使他拥有了非同寻常的命运。

当路易·威登离开家乡时，他的冒险旅程也开始了。威登家族的历史和制作木制品相关，至少是从他的直系祖辈细木工皮埃尔·威登（Pierre Vuitton）这一代开始的，路易·威登对这些手工技艺并不陌生。背井离乡的路易·威登并未完全远离家族的传统手工艺，在他前往巴黎的旅途中，他依然保持着制作木制品的珍贵技艺，沿途做过伐木工和整理灌木丛的工作，以解决旅途生计问题，他借此也了解了各个地区的森林特性和树木的品质，如栗树、野樱桃树、千金榆、榉木、橡树及杨树等，这些知识正好在他未来制造行李箱的事业中派上用场。他的旅途漫长且艰辛，两年的旅程经历和磨难赋予他自信和成熟的品性。他来到巴黎，对这里的物质过剩和贫富差距感到惊诧。他深信这里一切皆有可能。但是，他必须先找到活干。

由于有木工背景，1837年秋天，马歇尔先生将路易·威登收为学徒工，他的制箱打包工坊位于朱丽特街29号（Rue du 29-Juillet）和圣奥诺雷街（Rue Saint-Honoré）的交会处，即今天著名的时尚精品店"Colette"所在的位置。这个地方离法国国王及其家人居住的杜伊勒里宫（Palais des Tuileries）只有几百码远，后来拿破仑三世和欧仁妮皇后也居住在这里。工坊附近的商业氛围和时尚气息不断地熏陶着年轻的路易·威登。这是巴黎最负盛名的地方，是时尚和奢侈品中心，也是所有欧洲的王公贵族经常光顾之地，随着马车、轮船及火车等交通工具的不断推陈出新，他们的出行也更为便捷和频繁，但旅行依然是当时奢侈的生活方式。当旅程开启时，行李箱是必备品。为了包装和保护珍贵物品，避免其因旅途的颠簸而受到损害，人们需要制箱工人为其打造适合的箱子或打包物品并装箱。作为制箱学徒工，路易·威登为每一件物品量身定制行李箱。他在马歇尔先生的店里工作了17年，他勤勉好学，成为资深的打包工和制箱师，这些名头在今天看来意义微小，然而，在当时，它们意味着他掌握精湛的传统手工技艺和丰富的经验，这些资质成为他日后创造财富和赢得成功的资本。

1854年4月22日，路易·威登迎娶了17岁的克莱门斯-艾米丽·帕里奥（Clémence-Emilie Parriaux）。同年，他作出了影响未来的另一个决定：在卡普西纳大街4号（4 Rue Neuve-des-Capucines）开设自己的制箱打包坊，工坊离凡登广场（Place Vendôme）和巴黎歌剧院（Opéra de Paris）仅咫尺之遥。路易·威登展示出的关于制箱和打包的精湛技艺，很快就为他赢得了"法国最佳匠人"的称号。正如他在一张小海报上所描述的，"专业打包易碎品，专事包装时尚物"[1]。因此，上流社会的客户络绎不绝，纷至沓来。路易·威登认为仅有传统制作木箱子的业务是不够的，于是他利用自己的制箱专业知识和对木刻的兴趣研发了具有现代意义的行李箱，并将其推介给客户，收到了良好的市场效益。

（二）阿斯涅尔：家族摇篮

随着业务的增多，路易·威登不得不扩大工坊场地以迎合蒸蒸日上的事业。1859年，他将工坊搬至阿斯涅尔。随着路易·威登的长子乔治·威登的出生，以及乔治·威登受教育地点的变化、普法战争的爆发、乔治·威登成家立业并接管公司等事件的发生，这里最终也成为威登家族的定居之地。

阿斯涅尔工坊是与时俱进的产物。这个工坊遵循了当时最现代的建筑原则，采用建筑师维克多·巴尔塔德（Victor Baltard）设计的巴黎大堂（Les Halles）和1899年著名的埃菲尔铁塔（La Tour Eiffel）的建筑师古斯塔夫·埃菲尔（Gustave Eiffel）应用的钢铁结构及铁和玻璃混合的现代建筑风格。阿斯涅尔工坊的扩张容纳了路易威登之家的制造工坊和商业发展空间。19世纪80年代，在阿斯涅尔工坊又建造了一间金属构架的大厅，接着在1900年，又有两排工坊也沿着已有的建筑物建成。工人的数量也相应增加，从1859年的20人增至1900年的大约100人，他们分别在6个工坊工作。从那时起到1914年夏季第一次世界大战爆发，公司在国内外的业务扩张可以从人事变动上看出（在法国有4家工坊，在伦敦有

1　　PASOLS P-G. Louis Vuitton: the birth of modern luxury[M]. New York: Abrams，2012：51.

1 家，在其他国家有 15 家办事处），到 1914 年 6 月，工作人员已增至 225 人。所有员工都享有社会保障的内部体制福利，公司在 1891 年为阿斯涅尔工坊的员工建立了慈善互助和退休基金。在路易·威登眼中，阿斯涅尔有双重身份：它既是助他事业成功的城市的一部分，也是使他回想起自己出身乡村的一部分（尽管他的家乡远在汝拉山区，他也从未回去过）。这正好应和了路易·威登的双重身份：一个出身乡村的、有家族传统手艺的木工，一个在巴黎靠手艺、勤勉、洞察力和人脉创出事业的奢侈品牌行李箱制造商。

（三）斯克里布大街 1 号：重整旗鼓

19 世纪 70 年代在满目疮痍和残垣断壁之中拉开了序幕。普法战争导致拿破仑三世下台，巴黎被普鲁士王国长期残酷地围攻。帝国让位于社会主义者的政府——巴黎公社，同时也陷入血雨腥风的内战之中。在动乱的年月中，路易·威登的事业也被破坏殆尽，他只好先撤回阿斯涅尔，伺机重整旗鼓。

当巴黎局势逐渐稳定并开始恢复昔日的都市面貌时，路易·威登又将店铺搬回了巴黎，新店位于斯克里布大街 1 号（1 Rue Scribe）。虽然离原来的地方不远，但还是需要象征性地穿过林荫大道，这里直到 1914 年一直是路易威登之家的地址。

斯克里布大街在路易·威登搬来之前就弥漫着权贵的气息。贵族赛马俱乐部的总部就坐落于此。俱乐部的一层拐角是一家大咖啡店，路易·威登的店铺就位于赛马俱乐部以前的马鞍房位置。店铺面街长度为 36 英尺[1]，纵深 26 英尺，有三个隔间面街，其中两间作为销售行李箱和旅行物品的空间，另一间用作包装生意店面。

就市场营销策略而言，选择斯克里布大街绝对是明智之举。因为这里是新巴黎的中心，是理想的立足点。这里还是巴黎最高档的地方，旅行者

---

1   1 英尺 = 0. 3048 米。

们在这里能享受到最新的现代科技和最珍贵的艺术成果。这里汇聚了世界各地的名流权贵，大酒店门前每天都是车水马龙，旅行者络绎不绝。火车站也离大酒店不远，旅行者们先乘坐火车到港口，再乘轮船前往英国或美国及其他地方。总之，整个斯克里布大街都致力于专门提供高端有趣的旅行用品和优质的服务。

二、从路易·威登到乔治-路易·威登

从路易·威登到乔治-路易·威登是现代奢侈品不断创新的过程。在现代性的背景下，路易·威登创造了形式追随功能的行李箱，他的创新具有革命性意义。随后，乔治-路易·威登对箱体的局部作出了专利性的改观，他的创新具有身份象征性意义。

（一）路易·威登：手工艺的现代性

路易·威登在马歇尔先生的店铺里勤勉工作和学习了17年，积累了丰富且精湛的打包和制箱经验，同时也积攒了许多上流社会的人脉。于是在1854年，路易·威登成立了自己的工坊。早先，巴黎已经有一些和路易·威登从事同种行业的公司，如"Lavolaille"和"Godillots"，这两家是最先开拓巴黎制箱业市场的知名企业，另外，还有一家古老的箱包皮具店戈雅（1853）是从创立于1792年的"Maison Martin"转变而来的。此外，1855年的商业年报中可以看到在巴黎还有许多其他和旅游用具相关的制造商，它们循规蹈矩，沿袭着传统的制箱方式和风格。

然而，这位制箱业中的新秀路易·威登却更具有自由的创新精神和敏锐的时代洞察力。他彻底摒弃了当时的传统审美观，代之以现代主义的线条感和朴素简洁的造型，强调行李箱的功能及其和周围环境的契合关系。在路易威登的箱包上几乎看不出任何传统遗留下来的装饰要素，如镂空雕花、铁艺装饰、维多利亚式繁复的涡卷线条等。此外，路易·威登很早便开始尝试摆脱当时拱形盖式行李箱的古老风格。在1867年巴黎世博会上，路易威登展示了第一款平盖箱。尽管直到19世纪80年代，路易威登还一

直在生产拱形盖箱，但第一款平盖箱的出现却具有革命性的意义，它意味着对传统美学的反叛及在制箱设计上的现代主义意识。不过，在这种由传统向现代的缓慢转型过程中，路易威登在行李箱的外形设计上还是保留了少量的传统风格，如凸铆钉、隐藏锁孔、纺织物包边及带饰等传统配饰。

因制箱过程中会涉及众多材料的交集而形成直角结构的组合，路易·威登将箱包定义为一种关于组合和形式的产品。他同时将制箱技能概括为一种组合的艺术，这种组合既有"艺"又有"术"，既可以理解为箱包的形象艺术，也可以认为箱包的制造涉及各种其他行业并需结合它们的专业技艺来完成。箱包制造业是跨行业的产业，制箱所使用的主要材料及附属配件都和其他很多行业重合，如木工业、鞍具制造业、制革业、视觉艺术、金属物制造业和制锁业等。但是，在产品功能和协调组合方面，箱包制造又与这些行业不同。制箱业是手工行业，需要借助其他行业的制作工具进行手工磨、裁、压、折、钻、钉、粘、缝等操作性工艺，不同的制箱材料在被裁剪后，要借助各种工具钉、压、胶、绗、缝参与各种工序制作，如木材刨光、硫化纤维物包边、帆布粘合、皮革缝制、铆钉固定等。除这种材料和工序上的组合特性以外，箱包制造同时还需要多种手工行业者的跨界合作，它是一种复杂的组合性制作体系。路易·威登的组合制箱艺术隐约闪现出现代化工业生产中的流水线部门分工合作的机制，同时他也是后现代跨界合作的先行者。

（二）乔治-路易·威登：锁的专利和花押字美学

路易·威登的创新在于平盖箱的现代形式和功能，它的组合制箱艺术还存在于箱体和箱子的附件设计制作中，尤其是在复杂的箱锁制作上体现得最为明显：一把箱锁的完成需要聚集并协调不同工种及材料——马具皮件工制革、锁工制铜、木工制木。制作工艺上的难度不仅在于要合乎逻辑地协调各种古老手工艺，还在于要同时融入各个不同时期的新发明创造。路易威登做到了这一点：它在制锁工艺上发明的各种锁都相继取得了专利权。这些专利权证书都保存于路易威登档案馆中，它们也是路易威登各种技术革新的凭证。

箱锁的发明使路易·威登和乔治-路易·威登入选了1895年出版的《发明家、工程师和建筑师人物传记词典》，书中原文选载如下："1886年，乔治—路易·威登将路易威登所有款式的配锁换为了双簧扣单锁。1887年，他又采用了一种可以自合的旅行箱锁。"[1]1889年，路易威登发明了多凹槽锁。凹槽锁不仅坚固，而且其内壁不会磨损箱内物品。此外，每一款锁都有一个序列号，配备相应的钥匙，这把钥匙能开启客户所有的路易威登箱包锁。若钥匙遗失，依据序列号可重新配置一把。

图2-2　花押字图案
图片来源：LV官方网站

为了防止箱包图案被模仿，1896年，乔治·威登设计出了路易威登经典的身份标识花押字帆布图案（图2-2），并申请了"设计与款式"类专利。这是一份关于图案的平面设计，从图案设计的角度看，图中路易威登的首字母缩写字样不再是作为品牌名称出现，而是作为四种不同的花饰之一，与其他三种四花瓣型编织在一起共同组合成花型加字母的图案。这种图案既是身份独一性的标志，也是四种花纹排列组合、不断重复所形成的有规律性的、有节奏感的装饰设计。花型组合成的图案整齐别致，但不呆板，别有一番意味。原本是防伪标识，是企业文化的一部分，然而在1905年花押字图案成功申请品牌专利之后，这种字母排列就意味着一种品牌标识了，即具有了审美意味和社会学意义。

为将箱包品牌化而设计出一个企业文化的代表性标识，在这方面，乔治-路易·威登可谓是先驱者之一，因为在他之前的戈雅品牌也创作了

1　　皮埃尔·雷昂福特，埃里克·普贾雷-普拉.路易威登的100个传奇箱包[M].王露露，罗超，王佳蕾，等译.上海：上海书店出版社，2010：432.

在字母"Y"字上加短线条花押字图案。乔治的超前意识体现在两个方面：一是在花押字设计图案中加入了"LV"字样；二是他的"推广"理念，他主张将品牌标识传播开去，在各种广告和箱包上频繁出现花押字图案，作为企业美学的推广媒介，所以花押字的高辨识度甚至高于品牌的商标"LV"。

三、"产品"时代之叙事

在路易威登的发展时期，如果以"产品"和"品牌物"来分期，应该以乔治-路易·威登设计的花押字图案在1897年注册专利并于1905年被注册为品牌为界限。1905年之前为"产品"时代，之后为"品牌物"时代。本部分的叙事主要是关于在"产品"时代促使路易威登产品蓬勃发展的具有典型意义的社会活动。

（一）附庸风雅的店铺

法兰西第二帝国在发展海滨度假胜地和温泉旅游方面发挥了重要作用。比亚里茨由英国人发现并成为上流社会的度假胜地。曰法国开发的大西洋沿岸的阿尔卡雄、位于布列塔尼亚兰斯河的迪纳尔以及诺曼底沿岸城市都成为附庸风雅人士和贵族度假的去处。由于欧仁妮皇后推行山脉附近的水疗地区，城市里的富裕者也倾向于到乡村养生，所以许多有水疗资源的乡村也变得时尚和现代了，其中维希这个城市的水疗优势自古就名声大噪。由于维希交通便利，因此吸引了大量法属殖民地的旅行者。1921年，路易威登之家在这里开店，并将店铺装修成装饰艺术运动的风格。旅游度假区的开发是路易威登软面旅行包诞生的前提条件。

（二）聚集文明的世博会

1851年的英国伦敦世博会是一次现代性和古典传统风格并存的展览盛会，也是一次传统向现代过渡时等待审判的大会。这次盛会引发了以约翰·拉斯金（John Ruskin）为理论支持，由威廉·莫里斯（William

Morris）领导的工艺美术运动。同时，这次盛会也导致了英法两国在艺术和工艺方面的竞争。1855年法国举办的世博会完全是一个工业宫殿、美术馆和机械展示厅。1862年和1867年的世博会分别在伦敦和巴黎举行。1867年巴黎世博会会场是战神广场，由弗里德里克·勒·佩雷（Frédéric Le Play）修建了一个能容纳一千万参观者的巨大的圆形宫殿。各国首脑也应拿破仑三世的邀请前来参会。路易威登在这届世博会上以其硬质箱优雅的形式、实用的功能和优异的质量赢得铜制奖章，同时也赢得了王公贵族的关注和订购。此后，除了1878年没有参加世博会，路易威登参加了所有的世博会。世博会使路易威登获得了很多奖章和有购买力的高品位客户。其中就有后来的西班牙国王阿尔方索十二世（Alfonso XII），他随后订购了一系列行李箱。在1889年世博会上，棋盘格帆布（Damier Canvas）系列箱赢得了金质奖章，柜箱和服装袋赢得了大奖。在后来的世博会上，路易威登的卓越产品已无人能与之比肩。然而，第一次世界大战中断了和平和喜庆的国际盛会。直到1925年的世博会，路易威登又重返盛会，这届世博会对其有深远的影响，它标志着皮箱制造业从此迈入了世界奢侈品行列，世界各地的客户也由此深刻了解了路易威登的实力和创造力。

第三节　路易威登品牌之叙事

何塞·路易斯·努埃诺（Jose Luis Nueno）和约翰·A.奎尔奇（John A. Quelch）认为奢侈品牌是指产品价格中包含的有形的功能性效用比率较低而无形的情境性效用比率较高的品牌。这个定义中，"功能性效用"是指产品的实际功能给消费者带来的效用，而"无形的情境性效用"是指由那些抽象的和精神方面的因素，如文化、社会、美学、心理等给消费者带来的影响，使消费者追求一种"文化资本"。因此，奢侈品牌的本质就是奢侈品的符号化形象，是一种精练的文化形象，代表了品质、高贵、稀有的本质，其形象隐含的是产品及制造商的社会和文化身份，而这种社会和文化身份最直接的体现就是从品牌发展过程中的叙事而来的。

从奢侈品到奢侈品牌的形成和成长是一个漫长的历史过程。世界著名的奢侈品牌绝大多数云集于欧洲，而19世纪30年代至50年代末被学界认为是奢侈品牌的诞生时期。路易威登品牌就诞生在这个时期，路易·威登运用他的名字作为营销的标识，后来将名字注册为品牌，这种"有名"产品比"无名"产品显示出了更高的经济价值，其标识也永远存活在"他者"的生活中，形成了品牌的持久影响力。160多年来，路易威登始终坚持品牌精神，做不一样的产品，为的是给客户提供真正的生活伴侣和精神愉悦，并倡导在舒适的旅行中寻找惬意的生活方式和人生价值。

一、从乔治-路易·威登到嘉士顿-路易·威登

乔治-路易·威登是路易·威登的儿子。他的童年在阿斯涅尔度过。1871年，乔治被送到英国泽西（Jersey）继续学业并学习英语。这段在英国学习和居住的经历对他未来在英国拓展家族事业起到了至关重要的作用。

路易传承给乔治的是对木工的热爱。乔治感受到木工是手工艺、情感和创造力相结合的活动。阿斯涅尔对童年的乔治来说更像是一个巨大的游乐场而非工坊。1873年，乔治返回法国后就成为阿斯涅尔工坊的一名学徒工，在那里学习制作行李箱。他进行了全方位的学习，从包装、制作、销售、送货到收银员，掌握了所有与制箱有关的技能。据他的曾孙帕特里克-路易·威登（Patrick-Louis Vuitton）回忆，乔治延续了这一家族传统，每一位家族成员必须先到阿斯涅尔工坊学艺，然后才能进入店铺工作。1879年夏天，他和一位香料商的女儿约瑟芬（Joséphine）订婚，婚礼于1880年举行。这时，路易也在考虑公司的未来，于是借此事重组了公司。他将斯克里布大街的店铺转卖给乔治夫妇，并决定专心投入阿斯涅尔工坊产品的设计和手工艺研发及制作业务中。乔治在23岁时和父亲签署了营业资产和租赁契约，从父亲手中接管了店铺。此时，路易·威登意识到这是一个多元化的、变化多端的社会，企业的生命力在于创新和研发，需要投入一种新的产品项目。于是，他在阿斯涅尔加建了一个专门制作皮

件的厂房。

（一）乔治-路易·威登："跋涉"的继承者

乔治-路易·威登年轻有为，有商业天赋和市场直觉，是一位有决断力的企业家。他在父亲路易·威登的影响下，雄心勃勃地打造他的商业帝国，将现代奢华和品牌文化传播到世界各地。

1. 征服英国的勇士

乔治的设计天赋和商业睿智在他开辟英国业务的过程中表现得淋漓尽致。英国人对路易威登行李箱的成功早已关注，但是作为大英帝国的子民，他们对法国产品的持续发展表现得不屑一顾。1884年，英国人决定对享誉世界的路易威登帆布箱予以重击。他们推出以纸板为框架的全皮箱来和路易威登的木框架帆布箱一较高低。乔治对此作出了潇洒的回击。1885年3月1日，他在伦敦的中心地段牛津街289号（289 Oxford Street）开设店铺，这是伦敦城里最负盛名的区域之一。乔治想通过他的专业技能帮助法国扩大在海外的影响。带着这样的雄心壮志，他将法国三色国旗融入路易威登的商业标志设计中。他把这个商标摆放在伦敦店铺崭新的橱窗内，旁边放着法国军官到海外执行任务时携带的床箱，在打开的箱床床垫上放着一个穿着法国轻步兵制服的模特。这个举动在伦敦立刻引起哗然。据亨利-路易·威登的回忆，当时店铺前很快就挤满了人，人们七嘴八舌地议论着橱窗。报纸报道说，这是丑闻和挑衅。这件事几乎引发了外交争端。但乔治很镇定，几个星期以来，威登店铺的橱窗吸引了大批市民，店铺门庭若市。然而，"橱窗"事件却掀起了叠加的广告效应和无限的商业机遇，这也许就是乔治睿智的营销手法之一吧。

乔治的想法已落地伦敦，但从商业的角度看，还未征服伦敦。就店铺在牛津街开张的同一年（1885），世界专利与发明博览会[1]也在伦敦举行。

1　　"世界专利与发明博览会"这个译法出自 PASOLS P-G. Louis Vuitton: the birth of modern luxury[M]. New York: Abrams, 2012：100.

虽然来自英国制造商的参赛产品颇具代表性，有些还来自哈洛德百货公司（Harrods），但路易威登行李箱还是在博览会上赢得了外部竞争的银质奖章，这是唯一一枚颁发给旅游产品的奖章。首次告捷需要后续加倍地巩固，乔治调动一切力量准备长期应战。从1885年到20世纪初，他奔忙于巴黎的斯克里布、阿斯涅尔和伦敦之间，可以想象他追求伦敦梦想的决心和毅力。但是起初，伦敦店的营业额并不理想，乔治发现牛津街更像一条盛名大道，而非商业街区。于是，他决定一下火车就直接前往伦敦各处进行市场调研，寻找拥有潜在客户和旅行者聚集的位置。经调研，他将新店址选在伦敦最主要的火车站之一——查令十字车站（Charing Cross Tube Station）对面，离特拉法尔加广场（Trafalgar Square）很近，是伦敦最时尚的区域之一。1889年12月1日，奢华的新店在著名的斯特兰德街454号（454 Strand Street）开张，离纳尔逊纪念柱（Nelson's Column，为纪念英国海军统帅纳尔逊在1805年战胜法国海军而建立，这似乎也是一种预兆）只有一百码之遥。在随后的几年中，虽然美国的路易威登代理商与日俱增，但伦敦这家店的销售却近乎停滞。1900年，乔治不得不承认他将店铺开设在火车站旁是个错误。亨利-路易·威登以英式幽默和实用主义观戏谑地说，人们不会在上火车之前才买行李箱吧！为了反映箱包的精美实用，乔治再次将店铺搬回伦敦奢侈品中心区域即新邦德街149号（149 New Bond Street）。这里所有的邻居都是维多利亚女王的供货商，乔治希望自己也成为他们中的一员。新店占据了整栋大楼，几年后的巴黎香榭丽舍店也是如此规模。路易威登在伦敦的第三次搬迁终于成功了。路易威登在伦敦的成功是进发美国市场的立足点和经验模式。没有伦敦的分支机构，路易威登也就不太可能享誉全球。

2.布局美国的战略家

1893年，乔治-路易·威登参加了美国芝加哥哥伦比亚世博会，由于其卓越的工艺和品质，路易威登的产品无须参加比赛，只是列席。这次盛会使乔治结识了美国百货商店之父约翰·沃纳梅克（John Wanamaker）。1898年，沃纳梅克开始在纽约和费城的百货商店里销售路易威登的产品。

1894年，乔治-路易·威登完全掌管了家族产业。嘉士顿协助父亲乔治巩固路易威登美国公司的地位。

1904年，乔治返回美国，这次旅行使他加强了公司在美国的影响。他首先来到波士顿，那里的百货公司乔丹·马什（Jordan Marsh）已经销售了几个月的路易威登产品了，然后他又参加了圣路易斯世博会，为旅游物品做评判主席。接下来，他登上了前往密西西比的游船，之后乘坐火车到达旧金山、加拿大、芝加哥和纽约。这趟旅行的成果是1905年在芝加哥的马歇尔·菲尔德百货公司（Marshall Field）和旧金山的布鲁克斯兄弟公司（Brooks Brothers）各开了一家分店。在第一次世界大战前，乔治又在美洲开设了多家分店。美国的富豪完全被这个品牌所征服。许多富豪到欧洲旅行时必到巴黎购买路易威登产品，其中就包括卡内基、福特、摩根、古根海姆、赫斯特等商业巨头和金融大亨。另外，一些作家、电影明星、艺术家、记者、政客等新贵们经常光顾豪华游轮，漂流的旅行生活使路易威登成为他们的必备旅伴。从1919年到1929年，路易威登的产业扩大至美洲很多城市，如洛杉矶、巴尔的摩、匹兹堡、底特律、布宜诺斯艾利斯等，新的城市带来了诸如福特、肯尼迪这样的名门望族，以及好莱坞的影星。1922年在《城镇和乡村》杂志的某一期上刊登的一则广告表明，路易威登行李箱是黄金旅行年代出行的必备物品。

乔治很有商业远见，在那个年代的企业家中，他第一个意识到销售一件物品时，同样也是在销售公司的历史。老客户的威望和信任在很大程度上影响了现在购买者的决定。向现在的购买者打开路易威登历史的大门，等于是与他们一起分享过去的宫廷生活、王公贵族们的旅行生活和皮埃尔·布拉柴（Pierre Brazza）的探险经历，购买箱包就等于拥有它的历史和文化，购买者相当于拥有了历史人物的生活品位。对于奢侈品的营销，乔治懂得如何为家族的行李箱倾注历史的底蕴，如何从父亲的名字中挖掘市场价值，"昂贵"正是由于其中隐形的历史文化价值。

（二）嘉士顿-路易·威登：创新的美学家

嘉士顿-路易·威登是威登家族的第三代，他是乔治三个儿子中唯一的幸存者，另一对双胞胎儿子在疾病和战争中去世。虽然嘉士顿参与家族生意的管理，但他兴趣广泛，既是美学家，也是商人和金融家。他对香榭丽舍店的管理显示了他的经商天赋，对美的敏感使他成为品位非凡的收藏家。嘉士顿于1883年出生在阿斯涅尔，由于支气管疾病，他的学业总是断断续续的，但他热爱读书，尤其是艺术和历史方面的书籍。他是艺术沙龙和博物馆的常客。他从集邮中了解到很多世界各地的风土人情。由于身体原因，他没有参加第一次世界大战。从1897年开始，他在阿斯涅尔工坊做了两年学徒，之后按照家族传统在斯克里布店铺工作八年。1906年，嘉士顿迎娶了儿时的朋友、公共事业企业家的女儿。随后他进入公司管理层，创立了以乔治为大股东的"威登父子"公司。

嘉士顿继承了乔治笔挺高大的身材和对旅行的兴趣。在乔治1936年去世之前，他一直辅佐父亲管理公司。但第二次世界大战中断了路易威登家族的生意，国外的订货合同也被迫取消，阿斯涅尔工坊也不能为巴黎、尼斯和维希的店铺提供产品。同时，威登家族成员在政治倾向上也有分歧，他们分别是戴高乐主义的支持者和首相菲利普·贝当（Philippe Pétain）维希政府的追随者。1944年，盟军击溃德军，占领巴黎，法国解放，经济复苏，高级时装设计和奢侈品制造重返往昔。在第二次世界大战和德军占领法国期间（1940—1944年），嘉士顿竭力支撑，想方设法确保公司度过了这段艰难岁月。1946年初，嘉士顿重振法国奢侈品行业，创建了直接以"Luxe（奢华）"为名的奢侈品行业协会。随着木材、皮革和帆布等原材料生产恢复正常，威登家族在嘉士顿的领导下也建立起高效的管理机制，家族企业在几年之内又重现战前风采。路易威登迎来复兴辉煌的标志是来自爱丽舍宫的法兰西第四共和国总统樊尚·奥里奥尔（Vincent Auriol）定制的柜箱。这款柜箱将在1951年陪同总统正式出访美国。1954年，在路易威登百年庆典之际，其在香榭丽舍大街的店铺被搬至位于清净优雅的第八区的玛索大街78号（78 bis Avenue Marceau）的私人住宅里。玛索大街象征着战后路易威登新的开端，也是嘉士顿执掌公司的最后阶段。这段时期的客户不再是香榭丽舍大街店铺里的皇室贵族和商业富豪，而是娱乐界、艺术界和时装界的新贵。

嘉士顿在早年就喜欢收藏古董箱和旅行物件。他经常去古董店、二手店和典当行寻觅制箱工具、手工艺人店铺的店标、大酒店用来标记旅行者行李箱的标签等。另外，他对出版印刷和平面设计也非常感兴趣，并和几个朋友创立了一家出版社。写作对他来说就像呼吸一样必需。他留下了大量的笔记、日记和草稿。他对艺术的热爱使他具有前沿的艺术品位和造诣。20世纪初，巴黎世博会后新艺术运动的品位盛行，嘉士顿从一开始就被其中的现代艺术所征服，他不仅是一位艺术鉴赏家，还是实践者。1901年，在南锡学派的影响下，他用柚木设计制作了卧室的家具，家具上的精美装饰图案都来源于当时的风格，如果现在去参观威登家族阿斯涅尔住宅（现在是博物馆），就能看到这些装饰考究的、藤蔓缠枝的植物图案。艺术对嘉士顿来说不仅仅是爱好，而且为他的制箱事业提供了艺术支持和设计灵感。他的这种艺术造诣在创作中下意识地都展现在店铺的建筑、装饰和橱窗设计上，他还和一些设计师合作设计生产功能和审美兼具的物品，包括小箱子、花瓶、化妆箱和餐具。

嘉士顿制作的旅行箱沿袭了18世纪欧洲奢侈品的典范和传统。这些精美的作品吸引了诸如家具制造、服装设计和银器制作等行业的参与。20世纪20年代，路易威登设计制作了几个款式独特的行李箱。例如1923年的托里诺女士服装包是由鳄鱼皮和海豹皮制成的，内装七个水晶瓶和银盘、九个圆形和长方形盒子、三把银柄刷子（用于刷衣服、鞋和头发）、三个配有皮质盖的盒子、一个箱子、一把皮梳子、一个皮质吸水垫。1926年的茶具箱是应印度巴罗达大公的要求，定制一只猎虎时携带的牛皮箱，内置一套陶瓷和银质茶具以及即时清洗的用具，还包括刀、叉、勺、水罐、高脚杯、玻璃瓶、餐巾纸和桌布。有时候客户也会提供箱子设计的灵感。艾迪逊女士是路易威登的忠实客户，她对紫罗兰摩洛哥皮情有独钟，她订购了各种各样的紫罗兰摩洛哥皮箱，以致公司都称这种紫色为"艾迪逊紫罗兰色"，每个箱子都能容纳3～6个不同尺寸和形状的小瓶，小瓶上都带有镶金嵌银或上过釉的塞子。1928年，她订购了一个装古龙水瓶子的优雅紫罗兰摩洛哥皮箱，她用这两个银质的5升桶装古龙水，就像机械师存放汽油的油桶一样，极为奢侈。

　　20世纪20年代是人们摆脱战争后享受奢侈生活的年代，从马毛刷到修剪皮手套的剪刀，从指甲钳盒到发梳盒，皮革业、制刷业、金银器业、剪刀业和手工艺等行业都受到了现代装饰艺术风格的影响，他们竭力创造出精致奢华生活所需要的日常用品。路易威登在《时尚》杂志上刊登了极具说服力的广告："旅行箱主要是私人物品，高贵的女士们喜欢在里面找到她们熟悉的小玩意。而路易威登仅需把它们集中在由高级皮革师设计和完成的漂亮首饰盒内。"[1]市面上化妆箱的瓶塞和盖子的材质有银的、象牙的、镀金的、玳瑁的、乌木的、珍珠的、黄柏木的、梧桐木的、紫心柚木的，是现代装饰艺术的典型风格。在装饰艺术运动的背景下，路易威登研发了一款梳妆台以及一些别具一格的、正式以使用者名字命名的行李箱，如法国著名歌唱家玛尔特·舍纳尔（Marthe Chenal）的梳妆箱和波兰钢琴家伊格纳奇·扬·帕德雷夫斯基（Ignacy Jan Paderewski）的旅行箱。1929年，路易威登专为玛尔特·舍纳尔制作了一款前端有活动板的梳妆箱，可在旅行中作为梳妆台用：箱子打开后，竖直方向区域可放置一排瓶子、香粉盒、肥皂盒，而前面部分是水平置物格，围绕着一个圆形镜子放着一排刷子和修甲工具，这款箱子已成为路易威登的经典。1929年，帕德雷夫斯基定制的箱子也与此如出一辙：箱体是棕色鳄鱼皮和紫罗兰摩洛哥皮，内置一套朱红色银塞水晶玻璃瓶、朱红色修面刷、有花押字图案的象牙毛刷、一套象牙和金属质地的15件装的修甲工具。

　　嘉士顿对装饰艺术的兴趣使他开始设计一些和阿斯涅尔工坊的传统产品完全不同的东西，即作为日常生活装饰的物品而非旅行产品。1924

1　　皮埃尔·雷昂福特，埃里克·普贾雷-普拉.路易威登的100个传奇箱包[M].王露露，罗超，王佳蕾，等译.上海：上海书店出版社，2010：193.

图 2-3　梳妆台和梨木象牙修甲桌合为一体的箱子
图片来源：PASOLS P-G. Louis Vuitton: the birth of modern luxury[M]. New York: Abrams，2012：224.

年 7 月在马尔桑馆（Pavilion de Marsan）[1]，他展览了"完全沉淀的假期"之家具和相应的配饰。其中有一款梳妆台和梨木象牙质地的修甲桌合为一体的箱子（图 2-3）。箱盖若被打开，呈现出斜面镜子，折叠架也随之展开，使用者可以接触架子上所有象牙和镀金银质包装的化妆用品，每一样都有序地嵌在浅盘的凹槽里，架子两边各有一个镶金的银质盘子，可以推到一旁，使家具整体上看起来像一款珍贵的箱子；修甲桌旁边是黑檀木梳妆台和凳子，上面包了一层镶嵌贝壳的玫瑰木，这一套家具被放置在和桌子及其配饰相得益彰的红色、紫罗兰色和灰色的猴皮地毯上，极其奢华且富有创意。遵循着相同的多元化创新精神，嘉士顿在 1927 年创造出路易威登第一款名为"闲暇时光（Heures d'absence）"的香水，香水瓶的巧妙设计就像一个金色的里程标志牌，唤起了人们旅行的愿望。

随着汽车时代的到来，香榭丽舍大街上的马车用具店逐渐谢幕，代之而起的是大型汽车销售店。20 世纪初，随着国际化事业的开拓，路易威登需要扩大店面。1914 年，店铺从巴黎歌剧院地区的斯克里布大街搬到香榭丽舍大街。这个地方位于动态的现代旅行商业大街中心，街道两旁的高级商店展示着各式各样的汽车。这里也是高级酒店集中的区域。路易威登店是一栋占地 5380 平方英尺的七层大楼。大楼的装修是装饰艺术运动风格的，大楼的周围都是奢侈品店。路易威登店铺的橱窗装饰在嘉士顿

1　　　马尔桑馆位于卢浮宫西翼。本文译名原文出自 PASOLS P-G. Louis Vuitton: the birth of modern luxury[M]. New York: Abrams, 2012：224.

的精心设计下不断创新，橱窗里的展陈设计充满了异国情调，有大型乌龟、中国的溜溜球、水晶珠宝箱、日本花园等作为吸引客户的营销场景设计。商店的橱窗每周都要更新。下面是嘉士顿为香榭丽舍大街的旗舰店橱窗设计的草图（1927—1929年）（图2-4）。

行李箱的历史和传统滋养着现在和未来的创作，同时也为创新提供了清晰的视域。嘉士顿对此深有体会，因此他竭尽全力创建了历史上最宏大且最重要的行李箱收藏馆。嘉士顿利用从书本上看到的知识对旅行物品的历史发展作出了描述。他按照自己的规划行事，但是作为美学家和收藏家，他喜欢亲力亲为，并拥有物品，亲自触摸经过岁月洗礼的光泽木面、磨损的皮革和冰冷的金属。他喜欢想象一个柜子或行李箱是如何被使用的，曾

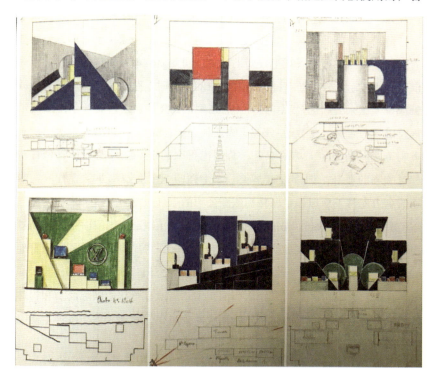

图2-4　嘉士顿为香榭丽舍大街的旗舰店橱窗设计的草图（1927—1929年）
图片来源：皮埃尔·雷昂福特，埃里克·普贾雷-普拉.路易威登的100个传奇箱包[M].王露露，罗超，王佳蕾，等译.上海：上海书店出版社，2010：425.

经被谁拥有，内置何物，并为它撰写故事。20世纪初，他开始收藏柜子，通过它们为自己打开了一个关于柜箱的世界，一个时代接替、文明赓续的世界。

二、从路易威登（LV）到路威酩轩（LVMH）

路易威登在1977年设立的两个专卖店以及达到的相应的1100多万欧元的销售量，到1989年增加至125个店铺和6000万欧元的销售量。随着雄心勃勃的商业管理策略的实施，公司也经历了重大的战略变革并进入重要的快速发展时期。

1970年，嘉士顿-路易·威登去世之后，公司进入了艰难的转型期。一直处于繁荣发展期的路易威登此时也进入了发展的停滞状态。公司掌控着两家专卖店，一家店铺在巴黎的玛索大街，另一家位于尼斯，但店铺的生意不如以往那样兴旺了。如果卖掉公司，显然不是明智的选择。因为，根据调研显示，公司还有巨大的发展空间。此时，路易威登家族所有的成员都投入振兴公司的过程中。亨利-路易·威登是嘉士顿的长子，掌管销售及巴黎的店铺；克劳德-路易·威登（Claude-Louis Vuitton）是次子，负责制造和阿斯涅尔工坊的事务。公司也首次聘任家族外的成员管理日本和意大利的业务，但都好景不长。嘉士顿的两个女婿都非常睿智，在家族的全力支持下承担起重振路易威登公司的重任。亨利·雷卡米耶是奥迪尔·威登（Odile-Louis Vuitton）的丈夫，他在1977年65岁时担任公司董事会主席。虽然家族成员就此任命没有达成一致意见，但值得称赞的是他们有智慧和勇气选择了一位不平凡的人来掌管公司。雷卡米耶和路易·威登一样来自汝拉山区，其家族从事钢铁生意。他有丰富的国际商贸和管理经验以及日耳曼人的严谨作风。路易威登公司在他的领导下，逐步走向国际市场。

安德烈·萨科（André Sacau）是路易威登公司重组后聘任的工程师，后来被任命为总裁。他采用了新式的、建立分支机构的策略为公司的国际化发展奠定了基础。路易威登通过和当地企业建立合伙人关系来创建分支

法国奢侈品牌研究：路易威登的设计文化

机构，而非开设专卖店。秦卿次郎（Kyojiro Hata）是日本分支机构的主管，在其精明的建议下，路易威登于1978年成功地在东京和大阪各开设了两家店铺。1981年日本分支机构晋级为贸易公司，同年，第三家店在东京银座开张。自此，日本的店铺被多次扩大和装修。1990年，路易威登品牌经历了深刻而快速的复兴，在不改变公司基本价值观的前提下，展现出现代奢华的多元化面貌。由原来的家族企业迅速演变为跨国奢侈品集团，160多年的历史和巨大的品牌名望使它能够稳稳地屹立在奢侈品牌林立的世界里。品牌的集团化管理使路易威登品牌在多变的经济中不断增加资本，最终成为世界著名奢侈品牌，这样的成就要归功于集团有深谋远见的管理者——路威酩轩集团总裁伯纳德·阿诺特，他意识到需要开发路易威登的品牌潜力，使其经典气质时尚化才能保证品牌的持久性。为了达成这一愿景，阿诺特聘任伊夫·卡塞勒（Yves Carcelle）为路易威登品牌的首席执行官。卡塞勒对路易威登在全球发展的贡献主要是基于广告活动对其旅行精神的宣扬，而不是在产品和形象上下功夫。花押字标识得益于公司的成长，而这种快速成长没有真正和培养它的神话故事相关联，故只有翻新产品才能赢得创新的活力。卡塞勒的助理，路易威登品牌形象、店铺及产品经理让-马克·卢比耶（Jean Marc Loubier）认为路易威登品牌的成功是由于其形象，大部分人知道花押字标识而不知道路易威登，他们没有将这两者联系起来。因此，基于这样的战略设想，1997年美国时尚设计师马克·雅可布被任命为路易威登品牌的创意设计总监，通过跨界艺术和时尚来革新经典产品，同时也开创新产品，将花押字标识和品牌本身紧密连为一体。

三、品牌时代之叙事

1905年乔治-路易·威登注册了路易威登品牌，标志着其品牌时代的开始，且品牌标识一直延续至今。这期间发生的材料革命、装饰艺术运动、蓝色海岸避暑胜地的开发以及20世纪60年代自由精神所激发的新生活方式等历史事件对品牌产品的设计转型产生了深远的影响。

（一）材料革命

自 20 世纪初以来，著名的花押字图案就被印在涂有防水材料的棉质帆布上，这种材质适用于制造硬面行李箱，但对于柔软的行李包，如1901 年的"Steamer"邮轮包和 1930 年的"Keepall"旅行袋就不适用了。这种面料太僵硬，不易折叠且易断裂。于是，路易威登采用了一种橡胶化了的、结实耐用的棕色帆布来制作软包的外立面。然而，PVC（聚氯乙烯）的发明掀起了真正的材料革命。将这种新产品涂在亚麻布或棉织物上，能够保持布料的柔软性，增加其坚韧度，并且当面料被折叠或有其他操作时，不易被折裂。因此，在克劳德-路易·威登的指挥下，路易威登的经典通用标识——花押字图案，出现在阿斯涅尔工坊制造的所有行李箱上，并且这种帆布的柔韧性激发了一系列创意箱包的设计。1959年，第一款半柔软的帆布和黄褐色皮革结合的旅行袋面世，市场接受度令人鼓舞。接着路易威登出品了"Startos"、新式"Speedy"及"Keepall"和"Steamer"旅行袋，设计生产的所有箱包都获得了极大的成功。此后，从 1959 年到 1965 年，亨利-路易·威登平均每年主持创作二十五款新型箱包。"Sac de ville"（手提包）系列随着季节的变化愈加丰富；"Sac tennis"（网球包）与"Sac gibier"（猎手包）一起出品；皮革外面粘贴一层织物的新式材料以及超轻涂层面料被用来制作钱包、卡包和皮具。1932 年，一位香槟制造商要求嘉士顿为他制作一款优雅、结实并且能装五瓶香槟（四瓶正立着的香槟中间倒放着一瓶香槟）的包。于是，嘉士顿制造出路易威登经典"Noé"手袋，后来这款手袋使用了 1959 年发明的柔软花押字帆布材质，使它成为享誉世界的经典。现在，这款包的比例有所调整，尺寸和修饰也有多种选择。

（二）当艺术遇见工业

20 世纪初，嘉士顿-路易·威登对新艺术运动兴趣盎然。当 20 世纪20 年代兴起装饰艺术运动时，他的创作又深受其风格影响，当时一些伟大的艺术家和设计师的思想和作品都给予他创作上的灵感。

路易威登旅行箱的精致、优雅和庄重将20世纪20年代法国装饰艺术运动风格作为一种时尚推向了更高的境界。正如保罗·兰德（Paul Rand）对1900年的世博会的讽刺评论一样，装饰艺术运动运用简约无装饰的线条和几何形状，表达出对新艺术运动过度装饰的反驳。它强调结构而非装饰，倾向于活泼的色调和强烈的对比。直线替代了20世纪初兴盛的蔓藤花纹和缠枝纹样。装饰艺术运动与当代赞美轮廓突出的直线和几何图形的美学革命相联系，其中包括结构主义、野兽派、立体主义和未来主义。虽然它对绘画和雕塑没有产生巨大的影响，但对建筑的影响是广泛的。至今在巴黎还屹立着装饰艺术运动的文化遗产，如莎玛丽丹百货公司和东京宫（Palais de Tokyo）。

　　装饰艺术运动是艺术和实用兼具的运动。涌现出一些杰出的设计师、匠艺师。在1925年巴黎世博会（主题为"装饰艺术与现代工业"）上，嘉士顿展示了艺术和技术合作的新风格产品，这些产品仍是按照"以最小体积创造出最大容量"的原则设计的，其目的是在新的基础上建立艺术家和企业家之间的合作。嘉士顿是展览的副主席，所以路易威登的展台（图2-5）位置很好。展台被银色的光束笼罩着，左右两边是高大的玻璃橱，保护着行李箱、玻璃瓶、毛刷和工艺品不受损坏；后面是台阶，背景是蓝色的天鹅绒，台阶上对称地陈列着一些打开的箱子，箱子上浅黄褐色的装饰品和棕灰色的天青石相得益彰。

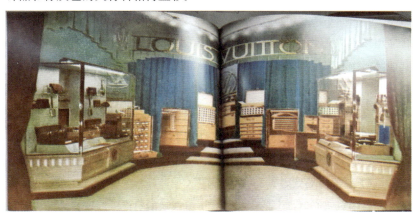

图2-5　1925年巴黎世博会路易威登的展台一角

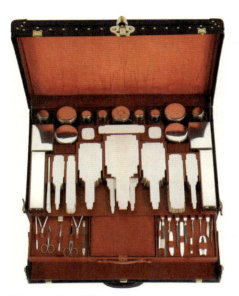

图2-6 "Milano"箱
图片来源：PASOLS P-G. Louis Vuitton: the birth of modern luxury[M]. New York: Abrams, 2012：221.

路易威登在这届世博会上展出了众多特色经典箱。例如有一款旅行用的小梳妆台，由鳄鱼皮附加蜥蜴皮制成，以"云朵"为装饰基调，装满玻璃瓶和毛刷，这是为展会特别改造的。箱子内部分隔成三层，五十多个隔格，分别放置文具、修甲用具、剃须用具、梳妆用品和服饰用品。物品的安置特别讲究，为了不让毛刷因受到挤压而损坏，箱内设计了一个轨道装置，让毛刷背部能够沿离下面的托盘几毫米高的轨道滑入，这样毛刷就会处于悬空状态。毛刷的多角阶梯形借用了中南美洲古代通灵塔的建筑元素，会使人联想到美国摩天大楼顶部的装饰。另一款是设计得十分精巧的"Milano"（图2-6）带刷槽的梳妆箱。箱子前面有一个可以拉开放下的猪皮盖，里衬是红色摩洛哥皮，内置精致的朱红色银质瓶塞水晶瓶和装饰艺术运动风格的几何造型的象牙毛刷，内部空间可以放置超过十五件物品，托盘下面两层是放内衣的抽屉，此款目前藏于阿斯涅尔博物馆。在这届展览会上，"Milano"箱堪为路易威登融合应用技术、工业和建筑元素的最高象征。1925年博览会上同时呈现了其他经典作品，包括大皇宫里的卡地亚和梵克雅宝珠宝，时装设计师查尔斯·弗雷德里克·沃斯、珍妮·朗万、让·巴杜（Jean Patou）、玛德琳·维奥内特（Madeleine Vionnet）在优雅厅展出的时装，保罗·波烈在塞纳河左岸的三艘驳船上建造了时尚展示大厅来展示他的革命性时装。

（三）从奢侈品到必需品

词典中对"必需品"的定义是：不可或缺的财产。而奢侈品是满足了基本需要后多余的物品。"盒子"是指用来装必需品的匣子，如化妆品匣、服装匣、修甲用具匣等。1718年，法国摄政时期，"必需品盒子"意味着餐桌用具、盥洗用具或办公文具等可以随身携带配件的集合型容器，上法庭时可以带、旅游时可以带、上战场时也可以带。"必需品"直到18世纪还广受欢迎，随着出行不断频繁，也逐渐演变成造型更小的、更加扁平的易携带器物。这也推动了玻璃瓶制造业、毛刷业和钢制品业的进一步发展。在20世纪20年代装饰艺术运动风格的影响下，这些旅行必需品广泛使用异国珍稀皮革、象牙、木材和贵金属等，既承袭了法式传统的优雅，也表现出现代的简约。路易威登的工艺精湛，堪称玻璃瓶和毛刷的艺术出版商，虽然这些是其副业，只起到装点门面的作用，却如同流浪者的定居点一般稳定。这些精致的盒子对旅行者来说是必需品，同时也将日常生活提升到更为奢华舒适的高度，是日常生活审美化的体现。作家弗拉基米尔·纳博科夫（Vladimir Nabokov）在他的《说吧，记忆》一书中将这种旅行梳妆箱描述成20世纪从欧洲、大西洋到美洲的旅行史诗中的见证者和主人公。

"必需品"是20世纪20年代的热点！给物品冠以"必需品"的名称是非常智慧的做法，因为它们与生活和旅行不可分离，给日常的循规蹈矩赋以华丽和仪式感，同时也激发大众对精致物品和美好生活的渴望，扩大审美的范围。20世纪20年代的欧洲从战争的阴霾中走出，人们又恢复了乐观和享受的状态。日常生活中的物品需要设计感和审美性以满足人们对未来的憧憬。"日常生活审美化"的出现是基于工业化和大众文化的兴起。工业化生产颠覆了康德美学"无目的的合目的性"，而大众文化则消解了"审美的非功利性"。20世纪以来的西方世界，随着雅俗分赏的传统审美方式被打破，纯艺术与实用艺术、艺术与生活之间的距离被拉近。路易威登的箱子也从贵族精英的专属走向了大众的必需，打上了审美的功利性印记，但它依然保留了奢侈的本质。

（四）新浪潮和新风尚

20世纪50—60年代，法国电影新浪潮以及路易威登的软包反映了一种新思想和新的生活方式。柔韧帆布迎合了更为随意的时代，采用了与之相配的新式出行和旅行方式。人们不再进行长途旅行，而是参与周末的短途远足。当时，时髦的出行方式是驾驶轿跑车到多维尔或圣特鲁佩斯享受一两天那里的阳光。因此，没有必要再携带沉重的行李箱，仅仅一个简单的旅行包足矣。20 世纪 50 年代末到 60 年代初的新浪潮一代生活节奏更快，更加追求自由、享乐，随心所欲，无所顾忌。"新浪潮"最初指的是当时的电影风格。当时的法国年轻一代电影人摆脱了片场和专业模式的形式主义，转向有艺术气息的创作，在真实的场景中拍摄反映当时社会主题的文艺片。罗杰·瓦迪姆（Roger Vadim）在 1956 年初拍摄的《上帝创造女人》中展现了他的同代人在圣特鲁佩斯海滨的自由生活，女主角碧姬·芭铎（Brigitte Anne-Marie Bardot）成为当时男士心中的偶像，同时也是法国女人追求独立、性感和率真的榜样，以至于所有人的目光都聚集在这片海域。同时，媒体也大肆宣传影星、模特们浪漫而奢华的圣特鲁佩斯海滨生活。这群人非常青睐路易威登的软质手袋，特别是"Keepall"旅行袋，几乎成为被膜拜之物，这使路易威登这个品牌在名人新贵中声名大噪。

以叙事学的功能要素为叙述点的路易威登品牌叙事，讲述了品牌创业和发展的跌宕起伏、波澜壮阔的宏大叙事。然而，无论"故事"讲述得多么精彩，都无法替代对产品"物态"设计的微观探究，也无法遮蔽产品本体所散发出来的熠熠光辉。

第三章

路易威登
品牌产品的
"物态"设计

本章探讨的"物态"不是物理学意义上的术语，而是就字面理解，指的是"物"的状态，是"物"的形式和即将要变化的态势的合成体，这就映射了"物"的形式和功能及不断创新的确定性和不确定性，由此引出了"物"的设计性。然而，要使"物态"固定下来，就需要将"设计"的思想和"工艺"制作的行为结合起来，才会使"物态"既有具象又有气质。

　　设计决定了"物"成型的方式和过程。这种方式既可以是手工制作，也可以是机器制造，涉及过程中的工艺。工艺是对材料的创作或加工的技能和手段，它涉及制作的工序、工具和方法。路易威登的"物态"设计既保持了产品独特的形式和别具一格的功能，也坚持着传统的手工制作和迎合科技时代机器协助的现代工艺。此外，"物态"设计还要依客户的愿望而行事。英国设计师朱利安·布朗（Julian Brown）就认为，好设计的出现既是由于客户本身的发展，也是由于客户与设计师关系的发展。因此，路易威登的追求就是发现客户独特的文化身份，并按照这种身份的"态度标记"来开发新产品。故优秀的设计超越了仅仅负责解决问题和造就优美形式的层面，它是有形设计和无形设计的融合。

　　本章的论述围绕着从箱包到手袋的历史演变、经典箱包手袋的材质和形态变化以及在有形的物性价值和无形的精神价值上"设计"与客户的关系而展开，同时品牌的意义也在不断叠加。正如设计观察家彼得·劳埃德·琼斯（Peter Lloyd Jones）所言："如果一个人的物品要能激起持久的内在满足感，很显然这些物品的设计不仅要从一开始就提供情感目标和激发涌流的知觉挑战，而且还要源源不断地提供。"[1] 路易威登的产品正是这样的物品。

第一节　路易威登箱包及手袋的经典性

路易威登箱包的经典性具有现代文明的性质。现代文明是一种主动性的文明，相比过去的时代，它总是更倾向于探索新的发展方向，并使自身面临根本性的选择和转变。经典性意味着能够应和时代精神，并能经得住时间的考验在历史中流传，同时也有超越自身的能力。路易威登的历代管理者和设计师都在保持传统基因的基础上努力创新，使其产品呼应时代精神，奔向更高的现代文明。时代精神的定义源自黑格尔（G. W. F. Hegel）在特定历史阶段所形成的客观精神，它是意识形态的合力，是螺旋上升的精神力量。威廉·狄尔泰（Wilhelm Dilthey）认为时代精神反映在人的价值系统、目标确立及生活规划上，同时它也反映在特定时代的物及物的设计创新和审美批评中。勒·柯布西耶（Le Corbusier）定义时代精神为"时尚性"，是工业时代的人造物所应具有的品质。本文研究的人工制造物的经典性实际上是表达了那个时代的精神和那个时代的风格。

随着时代的变化，行李箱、行李袋、用具包被赋予不同的风格和名称，同时也呈现出丰富的历史内涵。它已经从简单实用的物品演变成名副

1　　LLOYD J P. Time and the perception of everyday things[M]//SUSANA VIHMA. Objects and images: studies in design and advertising. Helsinki: University of Industrial Arts Helsinki, 1992.

其实的象征物件。在中世纪，行李箱是朴实无华的承载物，箱外也常见枝蔓雕饰，箱内装的是必备的衣物、梳妆用品和口腔洁具。随着时间的推移，日益讲究礼仪，内置物品也日臻复杂，行李箱也变得更加精美和尊贵。到18世纪，箱子获得了如同献给王子礼物般的地位。它的制作需要几个行业的专业技师——制箱师、象牙雕刻师、金匠，使用昂贵的材料，如珍稀木材、象牙、银、镀金的银、珍珠母和玳瑁壳等协作完成。这种奢华风格的代表作是玛丽·安托瓦内特（Marie Antoinette）王后的行李箱。18世纪70年代，路易十六登基，他年轻的王后玛丽·安托瓦内特成为高雅尊贵的仲裁者。银匠让-皮埃尔·卡彭特为她设计制作了一套银质和陶瓷的洁具，塞沃尔为她设计了旅行物品。这些物品和箱子极其精美奢华。不管有没有旅行，任何旅行者携带这样的箱子都会享受到奢侈的舒适。即使在简陋的小旅馆，箱子中的水壶和银碗及几瓶香水就能驱散旅行途中的劳顿，使人容颜焕发。梳子、刷子、剪刀和镜子及其他有特殊功能的用具，如护手用具、修剪头发和胡须的工具使梳妆更为便捷；玻璃器皿、小型餐具、精美陶瓷杯及各种银质容器都让用餐品质锦上添花；最后再配上有异国情调的食物和稀有的咖啡或热巧克力作为餐后甜点，将奢侈品位推向了更高的境界。有时候，行李箱里装的是书写纸、墨水和夜晚用的烛台，箱子里的暗格用来储藏珠宝和重要文件。

总之，行李箱是身份地位的象征，是奢侈生活方式的标配。19世纪中叶，行李箱发生了革命性变化，路易威登改革了当时传统的拱形盖行李箱。从那时起，箱体的整体线条都是几何形态的，没有弧度，且一直沿用着线条笔直的传统正方形箱体，箱体各条棱边和包角都以不同的材料包覆，沿边则间隔以小铆钉固定，在箱身嵌入箱锁及钉扣，平行的箱板间以铆钉成直线装饰，皮带则在箱板的中线位置……所有这些以点、线、面排开来的外部材料都会形成几何造型，也同时呼应品牌历史上的条纹、棋盘格、LV两字母的斜平行线、十字交错排列的花押字四瓣花朵造型，实际上花押字图案中的每个花型都有隐形小方格的痕迹。点、线、格形成了箱子外形态的"面"，从而构成了路易威登创新设计中具有现代意义的行李箱（图3-1）。

图 3-1　全家福：从平盖行李箱到都市手袋图

图片来源：让 - 克劳德·考夫曼，伊恩·卢纳，弗洛伦斯·米勒，等.路易威登都市手袋秘史 [M].赵晖，译.北京：北京美术摄影出版社，2015：32-33.

一、路易威登的经典箱包

路易威登颇具革命性意义的经典箱包是衣柜行李箱和平盖行李箱，从这两款箱子又衍生出经典的硬箱及软包，它们在保持经典特质的同时也在超越自身成为"元设计"的源泉。

（一）从拱形盖箱到平盖箱

古时人们的行李是包袱或装物的大袋子，它们依靠人背或马驮，也有的在马鞍后面悬一个大袋子放物品。马车出现后，包袱演变为木箱、牛皮箱或羊皮箱。牛皮结实耐用，适合制作动态中的大箱子，经常放在车厢后面；而羊皮细腻柔软，多用于制作小箱子，一般放在座椅下。14世纪的意大利制箱公会开创了制造箱子这门手艺，箱子的精髓自此几乎没有改变过。制箱行业最早出现在16世纪，当时，法国宫廷引领在国内定期旅行的风尚，行李箱是享受出游生活的伴侣。行李箱在法语中的意思即柔软的皮包，它源自德语的"包、袋"及荷兰语中的"旅行包、动物的胃"，后来才衍生出现代的意思：木质的、皮制的或其他材质的用来放置随身物品的大箱子。

随着现代交通运输业的发展，出现了和交通工具相适应的"铁路运输箱"，这种箱子主要采用英国人普遍使用的箱形和面料（灰色帆布或者牛皮），箱子周围装三角片防止磨损。然而，这样的箱子很笨重，于是又研发出了"方形手提箱"，箱盖从中间打开，当时的伦敦商人称之为"格莱斯顿式旅行提包"，此名称源自英国首相的名字（William Edwart Gladstone），这种箱子简单方便又经济。很快，英国人以"服装手提箱"取代了"方形手提箱"，这是一种平盖箱，箱盖从一边打开，这种从一侧开盖的方式方便揭开箱盖放取大型服装（如晚礼服），也方便装运其他服装和帽子等。但要装运丝绸，就需采用猪皮做成的拱形盖专用低箱，这种箱子一般都不带锁，只是在箱子上装两片金属互相扣合。随之出现的还有各种款式的箱子，但基本上都是拱形盖的。这种类型的箱子无法叠放，无论是放在马车、汽车还是火车上，都不得不侧放以保持平稳。"箱包制造商"这个词出现在19世纪，意味着现代箱包制造业的形成。19世纪的时代环境使箱子处于变革时期，当时承载物品的容器分别是箱子（mall）、手提箱（valise）、包（sac），它们本身的性质与旅游（voyage）没直接关系。包出现在各个年代，最开始是布包，后来是皮包。箱子常用在长途旅程中，由于路途颠簸，人们习惯用绳子将箱子紧紧地捆绑好以防不测，这种绑式箱子被称为"套箱"，最早出自1845年巴黎的拉佛腊依作坊[1]。当时套箱的设计很流行，路易·威登对此印象深刻。1850年，法国最著名的旅游装备百货商店是位于巴黎奥古斯坦大街由皮埃尔·戈蒂耶经营的店铺，这家店也制作箱包，制作的是拱形盖箱，箱盖由铁丝撑起并用大头钉和铁片固定住。同时，店里也接受定制业务。皮埃尔很有设计师的敏感性，在1826年提出晚装手包的设计，强调包的纵深，材质是棉或其他织物，没有华丽的装饰，手包的开合处采用铁扣。这就是最早的旅行包样式和包扣设计的灵感来源。路易·威登很钦佩皮埃尔，于是在妻子的鼓励下，凭

---

1   此说法来自：斯蒂芬妮·博维希尼.路易·威登：一个品牌的神话[M].李爽，译.北京：中信出版社，2006：34.

着对制箱行情的了解和对制箱业的热爱，路易·威登在1854年也开设了自己的箱包制作和打包店。当时，在巴黎有数百名箱包制作和打包师，路易·威登算不上最出类拔萃的。他懂制箱和打包的门道，但他认为要符合时代精神和上流社会的品位，就要改良箱子的设计。

图3-2　传统行李箱　　　　　　　　　　　图3-3　特里阿农灰色拱形盖行李箱
图片来源：PASOLS P-G. Louis Vuitton: the birth of modern luxury[M]. New York: Abrams, 2012：54.

　　路易·威登刚入行时制作的传统行李箱（图3-2），其箱盖是拱形的，箱子的最外层包的是一层猪皮，皮上还能看到短粗毛。这种箱子土气、笨重、粗糙，简直就像史前物品，皮革的味道浓重以致会熏染箱内物件。旅行者看到这种装着大衣的笨重旅行箱没有丝毫愉悦感，有的只是需要克服的冰冷感、失落感和不确定性，甚至是预感要投入驱打"群狼"的战斗中。1854年，路易·威登自己的店铺开张时就出售的这款拱形盖箱。这款箱盖之所以设计成拱形的，是为了在把箱子从旅行马车上搬出来时，防止雨水、湿气或灰尘停留在箱子表面，同时，凸起的箱盖增加了放置大型晚礼服的空间，这是当时店内的必售品。由于外壳是厚猪皮的，箱子即使是空的也很沉重。 1854年，路易制作了第一款灰色面料拱形盖行李箱（图3-3），人们称这款箱子为"运帽箱"，尽管这款箱子并不是为了运送帽子设计的，但它内部上层的格子能容纳一到两行帽子。后来，路易·威登在他位于圣·夏尔火车站（Gare Saint-Charles）附近罗歌大街的新作坊内对这款行李箱进行了改革，他用杨木做骨架以减轻自重，选用经过防水处理的涂层布料做外壳，并配以更轻的金属装饰与锁具。经过改造后的拱形盖箱并无与使用习惯相悖之处，反而得到更多顾客的青睐。虽然保留了传统拱形盖箱的造型，但相比传统的箱子，这款箱子已经比较轻巧（箱子的主材是杨木）和坚固（用金属箍加固箱体）了。1854年出现在路易·威登的箱体上的特里阿农灰色（Trianon grey）并不是他首创的颜色，它源自杜伊勒里宫。欧仁妮·德·蒙蒂霍（Eugénie de Montijo）皇后的沙龙室内设计就是按照路易十六的特里阿农灰色风格

图3-4　特里阿农灰色平盖行李箱
图片来源：PASOLS P-G. Louis Vuitton: the birth of modern luxury[M]. New York: Abrams, 2012：55.

装饰的，在贡比涅城堡（Château de Compiègne）和圣克卢宫（Château de Saint-Cloud）的寝宫里，也都能看到这种风格的装饰。箱盖内贴装的软垫是效仿拿破仑三世的风格，这种风格后来在兼收并蓄的观念下很快被采纳吸收。至于路易·威登创业初期的拱形盖箱，只是铁路与海路运输初期偶然出现的应景产品，在随后的交通运输革命中已逐渐被废弃。在工坊后续的经营中，路易·威登秉持了他一贯的务实理念，对行李箱做出了革新，将之减轻重量，简化外观材质，并推出了另一款更实用、更轻便、更结实，主要是方便放在火车车厢内的平盖行李箱（图3-4）。通过对箱子外壳材料的研究，他发明了一种经过面粉浆胶处理的帆布，并赋以清新明快、内敛、具有现代感的浅灰色。这种面料比皮质要轻很多，而且完全防水，因为胶浆渗透到帆布纹理中，使之具备防渗透性能。这是路易·威登独创的四种图案防水面料中的第一款。此后，浅褐色和红色相间的条纹面料在1872年出现，棕褐色和米色交织的棋盘格面料在1888年面世，而花押字面料则于1896年被发明。

路易·威登在经营中为客户提供了两款箱型：老式的拱形盖箱和新式的平盖箱。虽然传统的拱形盖箱能满足贵妇膨大的裙装体积，但他坚信平盖箱有光明的前途，因为他的邻居兼好友时装设计师查尔斯·弗雷德里克·沃斯准备在时装上做出革命性的改变，他要使庞大的裙撑更加柔软，裙体轮廓相对缩小，不需要占据很多空间，因此平盖箱的普及也将成为可能。

除了外观上的改变，平盖箱比拱形盖箱更加结实耐用、更加务实，因为它的造型适应了新的交通运输方式。长方形的平箱盖既保证了箱子的稳定性，也可以叠摞放置节省空间，且箱子上没有装饰，有的只是涂漆的金属配件。亨利-路易·威登认为平盖箱是传统板条箱的逻辑延伸物，是其曾祖父路易·威登吸取入行时的制箱和打包经验而设计出的符合时代精神的产物。作为一位制箱师和打包工，路易深谙长方形的平盖箱更容易紧致地包装现代时装，箱内被分隔的小格空间也更适合放置手套、面纱和扇子等时尚配饰。这款新式行李箱的表面覆以优质特里阿农灰色防水帆布，以金属包边，箱体上装有手挽及托架，箱子表面的一些防磨榉木条都用铆钉钉牢。箱子内部设计具有同样的功能性，以一列隔底匣分隔空间，方便摆放各种优雅衬饰，箱内设计有点像建筑物的室内空间分隔设计。这款新设计不但能保护衣物、易于携带，而且具有历史意义，它是第一款路易威登风格的行李箱，更代表着现代旅行文化的正式诞生。

路易·威登的成功不是一蹴而就的。1858 年，路易在其店铺里展示了他设计的第一款系列平盖箱。比起传统的行李箱，他的箱子有现代优雅的线条，更轻便、更具功能性、更结实耐用、更具魅力，一经推出，就大获成功。然而，他的这款箱子被频繁仿制，赝品丛生。路易决定遵循第一款箱子的制作原则重新设计样式。新式的箱子是板条箱，仍然是平盖，杨木的箱框上覆盖着浅灰色胶浆帆布，箱体四周以金属包边，箱体上钉着用铆钉加固的榉木条。这款行李箱取得的巨大成功从世界各地的制箱商争相模仿的事实中可见一斑，尤其是在美国深受欢迎。即便市面上有仿制品，但正品的路易威登行李箱却供不应求，以致路易不得不扩大业务应对应接不暇的订单。工坊扩展到街对面的新卡普辛街 3 号（3 Rue Neuve-des-Capucines）的大厦里，这里主要是制箱工坊，原来的新卡普辛街 4 号（4 Rue Neuve-des-Capucines）的店铺专门用来销售行李箱。因此，行李箱经营者和设计师的身份代替了原来制箱师和打包工的身份，这是一次身份的彻底转变。此时，行李箱的制作业务成了工坊的核心。在 1867 年巴黎世博会上，路易·威登在 52000 名参展者中脱颖而出，其创造性的平盖帆布涂层行李箱荣获铜制奖章，这是他的作品第一次获得官方认可，也是他品牌史诗中浓墨重彩的一笔。

（二）从法国皇后的御用箱到埃及总督的定制箱

1857年，查尔斯·弗雷德里克·沃斯，这位高级定制时装艺术家、高级时装的鼻祖，成为路易·威登的邻居。为了迎合法兰西第二帝国上流社会的品位和习俗，路易·威登将奢侈理念推到了一个前所未有的新高度。这种理念不胫而走，成为社会的时尚，并为沃斯发明时装铺平了道路。沃斯是英国人，1845年来到巴黎，时年20岁，在一家时尚品店铺工作。1857年，沃斯和年轻的瑞典人奥托·古斯塔夫·鲍勃格（Otto Gustav Boberg）在巴黎和平街7号（7 Rue de la Paix）联合创立了公司，该公司和路易·威登的店铺相邻。公司成立的第二年，沃斯就为奥地利的梅特涅公主（Princess Metternich）设计定制了一件面料为白色银丝薄纱、上面缀饰着以粉色雏菊为中心的绿色花簇纹样晚礼服。在宫廷晚会上，这件晚礼服让欧仁妮皇后印象深刻，于是就在杜伊勒里宫召见了沃斯。自此，沃斯便成为欧仁妮皇后的御用服装设计师，此举奠定了他在高级时装界的地位。同时，沃斯也成为时尚贵妇的宠儿，他的名声也从巴黎远播至世界各地。他制定了设计师系列时装原则和为客户挑选真人模特的规则。他设计的女装相比"鸟笼状"克里诺林蓬蓬裙（crinoline）更加柔软，但他的设计保留了优雅的饱满感，如马歇尔·普鲁斯特（Marcel Proust）《追忆似水年华》中以格雷夫勒伯爵夫人（Countess Greffulhe）为原型的角色盖尔芒特公爵夫人身着沃斯缝制的华丽礼服（图3-5）。1850—1860年的女士裙装，不论是不是克里诺林裙，都需要大量布匹制作。沃斯的裙装设计也需要大约15码的面料。这么大体量的豪华时装在随主人旅行时，需要合适的容器妥善保管，于是作为邻居的路易威登店铺便是这些客户挑选行李箱的捷足先登之地。

大约在19世纪末20世纪初，随着时装穿着礼仪的讲究，配饰成为不可或缺之物。路易威登的第一只都市手袋恰好符合配饰作为必备之物的特

图 3-5　盖尔芒特公爵夫人身着沃斯缝制的华丽礼服
图片来源：PASOLS P-G. Louis Vuitton: the birth of modern luxury[M].
New York: Abrams, 2012：57.

质。其软面手袋起源于各种便携行李箱，其中"家族"手袋的直系祖先非"Steamer""Vanity""Alzer"和"Keepall"（图 3-6）这四种手提行李箱包莫属，它们本身也可以装进那些长久以来象征着路易威登公司传统文化的平盖行李箱和衣柜行李箱中。在生机勃勃、乐观向上和经济发展的氛围中，工业、技术和商业蓬勃发展，路易·威登决定大展宏图。真正让他的理想得以推进的是法兰西第二帝国的辉煌时期以及欧仁妮皇后的赞助。

夏尔-路易-拿破仑·波拿巴（Charles-Louis-Napoléon Bonaparte）是拿破仑一世（Napo-léon Ⅰ）的侄子，自 1848 年以来一直是法兰西第二共和国的总统。1852 年 12 月，夏尔-路易-拿破仑·波拿巴称帝，建立法兰西第二帝国，史称拿破仑三世，引领法国进入经济振兴的时期。1853 年

图3-6 按顺序依次为"Steamer""Vanity""Alzer" 和"Keepall"
图片来源："Steamer"和"Keepall"源自PASOLS P-G. Louis Vuitton: the birth of modern luxury[M]. New York: Abrams, 2012：143，245．"Vanity"和"Alzer"源自让‐克劳德·考夫曼，伊恩·卢纳，弗洛伦斯·米勒，等.路易威登都市手袋秘史 [M].赵晖，译.北京：北京美术摄影出版社，2015：19，47.

1月30日，拿破仑三世迎娶西班牙女伯爵欧仁妮·蒙蒂霍为妻。这位皇后是路易·威登事业成功的关键因素。欧仁妮皇后年轻漂亮，雄心勃勃，非常注重外貌。她对着装和梳妆的关注已经不再是虚荣炫耀，而是将其视为一项事业。她认为自己是法国第一夫人，并且是美丽和优雅的代言人。据路易·威登的曾孙亨利‐路易·威登回忆，欧仁妮皇后定期召唤路易·威登为其提供箱包服务，并吩咐他以独特的方式打包她最精美的服装。

从1850年到1860年，在拿破仑三世的支持下，法国资本主义迅速发展。法国1867年巴黎世博会标志着法国在世界工业领域处于先进地位。帝国也在大规模改造巴黎市区，宽敞笔直的林荫大道、巨大的商场、华丽的歌剧院、环境优美的公园和豪华的宅第相继修建。英法资本主义的发展和法国第二帝政宫廷的权威使时装的流行主权从著名演员又回到宫廷。欧仁妮皇后是当时有名的美女，她活跃于宫廷和高级社交界，对当时的服装流行影响很大，此时流行的克里诺林裙复兴了18世纪的洛可可风尚，这是一种裙子的下半身靠数层衬裙将其撑膨大的造型，扩大的裙子和女性的细腰形成视觉上的强烈对比，是洛可可趣味的变体，因此被称为新洛可可时期（1850—1870年）。克里诺林裙实际上是法兰西第二帝国的象征，是宫廷庆典中具有诱惑力的精美标志物。当时狂热的社会氛围吸引着巴黎上流社会的贵族和资产阶级去投资具有风险性的产业以攫取暴利。快速积累的财富和贪婪炫耀的本性使上流社会的生活奢侈无度，如拥有豪宅、奢华的马车，参加赛马、宴会等活动。拿破仑三世和欧仁妮皇后终日举办宫廷宴会，他们同时也引领了旅行时尚。新式交通工具的出现促进了旅游业的繁荣，如从巴黎到贡比涅城堡乘坐火车只需两个小时。皇室的生活方式也从旧的静态风俗转变为新的动态习惯。皇室在氛围比较正式的杜伊勒里王宫居住一段时间，五月又搬至环境清新惬意的圣克卢宫定居，夏季在气候宜人的度假胜地比亚里茨和多维尔度过，秋季在欧仁妮皇后最喜欢的贡比涅森林打猎、举办宴会，晚上在那里的帝国剧院看戏。所有旅程都需要包装衣物并进行运输。正是这些王公贵族与时俱进的旅行生活给路易·威登带来了发展事业的契机。

为了使巴黎成为可以和伦敦媲美的大都市，拿破仑三世于1853年任命塞纳省省长乔治-尤金·奥斯曼男爵主持巴黎城市改建规划，旨在缓解城市迅速发展与其相对滞后的功能结构之间的矛盾。奥斯曼拆除了中世纪的各种狭窄的小道，逐渐形成了今天的巴黎面貌。他具有影响力的工作包括促进经济发展（如通过开发大型建设项目，创造工作机会）、解决公共卫生问题（改善空气质量、水质以及生活条件）、达到政治目的（通过以宽阔街道代替狭窄小巷，有利于警察和军队掌控市政空间）。另外，他还通过扩宽道路、疏解城市交通、建造大面积公园、完善市政工程等，使巴黎成为当时世界上最美丽、最现代化的大城市之一。改造后的巴黎完全不是路易·威登1837年所见的到处泥泞、煤灰和污水的巴黎，而是一个更加优美的环境。此时的巴黎生机勃勃、焕然一新、充满魅力。拿破仑三世下令于1855年和1867年分别举办了两届世博会，目的是和1851年的伦敦世博会一较高下，同时也要展示法国的科技和国威。此时的巴黎被认为是"现代巴比伦"，是旅行者和权贵们的聚集胜地，同时也为路易威登提供了潜在的客源。

然而，真正让路易威登走向国际的是埃及总督伊斯梅尔·帕夏的订购。1869年11月17日，埃及总督邀请八百多位世界政要参加苏伊士运河建成典礼，其中包括奥斯曼帝国君主、苏丹国王、欧仁妮皇后等权贵，共庆将欧洲和亚洲连接在一起的海上通道的诞生。苏伊士运河是在拿破仑三世的调解下完工的。在此之前，埃及总督于1869年6月前往巴黎讨论运河庆典事宜，欧仁妮皇后也参与其中。当时路易·威登作为皇后的御用制箱师，其精湛的技术在帝国首都巴黎声名鹊起，且有进入杜伊勒里宫的特权。虽然不太确定欧仁妮皇后是否将他推荐给埃及总督，但有一件事是确定的，即伊斯梅尔·帕夏十分青睐路易·威登的制箱才华，委托他特制了一批箱子，在苏伊士运河竣工庆典时运至现场。路易·威登创造性地为总督定制了带有特殊支架的箱子，用来储藏、保存和运输新鲜水果。历史无法告诉我们，运河庆典时用来招待八百位客人的水果是否就是由路易·威登特制的箱子运来的，但这足以成为路易威登品牌历史叙事中的传奇。

（三）从硬质行李箱到软质包，再到轻型行李箱

行李箱是人们在旅途中用来装载和保护物品的容器，它的形状从古至今基本是长方形、方形或其他几何形体，箱体材质一般都采用金属、木材、皮革和帆布。1838年，在普鲁士的汉堡出现了第一条被铺上沥青的道路。1851年，巴黎也出现了沥青道路，但并不普遍。当时的交通工具基本还是以马车为主，短途旅行或将行李箱运送到码头、火车站主要依靠马车。在这样的交通和路面设施状况下，无论箱子是在马车上还是在火车上或者轮渡上都会受到颠簸，以及在长途运输和移动过程中也会遇到不测风云。因此，路易·威登从1854年开始自己制箱以来，所制造和销售的行李箱都是和当时的生活方式及旅行环境相适宜的硬质箱。他考虑到箱子本身的硬质形态需要具备抗压性和抗击性，箱内栅格和隔板布局须合理紧凑，使各种物品恰到好处地放置在合理的空间里，空间格形的设计像拼图一样相互对接卡好，这样的箱子才能保护内在物品在动态过程中不会晃动碰撞，另外，硬质箱箱体材质和结构接缝还须有防水、防腐、防虫蛀的功能。1865年，路易·威登制作了灰色拱形盖箱，这款是铁路和海运初期出现的阶段性产品，也是传统箱向现代箱转型的过渡产品。随后，硬质箱便转型成为平盖箱，尺寸规格都按照火车车厢和轮船船舱的行李空间设计。

19世纪后半叶是富有历史意义的时代，是造就开拓者、考古学家和

冒险家的时代，是生活方式别开生面的时代，各种功能的平盖箱变体根据客户的需求层出不穷。1868 年，路易威登在勒哈弗尔展示了一个锌制表皮的密封行李箱，它达到了完全密封的效果，这是为非洲和印度等地的海外旅行者特制的。1885 年，这款行李箱获得密闭行李箱专利。由于设计巧妙，该行李箱的发明者在这次展览会上荣获银奖。19 世纪末，路易威登又推出了防潮、防腐、防氧化功能完善的锌壳行李箱、铜壳及铝壳行李箱，为旅人出行保驾护航。1890 年，路易威登防撬专利锁的出现保障了旅行者行李的安全。同时，路易威登又推出了内箱是樟木的行李箱，旨在保护毛皮和毛料服装免受虫蛀。探险的经典箱子当属探险家皮埃尔·布拉柴为他的非洲之行订购的两只带双色条纹（红色和米色相间）马鬃床垫和双色条纹的大号花押字系列帆布床箱，他还定购了一只铜制写字台箱和一款带秘密暗格的手提办公桌箱，桌子的表面是绿漆的铜制外壳，箱子的暗格除了布拉柴和乔治-路易·威登，无人能找到，可见路易威登行李箱的内部设计技术之高超。

随着汽车时代的到来，1905 年，乔治-路易·威登设计了一款"司机包"并申请了专利。实际上，这是一个圆形的硬箱，箱子内部用锌打造，可用作水箱，外圈可放置一个备用胎，环状形态用来充当轮毂。另外，圆形司机包空闲时的中间部分可以放四顶小型女帽。司机包以一条星状皮带被固定在老式小汽车的车顶上，或固定在敞篷车车身尾部，由此旅途变得安全和干净。

20 世纪初，大型邮轮成为有闲有钱阶层享受另一种生活方式的去处。行李箱随之成为出游必备。路易威登与之相配的行李衣箱有 1914 年的三种目录可供选择，目录称"不论现代轮船有多巨大，舱房内放置行李箱的空间都较为狭小。尽管受海事公司的规定所限，我们仍已设计出符合所有要求的款式"[1]。实际上，旅行衣箱有四种长度和宽度，但高度是一样的，

1　皮埃尔·雷昂福特，埃里克·普贾雷-普拉.路易威登的 100 个传奇箱包 [M].王露露，罗超，王佳蕾，等译.上海：上海书店出版社，2010：133.

均为33厘米。其中最高档的款式有圣路易（男女两式）和船舱（Cabine）箱，后者具有活动的底部和简化的格状底座，包含四种尺寸和各种材质。人类学家兼电影导演让·鲁什（Jean Rouch）的父亲，在1923年出版了一本《邮轮旅行手册》，告诉乘客们怎样在海上保持风度礼仪，也就是说，每位头等舱的乘客可在贮藏舱放置200千克的行李，在座舱可携带一个手提行李箱和一个旅行衣箱，才符合海上旅行的风度礼仪。

路易威登在1901年推出了一款软面邮轮包（The Steamer Bag）。它的设计初衷是让旅行者存放航行中换下的脏衣服的洗衣袋。包是帆布的，完全可以折叠，易于塞进行李箱和其他硬箱。自此，邮轮包也成为公司产品目录中的经典，无论是放置在汽车后备厢还是携带登机都很实用便捷。后来又演变成"Carryall"时尚手袋。

1920年，在大皇宫举办的第五届航空博览会上涌现了无数新兴技术，布莱里奥飞机制造厂、布里斯托尔飞机制造厂和萨沃亚-马尔凯蒂飞机公司都推出了新型飞机。随即，商业航空公司如雨后春笋般不断涌现，此时欧洲至少有27家航空公司、30条航线。1906年，路易威登打造了一项新的行李箱计划，这就是此后经久不衰的"Aéro"（航空系列）。这是为航空旅行特别设计和研发的，净重18千克，人们可以装上2套西装、1件大衣、3条衬裤、10件衬衫、3件睡衣、1双鞋、2顶帽子、18副假衣领、多条领带和手套，以及12条手帕，总重量仅为26～30千克。当时，人们出行都是为了出差、到外省短期旅行，而年轻人也只是到国外短期逗留。"Aéro"本身用途广泛、结实耐用、精致奢华。一般而言，男士行李箱里总是装着"Aéro"、"Voyageur"（旅行者）、"Chasseur"（猎人）以及猎枪包，同时，它和"Aviette"（小型机箱）及"Restrictive"（限制箱），构成了路易威登轻型行李箱的集合体。"Aviette"的女士味十足，可以装帽子、罩衫、衬衣、面纱、扇子、长筒袜、连衣裙、半身裙等，是一个百宝箱、旅行必备装备……而"Restrictive"则有所不同，从名字就可以看出它具有有限的实用性，原本是在战争期间使用的，帮助人们装载一些定量的配给物，但现在也用途广泛，受到旅居人士的喜爱。因时代环境而诞生的热气球旅行已成为往事，现代的天空属于飞机，为飞行而制造的便携式轻型行李箱的时代也随之而来。

二、路易威登的时尚手袋

19世纪末至20世纪初，由于时装的现代性革新，配饰也变得不可或缺。路易威登推出的第一只都市手袋恰巧符合配饰作为必备之物的特质。女性对其深深迷恋，认为手袋是着装整体搭配不可或缺的部分。正如作家皮埃尔·达尼诺斯（Pierre Daninos）所言："疯狂——这就是当一个女人找不到她的手袋时会产生的感觉。"[1] 自1854年路易威登制箱企业创立以来，其生意一直蒸蒸日上，从行李箱衍生出来的、以皮革为主要材质的手袋，又为路易威登开辟了新的局面。1880年，乔治-路易·威登在塞纳河畔的阿斯涅尔工坊成立了皮革部门，将其安排在路易威登工坊的裙楼中。1892年，女士手袋就已出现在路易威登企业档案可查阅到的最早产品目录中了。这些软面手袋起源于各种便携行李箱，它们本身也可以装进那些长久以来象征着路易威登之家传统的平盖行李箱和衣柜行李箱中。160多年来，路易威登都市手袋变得极具多样性，极富时代感，体现了现代女性所能想象到的一切需求。它们具有深远的影响力，人们对它们的名字都耳熟能详，如"Speedy""Papillon""Alma""Lockit""Noé"Bucket""Neverfull""Sac Plat"和"Pochette"。手袋的设计是响应时代精神的产物，路易威登也从制造箱包转向制作手袋。制作品位应时而变是保证其品牌市场生命力的根本。都市手袋继往开来地扩展出具有各种形式和功能的庞大产品家族。

（一）时代的产物

路易威登皮革手袋系列的发展和旅行方式的现代化、正在变化中的裙

---

1   让－克劳德·考夫曼，伊恩·卢纳，弗洛伦斯·米勒，等.路易威登都市手袋秘史[M].赵晖，译.北京：北京美术摄影出版社，2015：23.

装样式及购物方式相关，是对乘坐火车、汽车及远洋邮轮出行的现代化交通方式的积极响应。手袋的创新设计将组合性、便携性及实用性结合在一起。有把手的皮质手提行李箱可以放在旅行者身边，是对帆布镶面的木框平盖行李箱的补充。目前保存在公司历史陈列室里的一只1885年的轻便旅行包（Gladstone Bag），是便携行李箱产品面世序幕徐徐拉开的标志物。正如在1892年产品目录中出现的那只短途旅行包一样，它展示了路易威登公司为研制半软面皮质行李箱迈出的第一步。随后在1900年前后投放市场的"Steamer"旅行袋也展现出更多的用法，它既可以单拎，也可以折叠起来放在平盖行李箱中作为备用品。这种灵活性和组合性使它成为完美的休闲箱包——在横跨大西洋的航行中，可以将它放在船舱里盛放亚麻织物或旅行纪念品。在1892年的产品目录中，用于汽车旅行的有1890年之前出售的盥洗用品套装箱（toiletry kits）、定制手袋以及短途旅行包，甚至还有亚麻面料的洗衣袋，它们与平盖箱形成了旅途中的互补。平盖箱可以放在汽车后部，然而，由于行李箱相对比较沉重，仍然需要专人负责搬运，所以更小巧轻便的箱包成为硬质箱的补充。例如伯爵夫人让·德庞热（Jean de Pange）在乘坐火车旅行时，针对火车上没有舒适便利的膳宿设施，她带着装有食篮和整套餐具的行李箱，还拎着一只小皮包，上面有一根偶然用一下的肩带，里面装着钥匙、钱币和纸张。

1883年，德国人卡尔·弗里德里希·本茨（Karl Friedrich Benz）和朋友成立了奔驰公司，发明了汽车。借此，人们的生活也正式进入了汽车时代。无论是驾驶汽车还是乘坐汽车，克里诺林裙已显得不合时宜。1906年前后，法国女装设计师保罗·波烈的女装革命影响了时尚界，彻底改变了"美好时代"的"s"形女装轮廓线，带动了时尚的转型。他的设计受到拿破仑时期古典风格长袍的启发，摒弃紧身胸衣，以"T"形轮廓线塑造女装，高腰设计的直筒半裙，呈现了新颖、舒适、便捷的现代风格。这种新的着装风尚使女士手袋从此成为和女装形影不离的配饰。当时搭配这种新式裙装的是手提网袋（reticules），这是一种长提手束口袋，其名称来源于古罗马语"reticulum"（网状结构），它的复兴在1908年的《女性》

杂志中有记录。路易威登呼应了时尚的转型，在 1910 年的产品目录"时髦人士的漫步"中展示了大量手提网袋。因此，手袋也随之成为具有功能性和象征性的配饰，它随着裙装着装场合的变化而衍生出许多变体。从功能上讲，这种新流行起来的随体紧身裙无法再加入内袋，内袋原本是缝制在衬裙下面的、可以放一些小物件的口袋，于是，女士手袋替代了以往从腰间垂到衬裙底下的简单布袋。1901 年的《女性》杂志也证实了手袋的普及性。从 1892 年起，路易威登将"LV 女士手袋"纳入其产品目录，说明了该品牌对时尚变化作出回应的强大变通力。这种应变能力还可以从皮埃尔-埃米尔·勒格兰的绘画中窥见一斑，画中出现了用牛皮、海豹皮、蜥蜴皮和蛇皮制成的手袋，它们被那些身着套裙的优雅女士拎在手中，绘画还显示这些手袋的面料以蚕丝、天鹅绒、丝绸或古老的绣花缎裁剪而成，用来搭配贵妇们去戏院时穿着的裙装。手袋搭扣是黄铜、青铜、银质或金质的，提手用流苏穗装饰，这些细节点亮了手袋的优雅和贵气。正如路易威登的产品目录中提到的，优雅的女士们已经不再满足于只有一只手袋，目录为她们提供了一系列真正属于女士的手袋。日装手袋（day bags）被分成购物用的大号、正方形或长方形款式，以及极致优雅的都市手袋——它保持了扁平的形状，并自诩是非常轻盈的。

19 世纪末，随着工业革命的深入和城市的发展，机器的大规模生产解放了人力，人们的闲暇时间增多，同时批量生产的产品价格日益大众化。此时百货公司也不断增多，其内部的摆设和布局也趋于景观化和娱乐化。尽管购物还没有成为都市生活的娱乐项目，但已经是令人满意的消遣活动。女士们以此为借口，从家庭中逃离，享受逛街及随意欣赏百货公司橱窗展陈的快乐。建筑师雷姆·库哈斯（Rem Koolhaas）甚至将这种做法看作女性解放的先声，她们借此从自己的多种身份中解放出来进入社会语境中。在公共场合的着装需要跟随时尚潮流，而手袋则是必不可少的配件，它是用来容纳钥匙、手帕、钱币及小物件的容器，并且扮演了出门在外者得以安心的媒介，调和了家庭的私密性以及公共场所的不确定性。

路易威登在 1903 年的产品目录中提供了一种女士手袋，材质是黑色摩洛哥皮（Morocco leather）[1]或猪皮，有四种尺寸，分别是20、25、30和35厘米——便于使用者根据当天小额采购的物品数量选用不同规格的手袋。而用于短途汽车旅行的扁平手袋（flat handbag）同样也有若干种不同尺寸，使主人能够将小件物品或旅行用的大披肩放在身边。

除了手袋的规格和材质，路易威登从这个时期起，开始特别精心挑选手袋或者产品系列的名称。这些名称不太提及产品本身（如容量、款式、特征等），更多的是表达一种旅行内涵和逃离的精神，所以手袋大多以历史街区、著名的社区、河流、度假胜地及异国首都来命名，体现出路易威登预见某一产品在社会文化生活中的生命状态的前瞻力。手袋的名称定义了它的身份和功能，正如阿尔弗雷德·卡皮（Alfred Capus）所言："文字就仿佛手袋，它们会变成我们放在里面的东西的样子。"[2]

（二）现代性的体现

现代的说法可以追溯到中世纪，现代意味着"新的"，和旧的相对，和以往断裂，这层含义是在17世纪盛行起来的。到19世纪中叶，"现代"（modern）指的是"短暂的"和"瞬时的"，与之对立的，不再是某个清楚界定的过去，而是一个永无定数的未来。"现代性"（modernity）"则指现代时期的一些典型面貌特征以及个体对这些特征的体验方式。现代性表征了与持续演进和变化进程相关的生活态度，一种与过去和现在都不相同的未来指向。换言之，现代性至少涉及两个不同方面的一种现象：一个是联系社会经济进程的客观方面，另一个是与个人体验、艺术活动或理论反思相关的主观方面"[3]。

现代性体现在社会经济进程方面，法国工业革命是从18世纪末开始

---

1   一种柔韧的软皮，最初用于精装书封面，使用的原料是山羊皮、绵羊皮等。

2   让-克劳德·考夫曼，伊恩·卢纳，弗洛伦斯·米勒，等.路易威登都市手袋秘史[M].赵晖，译.北京：北京美术摄影出版社，2015: 24.

3   希尔德·海嫩.建筑与现代性：批判[M].卢永毅，周鸣浩，译.北京：商务印书馆，2015: 16-17.

的，到第二帝国时期（1852—1870年）最后完成。从短暂的法兰西第二共和国到法兰西第二帝国，政治运动和经济发展加速了法国的现代化进程。路易威登创业的那个时代正逢拿破仑三世统治时期，社会环境相对稳定，法国完成了工业革命，交通运输、金融资本迅速发展，同时也进行了大规模的城市建设。

从现代性的个体体验和思潮方面看，20世纪20年代的女性在可可·香奈儿的装束革命引领下，梳短发、着开衫和小黑裙成为对时尚和生活的态度。女性走出家庭走入职场，身着无衬裙无内嵌口袋的新式服装，随身拎着手袋，手袋里放着化妆盒、钱包、钥匙等体现身份、独立和个性的小物件。这种款式的手袋可以在当时的路易威登产品目录里看到："Vanity"化妆包（Vanity case bag）和钱夹化妆包（Feuille model）两款，里面都有镜子和各种隔断，用来收纳粉饼、口红、手帕、别针、钱包及香烟。当时女性的裙子是装饰艺术运动中流行的简洁的几何样式。路易威登也在其信封式手包及时尚单肩包上用了同样的图案。这些手袋中最漂亮的是刊登在1925年7月号《家居与装饰》杂志上的新品，也在当年的世博会上展出。除此之外，路易威登还提供了不同场合中搭配服装的手袋，如去剧院、出席舞会、逛街和参加体育运动等语境中的手袋，诠释了现代自由女性的各种日常活动。尤其是在喧嚣的20世纪20年代，时尚意味着现代，现代意味着速度、运动、激情、流线型和冒险。冬天滑雪的户外运动，夏天打高尔夫或网球，时尚人士驾车旅行，包括年轻女性开着自己的车，甚至有些女性是赛车冠军。时装设计师适时地设计出便于运动的服饰系列，如长裤和海魂衫。路易威登也设计了海滨包（Sac Marin），它源自1892年的洗衣袋，以配合远足时代的到来。在时代潮流的驱动下，路易威登及时地推出了棉质帆布Keepall旅行袋，也被称作"带上一切（Tient-Tout）"或"周游世界（Globe-Trotter）"的旅行袋。1930年，路易威登又发布了风格简洁、材质轻软、容纳力强的"Speedy"手袋，它是周末度假旅行包（Weekend baggage）的真正开先河之作。这两款旅行袋的外形都具有现代主义的流线型意味。此外，路易威登公司还提供了一些轻型包（Lightweight bags），比如，1934年的"Squire"包，即"Alma"手袋的鼻祖，还有沙滩包（Sac de plage）以及其他造型的手袋，如各种桶包（bucket bags）。

20世纪30年代早期，上层社会发现了乘坐飞机旅行的乐趣。在当时，航空运输方式仍然带有一丝冒险意味。法国航空公司于1933年成立，在登机前，航空公司需要检查乘客及其行李的重量，违反者将面临无法登机的危险。第二次世界大战爆发后，以旅游作为休闲的机会减少了，但手提旅行包（hold-all bags）作为出门的必备品一直保持着旺盛的生命力。

（三）手袋的变体

1959年，路易威登把最初用于1896年硬质箱的花押字帆布用到了软质包的开发上，这为路易威登都市手袋设计带来了新的表达媒介。这种经过改良的更便宜、更轻盈、可塑性更强的防水帆布，使路易威登品牌得到更广泛的认知，并为箱包带来了功能和形式上的改进，如"Speedy"手袋和"Keepall"旅行袋。而第一个从这种新型材料获益的标志性手袋是"Noé"。它诞生于1932年，原先是一款皮质手袋，最初是为了运输五瓶香槟而设计的。到1960年，"Noé"手袋造型开始与花押字帆布结合。新手袋深受欢迎，成为女性杂志的推介热点，由此成为时尚的象征和品位的标志。属于同门家族的"Bucket"手袋也是以花押字帆布面料制成，是1968年路易威登公司为满足美国客户的特殊需求而特别设计的。

20世纪60年代，是极端动荡的十年，改变了人们的价值观和审美观。社会革命的胜利、激进的革新思潮和政治灾难点缀在文化发展的进程中。第二次世界大战后出生的年轻人长期生活在丰裕的年代，物质上的丰富衬托出精神上的危机，表现出对权威的质疑、挑战和反抗。与此同时，许多生活在那个时代的人们似乎被历史的偶发事件裹挟着，被迫不断地调整自己以适应社会环境，同时也以各种方式表达自己的思想和情感，其中，时尚是最直接、最具视觉表现力的思想变革的体现者和传播载体。小手袋是被抛弃之物，因为它们打上了传统和旧礼制的烙印。年轻女士用大购物袋（tote bags）和斜挎包（satchels）替代了之前的精美小手袋，这让她们的侧影显得充满活力。个性化的休闲生活再度兴起，路易威登推出的沙滩包迎合了人们到地中海岸边度假的愿望。路易威登为奥黛丽·赫本定制的个性化"Speedy"手袋成为永恒的经典。20世纪60年代的名模崔姬（Twiggy）使"Papillon"手袋成为路易威登的标志性手袋之一。"Papillon"手袋诞生于1966年，是"Keepall"主题系列的变体。

20世纪70年代，从迷茫的畅想回归到平静的浪漫，人们渴望重返自然，享受田园生活，寻找人与自然的和谐。逃离都市奔向自然的人们背着单肩或双肩包，这种背包与喇叭裤、短裤及长裙搭配，帅气潇洒。1978年，路易威登甚至推出了一种专门为旅行背包客设计的"Randonnée"桶状包。20世纪70年代末，路易威登开始从面向不同生活方式的客户群转为面向不同文化背景的消费者，开启了品牌走向全球化的征程。这一过程的主要策略是通过发展零售网络来传播品牌影响力，创建并扩大全球市场。1978年，路易威登在东京开设了第一家日本零售店，1981年，纽约的路易威登零售店开张。路易威登试图将品牌的设计文化和当地的民族文化相结合，从而为品牌注入因地制宜的创新思维。即使创新，路易威登的每一款产品也都能追溯到它的鼻祖，传统基因和创新元素交织在一起，每一款产品都包含了一些忠实客户可以识别的熟悉元素，使客户在似曾相识中产生集齐系列产品的愿望，在怀旧中不断更新和收藏。1978年前后，路易威登决定让自己的品牌形象有别于皮具产品的老旧传统形象，于是与四位意大利建筑师兼工业设计师埃托·索特萨斯（Ettore Sottsass）、盖·奥兰蒂（Gae Aulenti）、马里奥·贝里尼（Mario Bellini）和克里诺·卡斯泰利（Clino Castelli）进行了一些颇为知名的合作，他们为路易威登产品注入了一缕新鲜气息。此后，路易威登品牌又和独立设计师卡米尔·翁格里科（Camille Unglik）合作，她以前是一位知名的鞋履设计师，后来她将鞋履方面的设计经验引入手袋设计领域，此次跨界融合的设计方式产生了"Saint-Cloud""Chantilly"和"Senlis"新款手袋。

20世纪80年代是对某种充满活力形象的赞颂。1982年，设计师格扎维埃·迪克索（Xavier Dixsaut）加盟路易威登，创立了综合设计部，为路易威登开发了新的复合材料和新技术。设计师们将传统的制包技术和创新面料凯芙拉纤维（Kevlar）以及碳纤维结合起来，创造出耐用轻便的手袋。在1985年由麦当娜主演的《神秘约会》影片中，那款由她拎携的轻便结实的碳纤维路易威登帽盒引发了时尚风潮。另外一种由新材料水波纹皮革（Epi）制作的系列手袋于1985年投放市场，它的设计所表达的是一种活力四射且安全可靠的感觉。这种用于制作硬质箱包的结实粒面波纹皮革用于背包和手袋，使包形"无装"时挺括，"置物"时又随形显状，如水波纹"Saint-Jacques""Cluny"和"Gobelin"手袋。20世纪80年代，来自日本的时装设计师在巴黎掀起了黑色时尚，路易威登的水波纹系列也适时地打造了一场色彩革命，非常符合20世纪80年代的"别致酷炫（chic et choc）"风潮。1983年的"Attaché"手提箱、1984年的"Porte-Documents Voyage"公文包，还有1986年的水波纹皮质"Sacoche"手袋都透出时代气息和时尚气质。

20世纪90年代初，路易威登的旅行袋从旅行用途转向都市随身携带，像"Steamer""Keepall"和"Speedy"这样的标志性旅行手袋正在经历向真正的都市手袋转型的过程。曾经是旅行包的"Speedy"手袋变成了迄今仍非常流行的手提旅行包；"Cache-plaid"手袋变成了旅行式公文包（briefcase in the voyage model）；探险家摄影包（explorer's camera bag）变成了"Amazone"包。在1992年就投放市场的"Alma"手袋，其经久不衰的市场愿景证实了它作为时尚标志性包款不可撼动的地位。1994年，继黑色风潮后，黄色"Triangle"手袋和红色"Cannes"手袋闪亮登场，彩色手袋开始复苏。1996年，军用包中的马鞍包（Saddlebag）强势回归。20世纪90年代，随着经济全球化的进程，机场和航线发展迅速，旅行成为人们生活的一部分。路易威登的"随变哲学"尊重传统，遵循专业行李箱的品位，为旅行袋过渡到都市手袋找到了合理的切入点。路易威登从某些亚洲乘客使用的、配备了十五种不同收纳袋的行李箱上找到了灵感，它将这种方式与品牌历史上的做法（在行李箱中装进各种可拆解的附属包）

相结合，将之运用到都市手袋的设计上。这一理念使"Pochette"手包获得成功。路易威登还依照同样的原理为"Papillon"系列增加了一个类似高尔夫球包的迷你圆柱形手袋。日本人率先将这种附属小包挂在"Papillon"手袋外面，在某些场合他们也将此附属迷你包单独使用。后来，这种内包外用的方式被默认，附属包也逐渐被人们当作独立的都市手袋使用，成为20世纪90年代的主要流行趋势。对年轻女孩来说，"Pochette"手包是奢侈品手袋的启蒙之物，它很像一只晚装手包，还可以当肩包，也可以当作腋下包，它在路易威登公司手袋的历史中始终是年轻、有活力的代表。

20世纪90年代，路易威登品牌将产品由功能决定的传统观念转变成当代的产品观——产品要具备清晰可辨的标志性特征。因此"Monsouris"双肩包由"Randonnée"手袋的底、"Noé"手袋的包体和"Beverly"手袋的翻盖构成。这既是对产品系列连贯性的关注，也保证了"Fleuve"系列的成功，其中包括"Danube""Amazone""Trocadero"和"Nil"手袋。以"Monceau"手袋为代表的"Sellier"系列也因为其鞍形针脚、完美的边缘和S挂锁而同样具有很高的辨识度。

从1990年到2012年，路易威登和轩尼诗合并为路威酩轩集团。路易威登经历了一场深刻的转型，保持传统的同时引入了高级成衣，跨入了时尚的行列。手袋作为配饰真正地找到了它需要搭配的伴侣。1996年在花押字帆布系列百年庆典上，让-马克·卢比耶和让-雅克·皮卡尔（Jean-Jacques Picart）在年轻的艾迪·斯理曼（Hedi Slimane）的协助下成立了顾问小组，全权委托七位才华横溢的顶尖独立设计师每人设计一款手袋。1997年，美国设计师马克·雅可布加盟路易威登，标志着品牌正式进入时尚界。路易威登深厚的品牌文化和制造经验为马克·雅可布的时尚设计提供了灵感。1998年，他开始设计浮雕图案的花押字皮质箱包。他向《时尚》杂志解释说，路易威登是一个奢侈品牌，它是功能性的、但同时也是彰显身份的配饰。马克·雅可布决定将路易威登的身份元素按照他自己的风格设计，使这一元素不可见。他采用的方式是将路易威登的标识以白底白花的形式压制在邮差包（Messenger bag）上。从那时起，路易威登的箱包设计和制作开始呈现双轨制模式：经典系列依然存在，它是品牌的遗产；但经典中却暗含着设计师的个人品位。同时，路易威登也重新梳理了产品家族，以新比例重新演绎了都市手袋的鼻祖，来迎合新时代的消费需求。2007年的"Neverfull"手袋继承了20世纪60年代沙滩包的传统，将其变体为中等容量的时尚手袋。"Nice"化妆箱是对20世纪20年代的"Vanity"化妆包的回顾。电子乐和锐舞（RAVE）的风靡引发了DJ包（DJ bags）的热潮。与此同时，路易威登又为几款经典手袋加上肩带，增加其功能性，如1999年的"Looping"和"Neo-Messenger"手袋。2001年，马克·雅可布又从艺术中为箱包的设计寻找创意。他邀请了美国涂鸦艺术家史蒂芬·斯普劳斯（Stephen Sprouse）为品牌创作了一系列用于走秀的箱包。艺术家在花押字帆布上涂鸦，将路易威登的品牌形象推进通俗艺术的视域。此后，村上隆（2003）、理查德·普林斯（2007）、索菲娅·科波拉（Sofia Copola）（2009）和草间弥生（2012）又延续了这场艺术与经典的对话。2006年，"时尚标志"（"Icons"）展览在香榭丽舍大街的路易威登文化艺术厅举行，展出了一些著名艺术家对标志性包袋的诠释，包括瑞士波普艺术家西尔维·夫拉里（Sylvie Fleury）的"Keepall"旅行袋、英国建筑师扎哈·哈迪德的建筑形态的"Bucket"手袋、法国室内设计师安德莉·普特曼（Andree Putman）的"Steamer"旅行袋和日本建筑师坂茂（Shigeru Ban）的"Papillon"手袋搭成的巨大凉亭装置。

2010年以来，路易威登都市手袋全部变得柔和了，手袋风格趋于极简，尺寸变小，标识和编号变得更低调，花押字图案被巧妙地压印在柔软的小牛皮上。设计主要选用先锋性、珍稀性及充满异域风情的皮革，并对手袋的基本形态进行了创造性诠释。诞生于2006年的"Lockit"手袋是1958年的"Fourre-tout"手袋的嫡系后代，因为使用了鳄鱼皮和其他名贵皮革而变得更为奢华。皮革产品关注的是皮革的品质、细节及比例。同时为"Alma""Noé""Speedy""Keepall"和"Neverfull"包款添加了新的时尚元素。例如，水波纹皮质产品系列从2013年起已经可以进行软化后修饰了，这对于这种天生质地坚硬的材料是一种真正的挑战。"Lockit"手袋是为品牌的皮具高级定制沙龙（Haute Maroquinerie）专门定制的。"Juliette"手袋从20世纪80年代的小手袋获得灵感，配有金饰，略带一种传统皮具的气质。它符合都市人用手袋的新方式，尽管它是功能性的，却有很高的辨识度，可以被放在一个大手提袋里，也可以单独当作晚装配饰。在这个包上，标识被作为装饰元素保留下来，像包挂一样一闪而过，包的侧面有一个带包盖的侧袋，既起到装饰作用又具有功能性。

路易威登以优质耐用闻名，它的每一款新产品都需要进行至少21道制作工序和21道质量监控及无数次的测试，以保证每一个细节的完美。形式追随功能是路易威登箱包的传统。无论是和时尚还是艺术接壤，路易威登始终都在延续自身的历史叙事；无论是风格还是功能，都从历史中采撷，并重组其中的各种元素形成新的形态以致敬每一个新时代。

三、从箱包到手袋

路易威登为适应不断现代化的生活方式，改革了拱形盖箱的盖形和材质，使之更轻、更便于运输。路易威登1854年推出的新式平盖行李箱和1875年的衣柜行李箱是所有行李箱与手袋的鼻祖。

从1854年的新式平盖行李箱衍生出了化妆盒（Trousse de Toilette Modèle Pluribus，1890）、定制化妆箱（Sac Garni，1892）和女士手袋（Sac à Main Pour Dame，1892）。化妆盒（1890）和定制化妆箱（1892）是"Vanity"化妆包（1960）的直系原型，根据"Vanity"化妆包（1960）的造型，路易威登又推出了"Minaudière"手袋（2006），而"Pochette"手包（1992）则是由女士手袋（1892）生发出的时尚单品，至今依然流行。从这款平盖行李箱还衍生出了短途旅行包（1892），这款旅行包是著名的"Keepall"（1930）旅行袋的前身。由于功能优异和形式大方，同年路易威登又推出了被称为"Speedy"都市手袋的缩小版"Keepall"。1966年，由亨利-路易·威登研发的"Papillon"手袋（1966）也是"Keepall"旅行袋的嫡系。从这款平盖行李箱衍生出的第三款旅行用包是为海上航行旅行者提供收纳换洗衣服的洗衣袋（1892）。根据洗衣袋的造型，路易威登推出了邮轮包袋（Steamer bag，1901）和航海包（Sac Marin，1927）。邮轮包是"Alma"（1992）和"Lockit"（2006）的原型，而航海包则衍生出"Bucket"（1968）和"Noé"（1932）两款桶状手袋。

1875年的衣柜行李箱是硬质手提箱（1875）的鼻祖。硬质箱衍生出了两款箱子：风琴式手提箱（Porte-Habits à Soufflet，1892）和"Alzer"手提箱（约1950），这两款行李箱继承了硬质箱扁平和坚固的特点。从风琴式手提箱发展出大号扁平手袋（1903），随后在1968年推出了应景的沙滩包，沙滩包经过重新设计产生了著名的"Neverfull"（2007）和"Sac Plat"（1968）。1999年，路易威登推出的"Cotteville"手提箱出自"Alzer"手提箱，而"Porte-Documents Voyage"公文包（1981）则集合了沙滩包和"Alzer"手提箱的造型特色。

路易威登的产品在从箱包演化出手袋的过程中，平盖行李箱和衣柜行李箱是鼻祖。从1854年至今，这两款行李箱演化出多种变体箱和系列都市手袋。如今，硬质箱已成为古董箱，取而代之的是更为轻便的拉杆箱，但衍生出的手袋却变化多端、与时俱进。随着交通工具的变化和旅行商业的发展，路易威登不断推出新的风格型箱包；从帝国时代、民族国家的建立、20世纪20年代的装饰艺术运动和现代风潮、第二次世界大战后的女性独立，到60年代的青年文化以及70年代以后的全球化、90年代以来品牌的集团化和跨界合作，标志性箱包纵向演变出都市手袋，又横向变体出某一特定时期需求的手袋款式；从个人用途的手提箱到用于休闲活动的经典旅行袋、从设计精致优雅的女性化形状到硬质正方的男性化线条、从日装手袋到晚装手包、从高不可攀到平易近人、从雍容华贵到简约大方，路易威登的箱包和手袋无不显示出它的"随变哲学"和历久弥新的创造力。

下面是路易威登产品的家谱图（图3-7），从中可见从箱包到都市手袋的演变脉络。

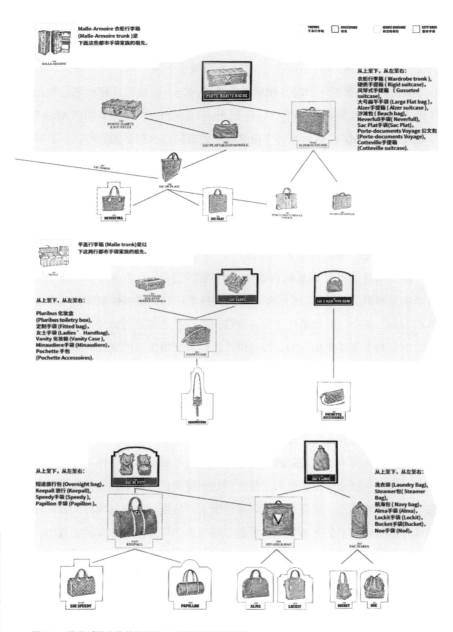

图 3-7　路易威登产品的家谱图：从箱包到都市手袋

图片来源：让 - 克劳德·考夫曼，伊恩·卢纳，弗洛伦斯·米勒，等．路易威登都市手袋秘史 [M].赵晖，译．
北京：北京美术摄影出版社，2015：18 - 21.

（一）从短途旅行包和狩猎包到"Speedy"手袋和"Papillon"手袋
（图3-8）

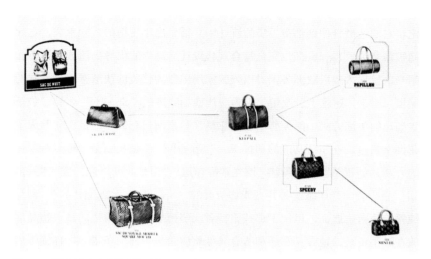

图3-8　从短途旅行包和狩猎包到"Speedy"手袋和"Papillon"手袋的演变图
图片来源：让-克劳德·考夫曼，伊恩·卢纳，弗洛伦斯·米勒，等.路易威登都市手袋秘史[M].赵晖，
译.北京：北京美术摄影出版社，2015：68-69.

　　19世纪末期，由于现代化的交通方式，如邮轮、火车、汽车等在日常生活中日益常态化，人们的出行也逐渐便捷。路易威登及时应对时代风尚，推出属于手提旅行包家族的短途旅行包（1892）、狩猎包（Hunting Bag，1897）以及方口旅行包（1914）。前两款包在形制上比较相似，包体宽大，都是"V"形开口，包体正面呈梯形，包体在闭合时整体呈微拱形。方口旅行包整体造型脱胎于长方形的行李箱，包体方正敦实，包身两边有束包皮带，包体四角加缝防磨皮片，水平式开口。路易威登原本是将它们作为平盖行李箱的附属包，后来它们逐渐凭借自身的便捷易携带性和包容性良好的收纳功能变成了独立的轻便旅行包。1924年投放市场的"Keepall"旅行袋是狩猎包的直系衍生物，"Keepall"的名称直接描述了它的用途，即装上一切（keep all）去旅行。它最初的材质是棉质帆布，柔软轻巧，以便能够折叠起来放在手提箱底部，后来采用花押字防水帆布，变成一款既可独立使用又可附属使用的多用途箱包。同时，它也是"Weekend"系列手袋的前辈。

1930年，继"Keepall"旅行袋在全世界大获成功之后，路易威登决定将它的造型延伸到都市手袋的设计中，衍生出小规格的系列手袋。它起初被命名为"Express"，完全符合现代设计运动中所倡导的流线型造型和第一次世界大战后欧洲各国对以美国家用电器为代表的快节奏生活方式的憧憬。后来，这款手袋改用了更为现代性和激进的"Speedy"名称，象征着高速的生活方式中的无所不包。它最早是素面帆布制作的，次年改成了花押字帆布。在坚持功能的前提下，"Speedy"手袋被赋予一种更都市化的外观。创意总监格扎维埃·迪克索解释道："很长时间以来，像'Keepall'旅行袋一样形态优美并且能够折叠的'Speedy'手袋（图3-9）都是纯粹的旅游附属品，以便于那些旅行者能够把想要放在身边的私人物品都放在触手可及的地方。它还和所有其他旅游箱包一样配备了一把挂锁。后来，它从一款附属产品变成了独立的手袋，为了坚固耐用，保留了之前的天然牛皮Toron把手和铆接把手头。"**1**

图3-9　路易威登"Speedy"手袋和"Papillon"手袋
图片来源：让-克劳德·考夫曼，伊恩·卢纳，弗洛伦斯·米勒，等.路易威登都市手袋秘史[M].赵晖，译.北京：北京美术摄影出版社，2015：78-79.

1　　　让-克劳德·考夫曼，伊恩·卢纳，弗洛伦斯·米勒，等.路易威登都市手袋秘史[M].赵晖，译.北京：北京美术摄影出版社，2015：73.

第二次世界大战后，休闲型社会逐渐建立起来，平日在城市工作、周末在郊区度假是人们一周的生活模式。而"Speedy"手袋也相应推出了三种尺寸（40厘米、25厘米和30厘米），无论是工作还是休闲，各种尺寸都有它的用途和拥有群体。明星们也觉得它的魅力难以抗拒：1965年，奥黛丽·赫本向亨利-路易·威登定制了一款"Speedy"25厘米规格的手袋，"Speedy"旅行袋自此由旅行包转向都市手袋，但依然保持了它的实用性。

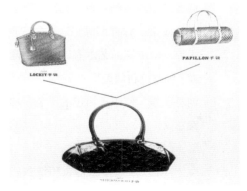

图3-10　路易威登"Sherwood"手袋
图片来源：让-克劳德·考夫曼，伊恩·卢纳，弗洛伦斯·米勒，等.路易威登都市手袋秘史 [M].赵晖，译.北京：北京美术摄影出版社，2015：112.

20世纪60年代是青年文化的语境，昔日老气、古板、拘谨的服装不再流行，取而代之的是玛丽·奎恩特（Mary Quant）的迷你裙、紧身衣、娃娃装以及安德烈·库雷热（André Courrèges）的未来主义风格。手袋也需要彰显年轻的态势。路易威登根据"Keepall"旅行袋设计出帆布"Papillon"手袋（图3-9），它的设计灵感来自户外散步时的幻觉，长圆筒形包体上有两根细细的粒面牛皮带，仿佛是一对精美的蝴蝶翅膀，因此被命名为"Papillon"，意为"蝴蝶"。这款手袋活泼随意，成为模特们登上时尚杂志和演员们在电影中的服装配饰。例如，崔姬是20世纪60年代最新的偶像和国际舞台上的头号超模。她有着男孩式短发、长睫毛大眼睛和苗条纤细的身材，再配上花押字"Papillon"手袋，塑造了时尚精灵和中性风格，并登上了1967年英国版《时尚》，引领了时代潮流。

从那时起，各种色彩的"Papillon"手袋相继问世，并逐步配备了袖珍手包、小侧袋和肩带。2002年，"Papillon"采用新面料，推出用绸缎包身并配有天然牛皮把手的小号"Papillon"晚装手包。另外，从"Lockit"手袋和"Papillon"两款手袋各取一部分，融合在一起形成了"Sherwood"手袋（图3-10），它继承了前者坚实的结构和日用手袋的身份、后者横向圆筒形外观和长长的提手以及大容量和纤细提手的结合所构成的对比效果，综合形成了这种"之间"手袋。2003年以后，路易威登和艺术界、时尚圈的艺术家，如村上隆、草间弥生、史蒂芬·斯普劳斯、索菲亚·科波拉和理查德·普林斯等的跨界合作，生发出经典之上的"元设计"创意手袋，使源于箱包的手袋在功能之外呈现出具有艺术气质的形式和图案意义。

（二）从短途旅行袋和洗衣袋到"Alma"手袋和"Lockit"手袋（图3-11）

图3-11　从短途旅行袋和洗衣袋到"Alma"手袋和"Lockit"手袋的演变图
图片来源：让-克劳德·考夫曼，伊恩·卢纳，弗洛伦斯·米勒，等.路易威登都市手袋秘史[M].赵晖，译.北京：北京美术摄影出版社，2015：118-119.

作为平盖行李箱附件的洗衣袋和一款结构精巧的皮质箱包——短途旅行包，两者都是1901年的"Steamer"旅行袋设计的灵感来源，"Steamer"旅行袋结合了洗衣袋的底部制作方式和短途旅行包的造型，包体外立面上有一个倒三角形图案，三角形和方形的轮廓相映成趣，包口处的系带造型来自洗衣袋的包口造型。自此，在整个家族系列所有产品包括"Alma"手袋（1992）（图3-12）和Lockit手袋（2006）（图3-12）

上都能看到这种纯粹的线条构成的几何形态。"Squire"手袋（1934）和"Fourre-tout"手袋（1958）是"Steamer"旅行袋的直系继承者。从"Squire"手袋又衍生出帆布"Champs-Élysées"手袋（约1955）和"Marceau"手袋（约1950），这三款手袋的款式基本相似，都继承了前辈的梯形轮廓。在"Champs-Élysées"手袋的基础上诞生了"Alma"手袋（1992），而"Fourre-tout"手袋则是"Lockit"手袋和"Lockit"竖版手袋的基础版。

图 3-12　路易威登"Alma"手袋和"Lockit"手袋
图片来源：让-克劳德·考夫曼，伊恩·卢纳，弗洛伦斯·米勒，等.路易威登都市手袋秘史[M].赵晖，译.北京：北京美术摄影出版社，2015：128-129.

"Alma"和"Lockit"这两款手袋都配有拉链，表明它们都具备保护其中财产安全的特质。两者都有多种尺寸可供选择，证明它们起源于行李箱家族。两款手袋都配备了挂锁，说明它们是旅行包的后裔。两款都是软质或半软质旅行袋（如洗衣袋和短途旅行袋）相结合而衍生的后代，它们有一个共同的祖先即著名的"Steamer"旅行袋。两款手袋硬质挺括的触觉和视觉感都来自行李箱，表现出都市的品位和职业化的状态。从那时起，这两款手袋便成了路易威登的标志性产品，共同分享着辉煌的时代精神。随着时尚的流转、产品系列的更新和季节的变迁，设计师借助"元设计"的手法，在经典的花押字帆布或著名的花押字漆皮（Monogram Vernis）和花押字银色镜面皮（Monogram Miroir）上进行再创作。例如：村上隆的眼睛和樱桃等波普图案；史蒂芬·斯普劳斯的漆皮玫瑰印花和漆皮涂鸦；利用转换生成法将花押字帆布转变为水波纹皮，将棋盘格帆布变体为其他材质，如异域皮革、摩纳哥皮等，甚至在夏天将"Lockit"手袋外观变成透明材质。这种"元设计"创作会给市场带来动力和多元选择，也会给予设计物本身一种自我指涉和反思。

"Steamer"旅行袋的名字灵感来源于跨越大西洋的豪华蒸汽远洋轮——邱纳德航运公司船队中最新的船只，船上配备了最新的科技产品：螺旋涡轮机、直达头等舱餐厅的电梯等新设备。乘坐蒸汽船旅行是当时新潮的时尚休闲活动，它是整个上流社会攀比和炫耀的社交场所。服装和手袋则是这种社交较量中的显性砝码。1901年，这款以"Inviolable（不可侵犯）"为名的皮革以及超强帆布休闲包出现在世人面前。此名称是指它的闭锁结构——由两根皮带和将它们扣在一起的附加挂锁构成。当初构思这款包时，在整个包中加了一个隔层，是为了在长途旅行中将脏衣服和干净衣服隔开。1910年的一则广告传单宣扬了这款包的优点、功能和精神治愈力，根据上面的说法："当边境的海关人员清空乘客的平盖行李箱，将脏衣服拿出来，展现在其他人面前时，这款包能够避免乘客遭受精神折磨。"[1] "Steamer"旅行袋被设计得像手风琴一样可以折叠到底，因此不会占用太多空间。"Steamer"旅行袋的把手可以挂在舱门上，那里有可以悬挂的空间，可以放置一些个人用品，而无须占用舱内的有限空间。轻便可塑性使"Steamer"旅行袋成为精致生活的象征，它经常作为优雅的长途手提旅行包，也用于装些远足用品的短途汽车旅行。自1909年路易·布莱里奥（Louis Bleriot）驾驶飞机飞过海峡以来，航空业不断发展。在两次世界大战之间，航空业迅速发展，从军事用途转向了民用事业，乘坐飞机旅行成为时尚和地位的象征，旅行产品的设计也相应需要考虑安全、重量和体积等因素。由于"Steamer"旅行袋比较轻便，人们也将其用于最早的航空旅行，也因为它有挂锁，所以它能使人安心地放在行李舱中。于是，1934年，嘉士顿设计了一款梯形手袋，最初命名为"Squire"。据说他的灵感源于1925年某著名时尚设计师的订单。那只手袋完全使用帆布

1　　让-克劳德·考夫曼，伊恩·卢纳，弗洛伦斯·米勒，等.路易威登都市手袋秘史[M].赵晖，
　　　译.北京：北京美术摄影出版社，2015：123.

制作，长45厘米，底部和"Steamer"旅行袋的底部相似，呈长方形，把手在静止状态呈交错的双"C"形。嘉士顿在公司档案中发现了这款旅行手袋，并进行了重新设计。为了能让它更轻松地从旅行附属品变为都市手袋，路易威登对它进行了改进，用皮革包覆把手、修改了上面的装饰，并在内部加贴了衬里。这款手袋一共有四种尺寸，其中最大尺寸用于旅行，并为其最终取名"Alma"。这个名字具有国际声誉，它源自巴黎的Alma广场，这个广场是蒙田大道（Avenue Montaigne）的起点——这条象征着巴黎式优雅的林荫道是奢侈品的集散地。奢侈名贵之气势从Alma广场开始一直延伸到香榭丽舍大街。"Alma"手袋体现了路易威登品牌的设计特征（可组合的款式、黄色的缝线迹、把手头的形状）和路易威登的标志图案。它拥有类似于"Noé"的矩形底座，以及和"Speedy"手袋相同的半圆形把手。"Alma"手袋与"Speedy"手袋相对照，后者特别柔软，会依照其内容物而改变形状，风格随意；而"Alma"手袋则相对挺括，更有结构感，且不易变形，风格正式。在"Alma"手袋诞生20年后，即2010年，路易威登推出了一款小尺寸的"Alma"手袋，它的受众更多是年轻人，她们也恰好是20年前首批"Alma"手袋消费者的孩子们。这款迷你BB包配备了一根肩带，可背可拎，塑造了一种动态变化的年轻形象。

"Lockit"手袋出现在2006年的产品目录上。它有横版和竖版两个规格，竖版更为流行。"Lockit"手袋镶嵌了一条弧形拉链，末端挂着一把安全锁，使手袋整体从上到下的线条变得很柔美且富有层次感，具有浓郁的女性气质。最初它的材质是花押字帆布或者"Nomade"皮革[1]，它的造型是南北纵向的，强调了高度，而"Alma"更倾向于东西横向。它的祖先有可能是1958年出现在"Knick-Knack"软质行李箱包系列里的"Fourre-tout"手袋，这款手袋与"Steamer"和"Keepall"旅行袋相似。奥黛丽·赫本曾经拿着它出现在电影《丽人行》中。"Lockit"手袋以极为女性化的方式重新诠释了这款带有"Toron"把手、流畅的

---

1   一种染色的天然牛皮，经过特殊处理以便能够随着时间推移产生光泽。

连续侧面和黄色缝线迹的"前辈"。"Lockit"手袋的底部牛皮向上有一圈包边，包边两侧微微有些上翘，以拉锁闭合，拉链尽头挂着一把锁，因此得名"Lockit"。这个手袋有好几个尺寸，故表明它的旅行包原始身份，同时也是路易威登品牌的特征。在高级手袋定制业务中，那些指定以最名贵的皮革制作的订单往往是"Lockit"手袋，可见它的风格能契合各种语境。

"Lockit"手袋和"Alma"手袋一直保持着它们作为都市手袋的独特品位，同时也是艺术家们展现天赋的载体。不论是阿泽丁·阿莱亚（Azzedine Alaïa）（豹纹外套包裹的"Alma"）、史蒂芬·斯普劳斯（玫瑰图案、涂鸦漆皮"Alma"）、乌戈·罗迪纳（Ugo Rondinone）（关于"Fourre-tout"手袋的装置艺术），还是草间弥生（波点"Lockit"），艺术家们都以自己独特的艺术思考对它们作出了深情的诠释。

图3-13 "Déesse"手袋和"Biker"手袋
图片来源：让-克劳德·考夫曼，伊恩·卢纳，弗洛伦斯·米勒，等.路易威登都市手袋秘史[M].赵晖，译.北京：北京美术摄影出版社，2015：156,158.

另外，"Alma"手袋和"Sac Plat"手袋的融合产生了"Déesse"手袋（2012）（图3-13）。"Déesse"手袋继承了"Alma"婉约的外观和流畅的造型，从"Sac Plat"上获得了风琴般的结构和方正的轮廓。它经典的线条和昂贵的金属构件使人回忆起路易威登在1900年到1920年间创作的第一批配饰手袋。这款手袋体现出路易威登箱包的功能性：内部结构严谨，整体空间以中间带拉链的隔层分开，侧面有侧袋，包容量可根据职业用途和私人需求调整安排。"Alma"手袋和"Neverfull"手袋的解构和重构形成了"Biker"手袋

（2007）（图3-13）。"Biker"的风格也是"随变的"，它有"Alma"包体的轮廓、结实的结构和安全性能，可以应对职业场合，在包容量和适应性上，能提供更多的私人用途，和"Neverfull"有异曲同工之处。

（三）从洗衣袋到"Noé"手袋和"Bucket"手袋（图3-14）

洗衣袋（1892）是所有桶状包的祖先。它的质地特别柔软，形状为圆柱形。为了实现多装的功能，洗衣袋起初是用作轮船平盖行李箱的附件。1927年，路易威登将它改造成一款用于航海旅行用的独立行李包，即航海包。大约在1930年，航海包的变体包"Sac Seau"出现了，和它的前辈所不同的是包口以绳子抽紧收住而非像航海包那样将包口收紧并用提手穿过拉紧后再落锁。航海包的直系衍生手袋是"Noé Grand Modèle"（1960）

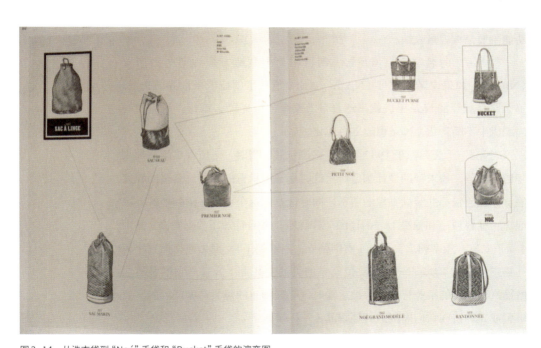

图3-14　从洗衣袋到"Noé"手袋和"Bucket"手袋的演变图
图片来源：让-克劳德·考夫曼，伊恩·卢纳，弗洛伦斯·米勒，等.路易威登都市手袋秘史[M].赵晖，译.北京：北京美术摄影出版社，2015：164-165.

图 3-15 路易威登 "Noé" 手袋和 "Bucket" 手袋
图片来源：让-克劳德·考夫曼，伊恩·卢纳，弗洛伦斯·米勒，等. 路易威登都市手袋秘史 [M]. 赵晖，译. 北京：北京美术摄影出版社，2015：128-129.

以及 "Randonnée"（1978），这两款手袋在款式设计上别具一格，它们都是多用途手袋，由于体积大，基本用于旅行。"Sac Seau" 洗衣袋（1927）的直系亲属是 "Premier Noé"（1932）和 "Bucket Purse"（1968）。"Petit Noé"（1958）和 "Noé"（约 1990）（图 3-15）是 "Premier Noé" 的当代版，而 "Bucket"（1980）（图 3-15）是 "Bucket Purse" 的升级版。所有这些桶包和手袋都具有休闲风格，其功能主要是大容量收纳。

"Noé" 的名字来自《圣经·创世纪》中制造方舟神话中的诺亚（Noah）。如果说诺亚方舟（Noah's Ark）承载了创造未来世界的生命，那么路易威登的 Noé 手袋就寓意着带上整个 "世界" 去旅行。世界在时尚潮流中不断变化，Noé 也随之当代化。

"Noé" 手袋起源于 1932 年的香槟酒包装。当时，一位香槟酿酒师来拜访嘉士顿，请求帮助设计制造一只既时髦又能承重的手袋，其坚固程度能够保证运输那些装满香槟的瓶子。同时他要求这个手袋必须和他的香槟泡沫一样轻盈，和他最上等的佳酿一样优雅，并且能放下 5 支香槟（其中 4 支正立着，瓶塞朝上，另外 1 支则倒立，瓶塞朝下），因为他将把它作为礼物送给他的客人——那些品位高雅的美酒爱好者，并且当它们被放在敞篷汽车车尾的平盖行李箱中被运输时，手袋精致的包装需保证酒瓶不致破裂或弄坏挤在它们周围的其他物品。

嘉士顿博学多才，他知道诺亚这位人类祖先在亚拉拉特山（Mount Arara）边种植了第一株葡萄树，并且是酿造葡萄酒的鼻祖。因此，用 "Noé" 来命名这款手袋既是对葡萄酒历史的溯源，又寓意着路易威登是多维度用途手袋的鼻祖。路易威登每一款箱包手袋都是对其品牌历史的致敬和自我指涉。嘉士顿认为装酒的手袋无论是单独使用还是放置在行李箱中都需要保持优雅轻便和结实耐用。于是那只著名的硬质平盖行李箱的附件——洗衣袋就成为首选的参照模型。洗衣袋也是路易威登19世纪末开发的所有手提旅行袋的祖先。这款柔软易折叠的圆柱形旅行袋以简单的棉质帆布裁剪而成，于1892年首次出现在路易威登的产品目录上。20世纪20年代，由于户外运动和海滨度假成为时尚，这种洗衣袋衍生出可以独立使用的航海包，外观变化不大，只在体积和包口上有些许改变。如果借鉴它的包形，只需要将强度和弹性考虑在内并使之适应新的功能就可以了。因此，使用一种天然植物染色的牛皮来制作装酒瓶的手袋，既能承受那些珍贵佳酿的分量，又结实耐磨，能够长期使用。至于手袋的开口，嘉士顿将最初的提手换成了简单的皮绳，皮绳穿过手袋最上面边缘的圆孔，可以巧妙地扎紧袋口，以固定酒瓶的位置。在手袋的两侧加上了可调节肩带，以保证肩背的舒适度。但"Noé"手袋并不局限于"装香槟"这一用途，它还遵循着威登家族的传统，呈现三种不同的尺寸——大、中、小号。大号"Noé"手袋既可当作洗衣袋，也可用作旅行袋。

"Noé"手袋自诞生以来一直保持着实用的功能、优雅的造型、高效的气质，其场域适应性优异。1959年，它加入了成长中的都市手袋家族，穿上了花押字帆布外衣，外显出正统的贵族标志，成为都市女性的伴侣。"Noé"手袋的容量可观，本身皮质坚韧但比较柔软，有强大的适应性。手袋底部是精细的鞍形针脚缝制的结实的天然牛皮底，承受张力很强，内部附有一个单独小袋。这些优点为它带来了持久的美誉，收获了许多忠实爱好者。路易威登在开拓全球市场的过程中，"Noé"手袋特别受日本人欢迎，尤其是小号款式，因为它的造型与传统和服包相像。这种世界范围的认可使这款手袋在1986年、1990年、1991年和1992年跻身于最畅销产品之列。除了花押字帆布外，"Noé"手袋大量使用水波纹皮革和天然牛皮，并在手袋的最下方左侧压印同色的LV标识。

20世纪60年代末，路易威登研发了"Noé"手袋的后代"Bucket"

手袋，它的名字源于"一只配备了把手的圆柱形容器"，按照字典的解释，它是"盛物体和液体的桶"，它的原型也是来自遥远的鼻祖洗衣袋。从这款手袋的造型看，其名称确实应该归功于自身的形态和来自"加固底面的圆形"的稳定性。"Bucket"手袋所有的弧形米色线条和流线感、叶片形的把手头，构成了手袋整体视觉上的流畅和婉约。双肩带可以调节，具备了可背可提的双重功能，它的容量及附加的小手包使人们能根据重要性分类放置物品，这些特质让它成为1968年美国女性的理想购物手袋，陪着她们从公司到超市、从出差旅行到周末远足。1982年，由于它的简洁好用和标志性的路易威登花押字帆布品位，深受日本人喜爱。1992年进入国际市场后这款手袋也深受欢迎，其材质也在不断变化，如水波纹皮、漆皮、天然牛皮、绸缎等。2004年，村上隆在经典帆布上印上他独特的艺术图案。作为一只"桶"而言，它真是特别幸运。

图3-16 路易威登"Artsy"手袋

图片来源：让-克劳德·考夫曼，伊恩·卢纳，弗洛伦斯·米勒，等.路易威登都市手袋秘史[M].赵晖，译.北京：北京美术摄影出版社，2015：198.

此外，从航海包衍生出了"Noé Grand Modèle"（1960）和"Randonnée"（1978）两款桶形手袋。尤其是Randonnée手袋，造型别致、富有个性。花押字帆布Randonnée手袋于1978年作为背包客和一日游旅行者的装备投放市场。它继承了航海包的形状，属于"Bucket"手袋系列，它也有水波纹皮版本。这款手袋以其流畅的线条增加了它的装饰性和设计感，同时包身的线条也构架起整体结构。包底有加固的皮底，包身由一整片面料围成，搭配竖形可调节皮质肩带，可背可拎。手袋内部没有隔层，但配有一只可以置放贵重物品的"Pochette"手包。1990年，路易威登展出了X线片中的Randonnée，它有明显的半硬质结构、加固皮带、金属配件（包括铆钉、皮带扣和连接肩带和包身的半圆形D环）、架构底座和花押字花纹同样可见。从"Neverfull"手袋（2007）和"Noé"手袋（1932）中抽象出"Artsy"手袋（2010）（图3-16），它（一种染色的天然牛皮，经过特殊处理以便能够随着时间推移产生光泽）继承了前者的柔韧性和大容量特质，而优雅简洁的造型和把手外观则来自后者。

（四）从扁平手提箱和洗衣袋到"Neverfull"手袋和"Sac Plat"手袋（图3-17）

衣柜行李箱是硬质手提箱（1875）的祖先。硬质箱又衍生出风琴式

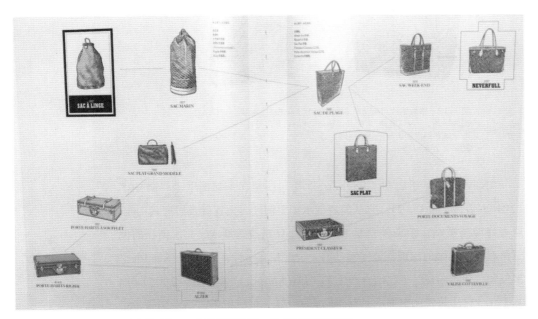

图3-17　从扁平手提箱和洗衣袋到"Neverfull"手袋和"Sac Plat"手袋的演变图
图片来源：让-克劳德·考夫曼，伊恩·卢纳，弗洛伦斯·米勒，等.路易威登都市手袋秘史[M].赵晖，译.北京：北京美术摄影出版社，2015：204-205.

手提箱（1892）和"Alzer"手提箱（约1950）。风琴箱则演变出更轻巧的大号扁平手袋（1903）。大号扁平手袋和来自平盖箱体系的航海包共同抽象概括出沙滩包（1968）。沙滩包的家族成员有"Sac Week-end"（1974）以及它的直系亲属"Neverfull"（2007），还有"Sac Plat"（1968）和"Porte-Documents Voyage"公文包（1981），这款公文包也属于"Alzer"手提箱（约1950）谱系。"Neverfull"（图3-18）和"Sac Plat"（图3-18）手袋都是几何造型，前者借鉴了洗衣袋的性质，比较柔软，包形呈梯形，和"Keepall"旅行袋、"Speedy"手袋以及"Bucket"系列密切相关，而后者坚硬的竖直长方形结构来源于风琴手提箱。"Neverfull"可以肩背也可以挎在臂弯间，而"Sac Plat"只能手提，显示出都市气质。

图3-18　路易威登"Neverfull"手袋和"Sac Plat"手袋
图片来源：让-克劳德·考夫曼，伊恩·卢纳，弗洛伦斯·米勒，等.
路易威登都市手袋秘史 [M].赵晖，译.北京：北京美术摄影出版社，
2015：214-215.

　　"Neverfull"手袋和"Pochette"手包拼接在一起诞生了"Métis"（2013）手袋（图3-19）。它从前者继承了柔韧性、大容量及肩挎式功能，后者好像是被贴在手袋外立面上的外袋，只是拉链换成了带S锁扣的倒三角形翻盖，锁的出现保证了物品的安全性和私密性。此外，"Sac Plat"手袋和"Pochette"手包结合产生了"Flat Shopper"购物袋（2005）（图3-19）。它从前者那里继承了整体形象和"Toron"把手，后者则赋予它一只带着插扣锁的外袋，将它变成理想的存放私人物品的手袋。

　　"Neverfull"和"Sac Plat"在整体视觉上都属于简洁大方的功能性

图3-19 路易威登"Métis"手袋和"Flat Shopper"购物袋
图片来源：让-克劳德·考夫曼，伊恩·卢纳，弗洛伦斯·米勒，等.路易威登都市手袋秘史 [M].赵晖，译.北京：北京美术摄影出版社，2015：242-243.

手袋。它们有许多共同的特质——敞口、简单的构造、双把手、无拉链或锁扣。但两者的气质不同，一个更为休闲和随意，而另外一个则更为硬朗帅气和职业化，两者都秉承了它们的祖先的责任感，然而又各自强调了自身的优越性。

"Sac Plat"手袋保留了很多扁平手提箱的特点，它是硬质扁平箱更紧凑、更轻盈的版本。它和更大的行李箱结伴而行，有时也在短期出行时取而代之，扮演远足旅行包的角色。

"Neverfull"手袋可溯源于著名的航海包及航海包的前辈洗衣袋（1892）。航海包可以折叠，放在扁平箱的底层，几乎不占任何空间，只有在恰当的时机才打开。对任何一位讲究生活品质的体面旅行者而言，航海包和洗衣袋都是不可或缺的。"Neverfull"手袋从这些古老的祖先那里继承了大致相似的形态、软质细带皮把手和能够折叠的防水帆布，它是旅行不可或缺的搭档。手袋两侧各有两个铆钉连接片，各自固定两条细短皮抽绳，其功能是使包体两侧能够收放自如，因此手袋的风格也随之变换。

每一款手袋似乎都是历史的选择。"Sac Plat"和"Neverfull"在各自的时代语境中凭借本身的形式和功能都成为标志性手袋。1968年5月，法国的社会革命运动风起云涌，人们要求变革旧的体制、旧的思维方式，高呼"想象力的力量"，而"design"（设计）这个词也刚刚被收入法语字典。设计需要创新，需要和过去不同，需要和现代化进程统一。"Sac Plat"手袋也与自己的过去决裂，变成了一款多用途的手提旅行包，方正的形象既是购物袋，同时也是职业女性的工作手袋，因此它成了那些为自己争取平等和自由的女性的同盟军。它是由五块尺寸不一的花押字帆布片组成的长方体，铆钉把手头以长方扣连接"Toron"把手，包侧似风琴。"Sac Plat"手袋优雅端庄、简洁大方，虽然有些硬朗但不失经典。它有两种规格，材质也延展至水波纹皮、棋盘格帆布，以及村上隆的带有樱桃图案的花押字帆布。

"Neverfull"意即"从不会装满"，说明这款手袋的容量可观。这款2007年才面世的手袋继承了所有祖先的优良品质，柔韧性、大容量、自重轻、可折叠、可背可挎、可变形、私密性，这是一款永远不会被其内容或成功压垮的手袋。它内部的条纹衬里是对其家族遗产的致敬，这种条纹让人回想起久远的平盖行李箱中的帆布，有的版本的条纹衬里还夹杂着花朵图案。"Neverfull"手袋的衬里叙述了箱包的文化记忆，它的承重力度和包容性是其价值所在。天然牛皮的纤细把手让"Neverfull"手袋变得优雅，它们"用双线加固并有厚实的缝线把手头"，每一根把手都能承受超过100千克的重量，外表轻盈的"Neverfull"手袋能够抵御任何挑战，展现结实耐用的本领。它时刻准备着装下主人的各种物品，它是实用主义者的帮手。为了能够完成它的使命，连最小的细节都是经过精心设计的，如它的包带从肩上落下的比例恰好，和身体接触和谐，侧面的抽绳和金属扣相互配合着可以改变包形，从而变化出不同的风格（休闲和优雅）。"Neverfull"手袋也可以被折叠置于手提箱中。"Neverfull"手袋的命运和目的是无限的——不仅因为它永远不会满，而且因为它永远在手边！作为路易威登家族中标志性手袋的一员，"Neverfull"手袋毫无疑问将成为未来几代人珍藏美好回忆的容器，这正是历史叙事的方式。

（五）从平盖行李箱的旅行袋和定制手袋到"Pochette"手包和
"Minaudière"手袋（图3-20）

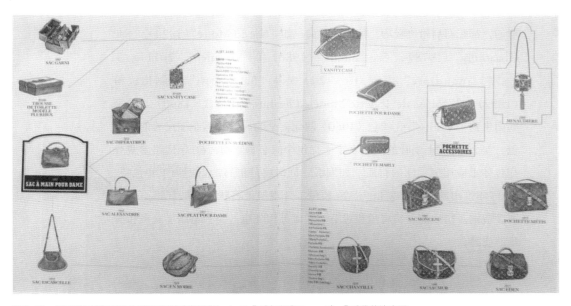

图3-20　从平盖行李箱的旅行袋和定制手袋到"Pochette"手包和"Minaudière"手袋的演变图
图片来源：让-克劳德·考夫曼，伊恩·卢纳，弗洛伦斯·米勒，等.路易威登都市手袋秘史[M].赵晖，译.北京：北京美术
摄影出版社，2015：248-249.

19世纪末期，随着女性社会角色的多元化，购物、工作、交际、旅
行等成为她们的日常活动，手袋的需求不断高涨，其功能性和装饰性也日
益彰显。在旅行中，手袋也分担了行李箱的任务和责任。1892年制造的
女士手袋（Sac à Main Pour Dame）的祖先是平盖行李箱。1910年，这款
手袋衍生出以下两款手袋：翻盖的"Sac Imperatrice"，这是一款简洁优
雅的信封式手袋，以及和原来手袋造型相仿的"Sac Alexandrie"，它是功
能强大的风琴式手袋。基于翻盖手袋的外形后来又产生了"Vanity"化妆
包（约1920）和"Pochette en Suédine"（1933），后者是"Pochette Pour-
dame"（1975）和"Pochette Marly"（1984）手包的前身。"Pochette Marly"
手包促成了1992年标志性手包"Pochette Accessoires"或"Pochette"

手包（图3-21）的诞生。

1892年的女士手袋还产生了另一支谱系，即"Sac Escarcelle"（1910），这个谱系手袋的共同特点是包形都呈梯形，包的底部都是圆弧形的，都配有肩带，轻巧、精致和时尚，如"Sac en Moire"（1924），"Sac Chaantilly"（1978），"Sac Saumur"（1986）和"Sac Eden"（2011）。

"Minaudière"手袋（图3-22）是从"Sac Garni"定制化妆箱（1892）、"Trousse de Toilette Modèle Pluribus"化妆盒（1890）及后来的衍生物"Vanity"化妆包（1960）演化而来的。它是缩小了尺寸的盥洗包，是20世纪上半叶的优雅女士手提包中的必备之物，60年代路易威登在包体上应用更柔软的材质，如绸缎，同时将外形打造得更为柔和独特。2006年推出的这款手袋是一款晚装包，外观呈宝石状，醋酸纤维面料配镀金黄铜，精致的金属肩带和包下部的流苏相呼应，为它增添了高贵和典雅的质感。

图3-21 路易威登"Pochette"手包

图3-22 路易威登"Minaudière"手袋集合
图片来源：让·克劳德·考夫曼，伊恩·卢纳，弗洛伦斯·米勒，等.路易威登都市手袋秘史[M].赵晖，译.北京：北京美术摄影出版社，2015：262,274.

路易威登都市手袋自诞生以来从未停止过演变，轮廓千变万化，尺寸不断调整。在作为附件的角色时，手包之于手袋相当于手袋之于平盖行李箱。从平盖行李箱到都市手袋，一个大家族在各种谱系的融合和剥离中诞生了，其亲属关系松散而复杂。

　　"Pochette"手包起初是被放置在"Noé"手袋或"Bucket"手袋里的内袋，它只是一个用来放化妆品、纸巾、钥匙、钱等物品的附件。创意部总监格扎维埃·迪克索回忆他在20世纪80年代末去日本旅行时，看到穿着和服的日本女士背着大号的"Papillon"手袋，将里面的内袋挂在包外面，这种挂法在欧洲是不可能的，但这种方式很有启发性。在设计"Noé"手袋时，为了避免其装得过满损坏包形，他在手袋里加了一只"Pochette"手包。之后，由于从日本经历中得到的灵感，他把没有衬里的内包的包里接缝做得细腻精致，使之独立成品。为此，他花了四年时间，做了无数次打样，直到1992年，才将内包变成独立外背的"Pochette"手包。"Pochette"手包可以应对各种场合和不同着装风格。由于配备了一条可以拆卸的肩带，既可斜挎，也可手拎。肩带一般是皮质的，偶尔也有镀金链，既是日常包，也是晚装包，它能融入每一代人的生活中，并由此流行开来。它最初用花押字帆布制作，也用棋盘格粒面帆布，后来也采用其他材质，如闪光绸、水波纹皮、漆皮、摩洛哥皮、猪皮、鳄鱼皮等。它的衬里是细帆布且底部也做了加固。

　　1910年，路易威登曾经推出一款"Escarcelle"手包，它是家族中的第一款小手包，是"Pochette"手包的祖先之一。它的造型极为扁平，用折合的风琴样式的皮革制成。它成为当时英国那些鼓吹妇女参政的女权主义者的配饰，同时也出现在路易威登公司的产品目录中，被命名为"女士手包"（Ladies' Hand Bag），成为当时关注的焦点。"Escarcelle"手包被看作对19世纪手提箱包的补充，主人可以将最珍贵的物品放在其中。1924年设计的"Escarcelle"是一只圆形小包，面料是黑色柔软的天鹅绒，配有镀金饰扣和一条肩带。它的灵感来自当年路易·威登在巴黎克鲁尼博物馆（Musée de Cluny）看到一张织毯上有一位朝圣者用的口袋。在1910年版的《农场与城堡》杂志中曾经有人评论路易威登都市手袋是上流社会最优雅的装饰品之一。"Escarcelle"手袋的名称源自《小拉鲁斯词典》里的词意，"escar celle"意为"钱包、零钱包等，以它装着的钱的性质来定义"。它的意大利语词源"scarsella"意思是"吝啬"。这两种词源的定义皆和钱财相关，无论是大方还是小气，谈到她们所梦想的新产品，尤其是将陪伴她们迈出自由解放第一步的手袋，女性都会慷慨解囊。

20世纪70年代，时尚也从60年代的迷你裙、青年文化转向简朴、随意，成衣、牛仔装成为流行。时尚也迎合着女性为争取平等和权力的愿望，设计师们出品的垫肩西服表达了女性对权力的渴望，明显的腰线体现了女性特质和对自我的肯定。1978年，路易威登推出的"Chantilly"手包正是对这种理想的回应。"Chantilly"手包是"Escarcelle"手包的后代，圆形造型、柔软质地和对称平衡与它的前辈相似。这只手包配备了一根长肩带，以跑马场的名字命名。它的灵感来源于那些将周末时间全部用于骑马的女性所拿的手袋。不久之后，"Chantilly"手包以花押字帆布作为外观面料，从赛马场的跑道奔向全世界各个城市的大街小巷。单肩包开始流行，深深吸引着那些想要将命运掌握在自己手中的女性。"Saumur"手袋诞生于1986年，它的名字来自享有盛誉的"Saumur"马术学校，但随后它凭借自己的实力赢得了声誉。这款手包的设计灵感来自猎人的鞍囊。包内有两个隔断，侧面看像两个风琴折合，它们可以通过侧边的带子调节隔断的宽度，整体包形和"Chantilly"手包相似，只是下部逐渐加宽。2011年的"Eden"手袋将该谱系手袋的更新换代推向巅峰。它是这个系列中最年轻的成员，造型方中带圆，前辈的皮带扣襻换成了金属按锁，肩带依然保留，只是又添加了一个皮质把手，可拎可背，既充满女性气质又不乏功能性。"Eden"意为"光芒与快乐"，它本身就寓意着手袋的远大抱负。

同样是在1910年，还有一款"Impératrice"手袋。伦敦的双层公交车在法国也叫作"bus à impériale"，两者诞生同一年。这只"小手提包"（hand-held pouch）是都市手袋和旅行包折中的产物，最初用来收纳地图、文件和其他在汽车短途旅行中必不可少的证件，像是一只公文夹。这只特别扁平的"Impératrice"手袋可以轻松塞到第一辆无阀式潘哈德（Panhard）汽车前方的"坐垫和座椅之间"。时尚无处不在，只要稍作变化，平常之物也会成为潮流。因此在20年代初，它甚至被众多女性当成晚装手袋。此后，由真丝绸和卢勒克斯纱线制成的"Vanity"化妆包进入女士们的视野。"Vanity"化妆包可用作晚装包，能容纳很多东西，如化妆用品、手帕、钱等。随着第一次世界大战的突然爆发，男人们离开家园去了前线，那些已经学会如何自力更生的女性保障了国家继续照常运转。在这段艰难的岁月中，女性承担着双重责任，在家庭和工作中锻炼着独立自主的能力。自由独立赋予她们一种新的身份认同和生活态度，这象征着旧的社会习俗及服装配饰开始走向没落。

最后，依然要回到从前，1910年，曾经有一款"Alexandrie"手袋。这款新投放市场的手袋特别扁平方正，它有和"Escarcelle"手包一样的风琴式结构。按照1910年产品目录中的描述，它特别轻巧，只能放很少的物品。因此，它事实上更像一款手包，一个用来携带必需物品的载体。它由那个时代很流行的摩洛哥皮和海豹皮制成，配了一个很小的把手及一个名贵的包扣，上面有装饰艺术的花纹。2006年，"Alexandrie"手袋以其简洁的线条和稳重的承受力再次回归潮流。2013年，马克·雅可布又将其复兴，并取名为"Vivienne"（图3-23），用名贵皮革制成，并配有LV标识金属搭扣，肩带和提带并存，可作为日装或晚装手袋。在"Alexandrie"手袋的基础上又推出了造型相似的"Sac Plat Pour Dame"（1927）。后来，这种风琴结构又延续到"Monceau BB"（1985）（图3-24）和"Pochette Métis"（2013）的设计上，两款手袋的造型相似，只是"Sac Monceau"手袋在外立面上多加了一个外袋，可用于任何场合。"Pochette Métis"手包呈现出各种形态，它是路易威登家族被载入史册的、永不过时的明星产品。

总之，从旅行箱包到都市手袋的演化过程中，路易威登所有产品皆源自平盖行李箱和衣柜行李箱。

图 3-23　路易威登"Vivienne"手袋　　　　　图 3-24　路易威登"Monceau BB"手袋
图片来源：让-克劳德·考夫曼，伊恩·卢纳，弗洛伦斯·米勒，等.路易威登都市手袋秘史[M].赵晖，译.北京：北京美术摄影出版社，2015：264-265.

平盖行李箱的嫡系是旅行用定制手袋和女士手袋，其标志性箱包是"Vanity"化妆包，代表性手袋是"Minaudière"手袋和"Pochette"手包。

平盖行李箱的嫡系还有短途旅行包，其标志性箱包是"Keepall"旅行袋，代表性手袋是"Speedy"手袋和"Papillon"手袋。

此外，平盖行李箱的嫡系还有洗衣袋，其标志性箱包是邮轮包和航海包，代表性手袋是"Alma"手袋、"Lockit"手袋、"Bucket"手袋以及"Noé"手袋。

衣柜行李箱的嫡系是硬质行李箱，在这个谱系中标志性的行李箱是"Alzer"手提箱，代表性手袋是"Neverfull"手袋和"Plat"手袋。

路易威登的箱包和手袋家族庞大，成员之间关系错综复杂，几乎都是你中有我的影子，我继承他的精神，彼此相互照耀和成就，共同成就了路易威登品牌的百年辉煌。

第二节　路易威登箱包及手袋的工艺性

工艺泛指"在一切使用手工、机器制造物品中的操作手段、程序、步骤以及特殊的工具和方法"[1]。《中国市场经济学大辞典》的定义是"劳动者利用生产工具对各种原材料、半成品进行加工或处理（如量测、切削、热处理、检验等），最后成为产品的方法、技术"[2]。笔者认为工艺即技术和艺术，主要涉及操作者、工具、材料、工序、做法及过程中的技术美学。工艺制作的大部分程序是和手工制作相关的，根据"物"的性质和形态，也会在某些环节使用机器加工。机械制造方式不同，它通常要通过相应的设计，然后进行流水作业。路易威登的箱包手袋制作以手工为主，间或有机器辅助，制作中既有技术上的严谨又有艺术上的创意，是技术和艺术结合的实践。在18世纪之前，工艺和艺术同日而语，但在之后，艺术承担了更强的诗性的、美学的、哲学的、批判的责任，工艺偏向了实用艺术。工业革命和科技进步使工艺和设计不可分割，并且设计在现代性的语境中找到了既有思想又有策略的地位，融入了艺术和时尚元素作为其虚无缥缈的精神寄托，而工艺作为一种设计感受力却是真实地产出物品。工艺的设计感受力包括手感、心感、工具感和材料感。设计师试图将这种复杂的工艺感受力投入数字化处理中的同时也利用对工艺的掌握进行高附加值的产品创作。

路易威登产品的工艺性不仅包括制作过程中上述各种因素，还涉及美学和人文性。它最主要的工艺是通过手工来实现的，并注重传承手工技艺文化，机器在制作过程中在某些工序上起辅助作用。手工制作行李箱和手袋注重的是手艺和工艺，以手操作工具，技师的手在劳作和操作工具的过程中从自然之手演变为文化之手，它的深度和力度把握，以及手在工艺制作过程中磨炼成的记忆机制，逐渐产生了精致的工艺。手工艺制作的物

1　　常锐伦.普通高中课程标准实验教科书 美术 工艺[M].北京：人民美术出版社，2010：2.

2　　赵林如.中国市场经济学大辞典[M].北京：中国经济出版社，2019：240.

品因为手的人文性及被赋能的工具的生命力而承载着人的情感和人格力量。手工产品的合手性保证了手工的空间生态。"在身"[1]的手工力不仅参合心力，还为心力所调节。手工生产具有人格差异性，不同的技师在缝制一件手袋、打造一件行李箱时因个体的手感和心智会呈现独特的流变性。路易威登的手工箱子和手袋附着手工工艺和法式审美传统，它们适时地将"传"和"统"相融合，形成了具有文化附加值、高商业价值的奢侈品系列。每一项工序都需以娴熟的工艺作保证，工艺传统是路易威登设计、制作和销售的根本，也是品牌能够良性循环和持续发展的保障。

箱包制作的工艺性决定了路易威登在设计上采取的兼收并蓄的折中态度，将手工艺和机器生产相结合。尽管有着很强的生产能力和创新能力，一直以来路易威登行李箱却尽量在整体上保持原貌，始终坚持"以最小体积创造最大容量"的设计原则。和1854年以来交通业和服装业的巨大变革相比，路易威登的变化不大。无论是在技艺、材料、外形、制作工序，还是设计风格上，路易威登一直没有做过较大改变，这有时倒会让它显出与时代不合的复古风。除此之外，令人惊奇的是，路易威登的设计很少受到外界风格趋势的影响，其产品却能在很多重大的国际工艺展览上获奖。这也许因为路易威登箱包保有了至少在外形和材质上的一种中立风格，而其中的工艺却是成就其奢华风格的基石。

一、别具匠心的技艺

路易威登产品的奢华之处在于其卓越的技艺创造的优异质量。路易威登起家于制箱、打包和拆包技艺，这些技艺被借鉴延续到制作手袋的工艺中。匠心的技艺意志贯穿于物品的制作过程中，使每一件物品都别具一格。

（一）三合一的技艺：制箱、打包和拆包

作为古代就存在的行业，制箱工（法语"layetier"）的定义是：制作

1　　吕品田.手工生产与生态文明建设[EB/OL].（2018-08-29）[2023-07-20].宣讲家网.

木箱子和白木板条箱的人。这个古老的词汇源于古老的行当，它来自法语"layette"，意即"箱子"。在采用更为有限的词义"新生儿的衣服"之前，这个单词的意思是"衣柜里的抽屉或小的轻便衣箱，用于放置重要文件或私人小物件"，也就是说，箱子里装的是私密的、易碎的及可以被搬运的珍贵物品。箱子被用来包装、保护和保存物品以便运输，故箱子意味着可移动的财富，箱子本身也因于箱内物品而变得珍贵，所以专业的制箱工和打包工在当时非常重要。

制箱行业最早出现在16世纪，当时，法国宫廷引领着半游牧式的、从巴黎到枫丹白露再到卢瓦尔河谷的出游风尚，更不用说王室在国内的定期旅行。制箱工和打包工及今天的搬家工的始祖们经常被位高权重者叫去为他们的旅行服务。19世纪，制箱工的行规是为客户制作每一件东西时，都需要去客户家里测量这件物品的尺寸，如衣服、家具、珠宝、镜子、桌面雕塑等。每一件物品都需要单独包装，这是在运输中不损坏物品的唯一方式，因此，旅行也对打包工的技艺提出了要求。打包工的工作是将物品包装好、保护好，然后放置在专门为物品设计好的箱子里。打包工同时也是拆包工，一旦包裹安全抵达，客户将会召唤打包工而非仆人从箱子里小心翼翼地取出每一件被保护好的物品。

这是巴黎城市里一项古老的职业，在大城市尤其是在巴黎是很普遍的，在其他地方是由细木工承担制箱和打包的工作。制箱工人的工具（图3-25）和细木工、木匠以及制桶工的工具一样，包括锯子、木工刨、钉子和尖刀等。其中"尖刀"一词的法语拼写"stylet"和"风格（style）"的拼写很像，这种相似性说明了手工工具用来拿取或安装物品的塑造性，对它所操作的对象产生改变面貌的作用，即工具之美在于它拥有一种按其本身的性质和标准改变事物的能力，帮助对象形成一种风格。工具的功能是通过一些人工动作来体现的，如拧紧、刨平、锯开等。工具的使用决定了箱包手袋本身的物理风格，为放在人脚边的箱包、挽在手臂的手袋营造出的是一种个体的审美品位和风格。

制箱最常用的木材是杨木，其次是山毛榉和橡木，最次是松木，松木

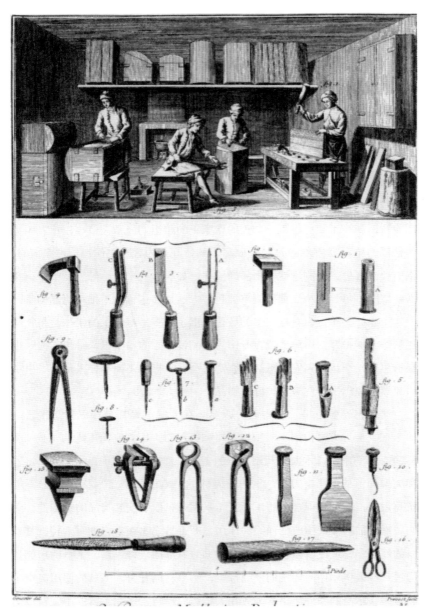

图3-25　制盒制箱业及其工具，狄德罗和达朗贝尔《百科全书》卷一"工厂和工具"

图片来源：皮埃尔·雷昂福特，埃里克·普贾雷-普拉.路易威登的100个传奇箱包 [M].王露露，罗超，王佳蕾，等译.上海：上海书店出版社，2010：435.

一般用于制作包装家具的大木条箱。木头需要按尺寸被切割、劈开、刨光、安装和组装。无论是制作箱子还是包装箱子里的物品都需要注重细节，因为精工细作的、结实的箱子能够经得住长途跋涉的颠簸和马车的慢节奏。工匠的工作还包括为奢侈品做保护性包装。

19世纪30—40年代，当时路易·威登还是马歇尔先生工坊里的学徒工，后来成为高级技工。当时巴黎制箱工的基本工作是打包奢华精美奢华的服装，他们给制衣工提供白木条箱，制衣工再将装好服装的箱子运到客户府邸。白木的木质坚韧结实，制成的箱子能够保护好缎、丝、波纹绸、细棉布和蕾丝等金贵的纤维织物。每一件衣服都放在特制的箱子里，有箱子做保护外壳，在长途跋涉的旅行中，箱子里的贵重物品才会安然无恙。

制箱工的行规也有历史可循。路易·威登成为行李箱的制作师也遵循了制箱工/打包工的传统。他在马歇尔先生工坊学到的制箱技艺和知识成为他后来制作行李箱的灵感来源：

● 木材的最佳使用：杨木用于制桶，而榉木用来为硬质包裹制作横挡。

● 坚固和轻巧兼容：箱子太重会增加旅行的负担，太轻又禁不住旅途的颠簸，箱内之物会受损。路易·威登面临此挑战，研发了现代时尚的既轻便又结实耐用的行李箱。

● 包装用的木条箱盖是由木片组成的，类似路易威登扁平的、用木条拼成的行李箱。

● 箱子内部的结构设计根据客户需求而定。

● 行李箱基于为客户定制箱子的设计原则，是根据箱内物品状况设计的，而非试图让物品适应已经设计好的箱子。

路易·威登所从事的行业类似于18世纪狄德罗（Diderot）和达朗贝尔（d'Alembert）记载于《百科全书》中的制盒制箱业和行李打包业。现代制箱业还涉及书中提及的其他行业，如制鞘制套业、制革业等。路易·威登借鉴了这些行业的制作工具和技艺。

（二）制箱匠艺：内外构成和尺寸

行李箱的内部木质架构保证了箱体结构的稳定性及基本轮廓；箱子的类型决定了它的尺寸，尺寸还和乘坐的交通工具的空间相关；箱子的外部材质、内部格局及其他部件使它呈现出基本面貌和风格。内外构成和尺寸的合理性保证了其功能性。

1.行李箱的内外构成

一个质量合格的箱子，其内架要有很好的承重力。哪怕箱内物品多到让它变形，它也能从容承载。此外它还要能满足各种其他的功能需求，并且能应对旅途中的各种风险，因此，路易威登行李箱在制作中照顾到了各种需求。它采用山榉木箱条、金属包边和角、硫化纤维物（Lozine）包边来减少旅途中箱体的磨损，箱盖和箱体要在闭合时用黄铜锁扣及全皮皮带将两部分严丝合缝地固定紧密；根据箱内容量设计物品摆放格局，箱体上装有金属或皮质提把及方便搬运和拖拉的金属滚轮；箱底铺设了镀锌金属、涂层皮质或涂层帆布以防渗透。这些加固材料的选择和使用确保了路易威登行李箱的优良品质。

箱内的衬里不仅做工精细、风格雅致，还需对箱内物品及配件起到有效保护作用，如易皱的衣物、易碎的水晶小瓶、易磨的银质或镀金镀银的瓶盖、易损的象牙梳、檀木梳或玳瑁梳等。因此，箱内衬里的花色和质量也根据箱子风格和印染技术的不同选择各种不同的织布工艺和色调，这些合成材料都要经过路易威登特殊涂层技术处理，然后粘贴在箱盖内背面。皮革、亚麻或棉料都将以传统的胶合方式（动物胶、面糊胶或水胶）粘于箱的木质内构架上，有时还需加衬棉垫，然后把箱架上的面料整理平整，再以拢带和铆钉固定。附着在木架构上的里衬面料轻便防水，其木质构架坚固抗压。

2.行李箱的尺寸

在法国，传统的行李箱制造业最初是给上流人士打包行李的行业：工人把客户的衣物铺展开、叠好，然后根据行李的多少设计箱包的尺寸和内部空间，把东西摆放其中，最后压紧封箱，这样便"量物定做"出了客户需求的行李箱。虽然路易威登行李箱的设计也遵循传统测量方式，主要以直线条为基础，但每个行李箱的具体尺寸却是在动态测量中得出的。在路易威登阿斯涅尔的工坊里，技师首先从箱子外部测出长度（以最远的左右两个铰链点为基准），然后竖起箱盖，在箱子内部测出宽度和高度。然而，路易威登提供给客户的产品目录中所标识的箱包长、宽、高数据都是在箱子的闭合状态下测量得出的。制作和销售产品时采用不同的测量方法，得出不同的数据，这是路易威登公司的独创。测量方式是基于人体工程学，以箱子打开、箱盖直立为标准状态测量的。由于在测量时关注了人的使用状态，因此测得的数据会更加人性化。这种状态需要人们立于箱前，以俯角开箱，此角度适合一般身高人的俯身前倾和手臂的开合度，能从整体结构上来确定它的外部尺寸和内部体积。从外部来看，路易威登行李箱看起来牢固有分量；再从内部考量，它又是一个设计周到严谨的载体。它的匠艺之处正在于，虽以开箱状态为指标来确定箱子的理想数值以达到人使用时的合理度，却也同时考虑到了箱内箱外两者在闭合时的衔接与契合工艺。

设计一款行李箱的尺寸还要考虑的就是其箱内物品的体积大小。例如，挂衣箱的尺寸就一定要依衣物的肩宽来定。行李箱的大小同时还要考虑其置放地的空间问题。以路易威登的船舱箱为例，这款行李箱有几种不同长度和宽度的型号，但其高度是恒定的，就是因为考虑到了船舱中置放行李的空间。自1878年开始，路易威登便根据客户的要求定制一些新的箱包尺寸。根据订单记载，客人定制箱包时的名称是由此箱包的某些尺寸数据与细节名称组成的。例如，Paris是一个挂衣箱系列，它有几种不同的尺寸型号，但其高度是不变的，都以衣物肩宽21厘米定高度。因此，75 Paris指长为75厘米、高为21厘米的挂衣箱。有时，还会在名称中加入某款箱包的制作细节。例如，"110 wardrobe croco dp"是指一只长宽为110厘米、鳄鱼皮质的双挂橱衣柜行李箱。如果客户要定制路易威登产品目录之外特别尺寸或特别工序的箱包，那么此箱包的名称还会更长、更复杂。路易威登的箱包尺寸虽然仅是数字，却代表着人文关怀和情感价值，因为度量总使人们联想到距离，无论是真实的空间分离，还是情感上的亲密无间。

　　凭借160多年的专业制箱经验，路易威登已经规范了各种旅行箱的标准尺寸以适应各种出行需求：高箱、低箱、船舱专用箱、帽箱（男式、女式）、鞋履箱、衣柜箱、写字台行李箱、书桌箱、"Aéro"系列（一种为热气球乘客设计的浮水行李箱）、"Aviette"系列、"完美"系列（可收纳一位男士为期8天的旅行所需的生活用品）、"Butterfly"系列、"Migrator"系列，以及各种软皮或硬质的挂衣箱（"Roma"系列、"Ministre"系列、"Tourcoing"系列）等。但一些具有普遍意义的行李箱始终是路易威登的经典。

　　根据性别和内置物，行李箱细分为女士、男士两类。路易威登女士行李箱有低箱与高箱两种，它们之间的区别在于高度。低箱一般高57厘米，高箱的高度为70厘米。这种尺寸的设计是为了放置带衬裙的长裙。每款箱型都有4种不同型号。1914年的路易威登产品目录中最小的女士低箱是用于装放内衣的，其尺寸为80厘米×50厘米。当年目录中其余型号的低箱则是用于放女士衣物，如长130厘米的裙箱就是用来装宫廷裙和公主裙的。路易威登的男士行李箱常规高度为54厘米。它共有4种型号分别用来装放衣服、衬衣、帽子和鞋。信件箱是男式箱中最低的（45～48厘米），尺寸设计得很小。此外，还有一些专为男士设计的箱款，如"Chasseur"系列和"Voyageur"系列。男士衬衣箱是一款非常特别的男式行李箱，它有3种型号，分别可存放18、36和60件衬衣。

　　1906年，带有羽毛、丝带等繁复装饰的大礼帽被废除，取而代之的是小礼帽，巴黎的时尚风格就此改变。为了紧跟时装界的动向，路易·威登从1860年开始就在改进女士行李箱的尺寸和布局。对他而言，行李箱就是制箱技术和多变材料之间的理想结合。高行李箱通常被用于长途旅行，而低行李箱则为短途服务。这种低箱有4个分隔篮，一个放帽子，一个带隔层的放装饰品，如手套、扇子、襟饰、披肩等，还有两个放内衣、衬裙、衬衣、胸衣、针织短裤等，最重要的东西可以放在箱子最深处的空间里。然而，为了让女佣在弯腰收拾行李箱时不至于跌入箱内，更不想因为箱盖的闭合而被遗忘在那里，有人建议在这个最深处空间额外加个分隔篮。这款制于 1906 年的标有"LV"字样低箱成为路易威登家族的私人藏品，并在 1910 年成为很多刊物广告的主题。

1905 年，路易威登改进了一款男士行李箱，使之在功能上近乎"完美"，即可在小空间内容纳更多的东西及在打开箱子时箱子的内部会清晰地映入眼帘，就像一个巨型工具箱。它实用和精细的设计，能容纳 6 套西装、18 件衬衣、1 件大衣、5 双鞋、内衣、领带、手套、手帕、帽子、手杖、雨伞和 1 套高尔夫球杆。总之，不论是商务还是度假，它都能装下一周内所用的物品。这款箱由于其商务和度假的二元性品质登上了 1908 年的《时尚》杂志。美国的客户对此很感兴趣。"完美"行李箱随即塑造起自身的品牌形象。1930 年 2 月 6 日，威登 & 威登公司为其注册了一个商标，并将这个商标用于所有旅行产品上。以下两款（图 3-26）分别是女士和男士行李箱的典型代表，从中可以看出它们各自的外形和内部结构。

路易威登帽箱的尺寸也很多，依帽子式样和数量的不同，帽箱的容量有从装 1 顶男帽到可装 8～16 顶女帽等不同尺寸。

路易威登船舱箱的尺寸大小取决于船舱的内部结构。依据船舱座位下的高度，此款行李箱高度都为 33 厘米，因此乘客可将之携带上船。这类行李箱款式较多，其中"Excelsior"系列以其内部的移动隔板闻名，"Saint Louis"系列则因其箱架而广受欢迎，"Aéro"系列行李箱和船舱箱的尺寸相似，但它相对更轻便。

路易威登挂衣箱是一款手提箱，出行者可以自己携带。它的设计需要与出行者的身材相应，箱子的宽度和衣服的肩宽一致，容积在指定数值之内，以便装下一定数量和尺寸的衣物。路易威登挂衣箱在 3 个不同的生产城市分别有不同的高度：法国多维尔为 14 厘米，英国伦敦为 19 厘米，法国巴黎为 21 厘米。某些款式的挂衣箱有它常用的箱身材料，例如，所有的"Alzer"挂衣箱都采用花押字帆布，半折式挂衣箱则都是皮质的。故不同功能的箱款要求对应不同的尺寸和面料。衣柜箱属于大型箱，在运送时需将其横放，使用时像衣柜一样竖立，故箱体面料上的花押字图案是竖

女士行李箱（1906）
花押字帆布系列110厘米×56厘米×57厘米
路易威登藏品

"完美"男士行李箱（1905）
天然牛皮100厘米×48厘米×45厘米
路易威登藏品

花押字帆布系列女士行李箱内部及分隔篮

打开的皮质"完美"男士行李箱

图3-26　路易威登女士行李箱（1906）和男士"完美"行李箱（1905）
图片来源：皮埃尔·雷昂福特，
埃里克·普贾雷-普拉.路易威登的100个传奇箱包 [M].王露露，罗超，王佳蕾，等译.上海：上海
书店出版社，2010：170-173.

向排列的。衣柜箱的横放面配有木板护条，用以垫高箱体，保护提把。

此外，书桌箱和写字台箱是路易威登旅行箱中最高的箱款。它们在使用和运输时都需竖立，同时侧面的圆形提把也指向开箱位置（图3-27）。

路易威登汽车专用箱的尺寸应各种车型而生产不同类型的箱子。有的放在车内，有的可放在车外。在形状上，应客人的定制要求，会出现超出产品目录的尺寸、结构的圆形、梯形或不规则形状。这种箱款的前身是以前人们放在马车前后用来放置行李的容器。

路易威登衣柜行李箱
花押字图案男式"Papillon"衣柜行李箱（1921）
56厘米×34厘米×100厘米

路易威登书桌行李箱
"Vuittonite"帆布书桌行李箱
75厘米×50厘米×125厘米

图3-27　路易威登衣柜行李箱（1921）和书桌行李箱
图片来源：皮埃尔·雷昂福特，埃里克·普贾雷-普拉.路易威登的100个传奇箱包[M].王露露，罗超，王佳蕾，等译.上海：
上海书店出版社，2010：417.

（三）制袋工艺：手袋的鞍形针脚缝线

　　鞍形针脚缝线是路易威登手袋及其皮件的独特缝制手法，它的形态是针脚稍微有些倾斜，这种缝制技术保证了皮具经久耐用且具有装饰作用。缝线的基本过程如下：

　　● 为缝线上蜡：将亚麻线沿着一块天然蜂蜡反复拉扯，使其上蜡，使皮件的针脚部分结实防水。

　　● 上过蜡的缝线：线的黄色是路易威登最显著的标志。

　　● 将缝线穿进缝针：手工艺人使用一种特殊的技术将线穿进针眼中，

避免在缝纫过程中脱线。

●准备缝纫：两枚针穿上同一根线。

●标记缝纫线迹：使用间距轮为缝线针脚定位，需要严格把控缝线针脚的间距均匀。

●准备缝纫：将缝纫夹稳定地固定在工匠的双腿之间，然后将皮片夹在缝纫夹上。

●为皮片打孔：用锥子在皮片上钻孔，以便缝针容易穿过。

●定位缝线：将其中的一根针穿过缝纫线迹的第一个针孔，将它一半长度的线穿过针孔，这样两侧的缝线长度就相等了；同理，将第二根针也穿过第一个孔，将线的一半长度穿过，第二根针在皮片的另一侧。

●用锥子为皮片钻孔：用锥子为皮片钻出缝纫线迹上的第二个孔。工匠同时将锥子和两枚缝针夹在手中，这需要手工的灵巧和熟练。

●将第一枚缝针穿过针孔：将第一枚缝针穿过缝纫线迹上的第二个针孔。

●将第二枚缝针穿过针孔：将第二枚缝针像第一枚缝针那样穿过同一个针孔，但是在第一枚缝针的另一侧，由此两枚缝针的缝线形成交叉。

●完成一个针脚：将两根在皮片两侧的缝线向两个方向拉紧。

●缝纫成形：针脚必须均匀自然，并且它下面的线迹必须隐藏起来。

下面两张图（图3-28）和（图3-29）展示了鞍形针脚缝线制作花押字帆布"Speedy"手袋和"Nomade"皮"Lockit"手袋的过程。

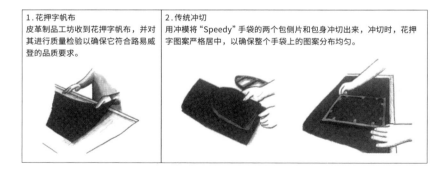

1.花押字帆布
皮革制品工坊收到花押字帆布，并对其进行质量检验以确保它符合路易威登的品质要求。

2.传统冲切
用冲模将"Speedy"手袋的两个包侧片和包身冲切出来，冲切时，花押字图案严格居中，以确保整个手袋上的图案分布均匀。

3.缝侧标 将天然牛皮侧标缝到手袋的侧面。皮革上烫印精美路易威登的签名确保该手袋为路易威登真品。 	4.沿着边缘镶绲边 用天然牛皮绲边对手袋边缘进行加固。 	5.安装把手 用鞍形针脚将两个"Toron"把手的把手头缝在包身上,缝纫机完美地保证了针脚的均匀一致。 
6.安装把手 用一颗铆钉加固把手头,使得它们极为结实耐用。 	7.缝制内袋 将一只扁平内袋缝到"Speedy"手袋里面。它配有一条拉链,非常实用,可以用来放一些零碎的个人物品。 	8.缝拉链 拉链对装在"Speedy"手袋中的东西构成了保护。它上面附有一把安全挂锁,加强了安全性。 
9.装配和缝纫包身 "Speedy"手袋里子朝外进行装配和缝纫。这道工序一旦完成,就将它翻转定型。这款手袋的主要特征之一就是柔软。 	10.质量控制 每一只手袋在送往门店前都要经过检验。路易威登的质量标准要求对最小的细节也要进行一丝不苟的监控,如缝线的针距、原材料的外观、金属附件的位置等。  	

图3-28 花押字帆布"Speedy"手袋制作流程图
图片来源:让-克劳德·考夫曼,伊恩·卢纳,弗洛伦斯·米勒,等.路易威登都市手袋秘史[M].赵晖,译.北京:北京美术摄影出版社,2015:386.

1.挑选"Nomade"皮 皮革制品工坊收到皮革并再次检验它的纹理以确保其品质无可挑剔。	2.冲切 用不同的冲模将构成手袋的各个皮片冲切好。	3.装配包身 在缝纫之前，先对构成包身的各个部分进行装配。
4.缝制把手 将两个"Toron"把手的把手头缝到包身上。	5.安装缝制底座 先对"Lockit"手袋的硬质底座进行定型，再将它缝到包身上。	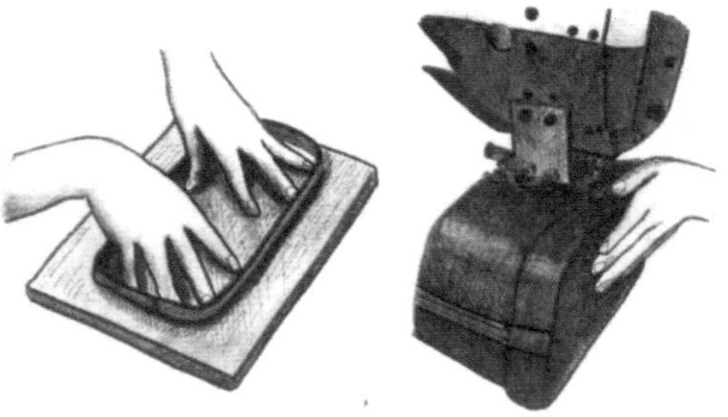
6.缝制衬里 蜂蜜色的超细纤维衬里对手袋的内部形成保护。它是 Nomade 皮革系列最显著的特征之一。	7.对缝线进行最后修饰 在每一条缝线的末端，要将油蜡线烧一下确保坚固并隐藏回针。	8.装配附件 最后一道工序是装配附件。这是钥匙包。里面装有这款手袋拉链的安全挂锁的钥匙。

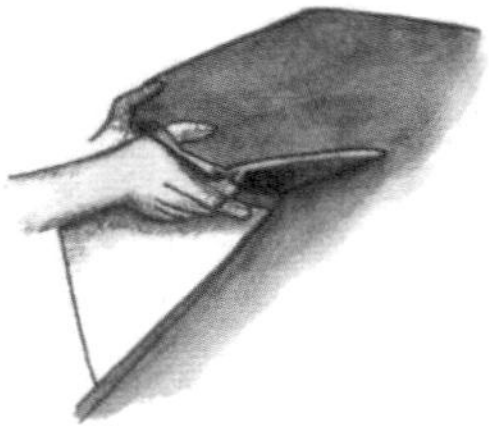

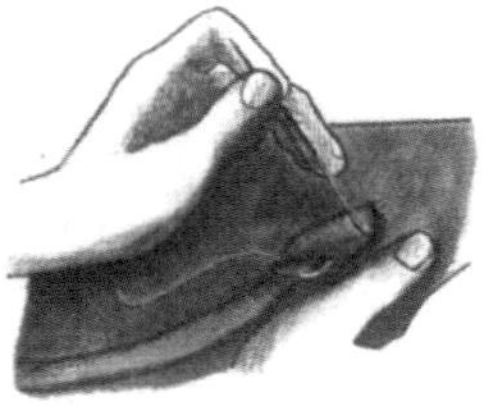

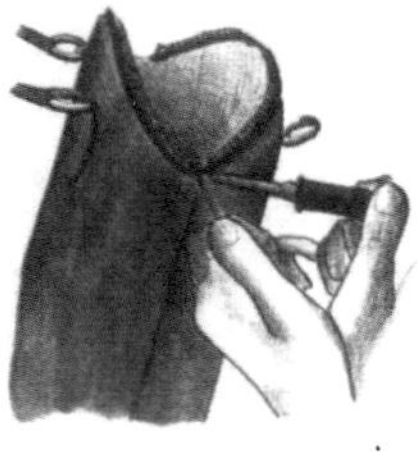

图 3-29 "Nomade"皮"Lockit"手袋制作流程图

图片来源：让-克劳德·考夫曼，伊恩·卢纳，弗洛伦斯·米勒，等.路易威登都市手袋秘史[M].赵晖，译.北京：北京美术摄影出版社，2015：387.

二、别出心裁的部件

如果说箱包的制作工艺是其立足根本，那么它们的配件就是其灵魂。行李箱的提把和手袋的把手或肩带、专利锁、金属配件等都在其功能性设计中蕴含着独具匠心的人文精神。

（一）提把、把手和肩带

1.行李箱的提把

行李箱的提把在造型和工艺上相对单调，为了符合承重的要求，把手的材质一般都采用金属和皮质，现在路易威登行李箱所使用的提把都是生牛皮制成的。提把有正提把和侧提把两种。正提把位于行李箱平放时的箱盖中间开口处下方，其形状多为圆角半方形和半圆形有芯皮提把。提把样式较多，有的是喇叭状皮片以五颗圆铆钉直接固定在箱体上的皮提把（图3-30），有的是铆钉固定的皮条提把（图3-31中4），还有的是用铆钉固定的两片叶子状皮片以方形金属环连接的长皮条提把（图3-31中2）。侧提把是在箱子的两侧，除喇叭状皮片外，还有固定在箱体上金属方片上的、形状为金属梯形或长方形的侧提把（图3-31中3、7、8、9）。以前的路易威登行李箱提把是黑漆金属材料制成。旧式提把以最古老的摩尔工艺加工，有时会用黄铜制作，也用皮制。提把是箱包与人手接触之处，也是整只箱包最常需要用力和触碰的地方。路易威登箱包的提把十分牢固又极富触感，使人有想去"提"和接触的"允动性"，带给人亲和力和温暖感。皮质材料在使用中会产生自然光泽。

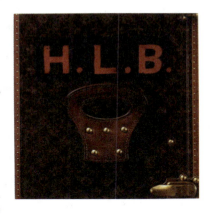

图3-30　圆铆钉固定的皮提把

图片来源：皮埃尔·雷昂福特，埃里克·普贾雷-普拉.路易威登的100个传奇箱包[M].王露露，罗超，王佳蕾，等译.上海：上海书店出版社，2010：398.

1．花押字帆布挂衣箱"Zéphyr"系列（1970）　60厘米×40厘米×20厘米

2．花押字帆布衣柜行李箱（1980）
55厘米×20厘米×85厘米

3．"Vuittonite"汽车专用旅行箱（1906）
102厘米×28厘米/36厘米×24厘米

4．花押字帆"Papillon"衣柜旅行箱（1929）55×厘米33×100厘米

5．花押字帆布男帽箱（1906）
39厘米×35厘米×42厘米

6．花押字帆布"Alzer"挂衣箱（1966）　70厘米×47厘米×22厘米

7．花押字帆布衬衣旅行箱（1908）
60厘米×53厘米×42厘米

8．棋盘格帆布女式旅行箱（1899）
100厘米×54厘米×57厘米

9．花押字帆布信件箱（1900）
80厘米×46厘米×45厘米

图3-31　行李箱的各式提把
图片来源：皮埃尔·雷昂福特，埃里克·普贾雷-普拉.路易威登的100个传奇箱包 [M].王露露，罗超，王佳蕾，等译.上海：上海书店出版社，2010：399.

法国奢侈品牌研究：路易威登的设计文化

2. 手袋的把手和肩带（图3-32）

路易威登手袋的把手和肩带款式多样，和不同的手袋搭配都有讲究，共同形成不同的风格（表3-1）。路易威登的把手和肩带的质量工艺都非常优质，是手袋的点睛之物。其中牛皮肩带、牛皮把手、鳄鱼皮肩带、牛皮加布料肩带、牛皮带都是上下两层皮压在一起，穿上滚轴方搭扣、D形弹簧钩或圆形卡环弹簧钩或方形环，在两边走鞍形针脚缝线，然后将边缘封漆。肩带既要美观精致又要结实耐用，还不能磨损衣服，其中最具代表性的手袋把手是"Toron"和"Artsty"这两款。

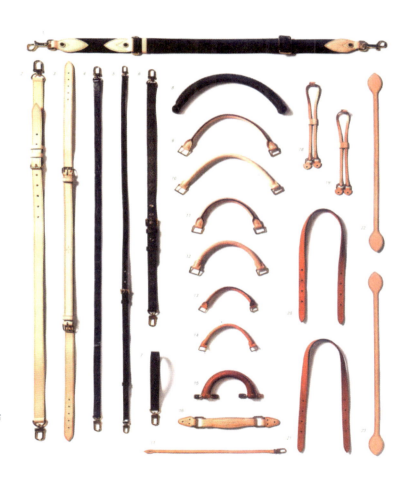

图3-32　路易威登手袋的把手和肩带
图片来源：让-克劳德·考夫曼，伊恩·卢纳，弗洛伦斯·米勒，等.路易威登都市手袋秘史[M].赵晖，译.北京：北京美术摄影出版社，2015：380.

表 3-1 路易威登手袋的把手和肩带的款式

1	天然牛皮加布料的肩带，用于"Speedy"手袋和花押字"Eden"手袋	13	天然牛皮"Toron"把手，用于"Mini HL"手袋
2	两件式天然牛皮肩带，用于"Alma"手袋和"Porte-Documents Voyage"公文包	14	天然牛皮"Toron"把手，用于"Mini HL"手袋
3	天然牛皮把手，用于"Noé"手袋	15	天然牛皮"Toron"把手，用于"Cotteville"手袋
4	亮光短吻鳄皮肩带，用于"Alma BB"手袋	16	天然牛皮把手，用于化妆箱
5	专利牛皮肩带，用于"Monceau BB"手袋	17	天然牛皮手挽带，用于"Pochette"手包
6	Monogram 帆布肩带，专门用于"Eden"手袋和"Métis pochette"手包	18	天然牛皮抽绳，用于"Neverfull"手袋
7	染色天然牛皮肩带，用于"Marly Pochette"手包	19	天然牛皮抽绳，用于"Neverfull"手袋
8	染色天然牛皮"Artsy"把手，用于"Artsy"手袋	20	天然牛皮把手，用于"Bucket"手袋
9	天然牛皮"Toron"把手，用于"Sac Plat"手袋	21	天然牛皮把手，用于"Bucket"手袋
10	天然牛皮"Toron"把手，用于"Sac Plat"手袋	22	天然牛皮把手，用于"Neverfull"手袋
11	天然牛皮"Toron"把手，用于"Speedy"手袋	23	天然牛皮把手，用于"Neverfull"手袋
12	天然牛皮"Toron"把手，用于"Speedy"手袋		

下面是"Toron"和"Artsy"把手的制作过程。

"Toron"把手的制作过程如下：

● 选取上好的牛皮：为了保证把手的结实耐用，需要选择柔软的皮料。

● 切割皮料：把手是用一块单独的皮革裁剪而成的。

● 压痕：用一根烫印线条标记出皮革的边缘。

● 为缝线进行穿孔：烫印记号标记出缝线的针脚位置。

● 边缘封漆：按照路易威登的传统，把手的边缘要封上红色的漆。

● 置入麻绳：取一根天然麻绳作为把手的芯。

● 制作把手：将麻绳放到皮片的正中间，位置一定要固定得不偏不倚，然后用夹子将皮片两侧边缘夹紧。

● 准备缝制：将把手固定在缝线钳上，以便进行手工缝制。

● 安装长方形金属环：将长方形金属环套到把手一端的船形状皮片上，固定到合适的位置，再进行缝制。

●缝制边缘：把手的边缘要用一种特别结实的油蜡线进行手工缝制。

●平整缝线：用骨质刀平整缝线以保证把手头显得特别立体和圆满。

●边缘封漆：封漆层保证边缘的皮质光洁、有品质、色泽明亮协调，呈现精美感。

●圆整把手："Toron"把手被固定在一个弯曲的支架上，然后将它放在炉子上加热，以形成圆整的形态。

"Artsy"把手的制作过程如下：

●选取上好的牛皮：与众不同的"Artsy"把手需要特别柔软和有弹性的皮革制作。

●裁切皮革："Artsy"把手由三个部分组成，一根构成把手芯的稍细长皮带，一根用来包裹把手芯的稍宽的皮带，还有一根用作编织的2.7米长的细皮带。

●边缘封漆：按照路易威登的传统，把手的边缘都要用红色的漆封边。

●制作把手：将皮片固定在一个弯曲的支撑架上，两侧边缘要向里折叠，并在两边钻出小孔，以便手工穿孔编织。

●边缘封漆：把手芯的边缘也要进行红色封漆。其色彩依据原料的不同而变化，天然牛皮为红色，染色牛皮封漆则与本身颜色一致。

●编织把手：将细长皮条沿皮片两边的孔手工穿插编织拉紧，这道工序耗时约两个小时。

●修饰把手：最后移除辅助编织用的卡钉，并用两道缝线固定把手的两端边缘。

路易威登的把手以手袋的把手工艺最为精湛且工序复杂，手工制作耗时长。带着工匠的手感和情感，每一个把手都像艺术品一样是独特和唯一的，外观和品质都保持了"奢侈"的精美和润泽，并且都句提携者传递着人文情怀。

（二）箱包手袋的金属和木质部件

行李箱体和箱底的木板条、箱底的金属轮，以及手袋的部件包括金属

图3-33 乔治发明的转轮锁，带有一套独特的钥匙

图片来源：PASOLS P-G. Louis Vuitton: the birth of modern luxury[M]. New York: Abrams, 2012：107.

锁和金属部件，既有功能性又有装饰意义。

1.行李箱的弹簧锁

乔治-路易·威登在他的《从古至今的旅行》一书中提到在古希腊就已经出现了青铜保险箱，最早的带锁箱子制作于伯里克利时代。到了路易威登时代，路易和乔治研发的行李箱锁不仅保证了箱内物品的安全，还具有装饰作用。当时，衣柜箱和平盖箱容易吸引强盗，为了震慑他们，路易将他创造的行李箱变成了"保险箱"。他设计了坚不可摧的箱锁和别具一格的数字钥匙，客户能用这把钥匙打开所有属于自己的路易威登箱子。这项发明也让当时的魔术大师哈里·胡迪尼（Harry Houdini）困惑不已。

从1890年起，路易威登箱包采用了高品质的"防撬"锁（图3-33）来保证安全。制造此锁芯的机械原理基于路易威登已申请专利的五槽锁芯，这种锁芯在锁壳上就能看到。每把锁都配有一个序列号，用以与其钥匙相匹配。每个箱子都有自己唯一的序列号，客户可以要求用同一把钥匙打开所有属于自己的行李箱。每只箱包都安有独立的箱锁，位置在箱身中间高度的地方或箱提把下方。路易威登的箱锁都由两个弹簧扣固定，弹簧扣的样式也已申请了专利。这种箱锁模式是路易威登产品的特点之一。制锁材料是实心黄铜，上面排有规律的"LV"或"Louis Vuitton"等专利字样。

20世纪初，旅行者的行李箱里总是装着很多重要物件，如重要的文件、银行支票、珠宝等。富裕的旅行者总是会遭遇一些强盗和小偷，就如同小说中描述的场景一样，旅途充满了恐惧和焦虑。他们被告知需要坚不可摧的行李箱，如果旅行者掌握着开箱的钥匙，即便将箱子委托给陌生人，箱子也无法被打开。因此，箱子成为重要物品的避难所。1872 年，路易的条纹帆布箱上被安装了两把锁子，箱子再由一根结实的皮带捆绑加固。19 世纪 80 年代末，路易和乔治试图完善箱子的关闭机制，他们通过采用双扣单锁，对公司的所有产品做出了重要改动。第二年，锁子内置了圆盘转筒替代了原来的锁机制。1890 年，在巴黎两位制锁大师的协助下，乔治研发了路易威登的专用锁并申请了专利。每一个铜圆盘都被登记并组装形成牢不可破的锁机制。新式的关闭机制使行李箱的锁产生了革命性的变化。后来，制箱者又发明了快速便捷打开手袋的按钮锁。优雅的旅行者可以轻松地按下两个锁扣打开手袋，而不会损坏他们的指甲。

对于 1890 年的锁来说，圆盘被放置在一个盒子里，在它转动时会组成多种密码。这种锁的原理至今还应用在路易威登的箱包手袋设计中。它首要的优势是坚实和组合的复杂性，使其无法被撬开。锁将箱子的上下盖严丝合缝地贴合在一起，不可能被分开。其次的优势是它上面的系列数字。这使某位特定客户的所有路易威登箱包上的锁都是协调一致的。这位客户对这把独一无二的钥匙拥有专属权，他可以打开所有现有和未来拥有的路易威登的箱包。这种锁的安全性能很快就得到了测试。1890 年 9 月，即路易威登新式锁诞生的这一年，有一位旅行者在法国北部的迪耶普市最好的酒店遭到抢劫，这个强盗信心满满地强行撬锁，钳子、镊子、剪刀等工具全部应用，试图打开箱盖，却落荒而逃。有一个镇上的制锁匠也感慨地说，路易威登的锁虽然看似简单，却不能打开。乔治对这把新式锁非常有信心，以至于去挑战当时著名的魔术师哈里·胡迪尼，他在报纸上发布了挑战书。人们对哈里·胡迪尼的回答不得而知，但可以想象到他对箱子的结实度和锁的可靠性进行研究后，放弃了应战。

此锁人性化的系列数字设计在路易威登产品订货登记册中受到严格保护，使得它可以为新箱包复制一把锁或制作一把新钥匙替代旧的，这种通用开锁的功能使旅行者无须随身携带一大串叮当作响的沉重钥匙。一把钥匙和一个专门的系列数字是现代大都市旅行者真正的特权。

2.手袋的金属部件

手袋的点睛之处在金属部件（图3-34）。金属部件首先要耐用，其次色泽要保有持久明亮、不易氧化和磨损。"Viennese"搭扣、圆锥钉、方形底钉、圆锥形底钉、铆钉、平头铆钉、D环弹簧钩、D环或肩带的卡扣、翻折搭扣、滚轴方搭扣、圆形弹簧钩、挂锁搭扣和钥匙、"Louis Vuitton Inventeur"大小饰牌、安全挂锁、拉链拉片和滑块、"Pochette"手包的小链子、带圆形卡环的弹簧钩、旋转肩带链接扣、S锁搭扣和钥匙、带有滑块的拉链等金属配件的质地和工艺都极为优质精美，是路易威登品牌专属定制的。

图3-34　手袋的金属部件
图片来源：让-克劳德·考夫曼，伊恩·卢纳，弗洛伦斯·米勒，等.路易威登都市手袋秘史[M].赵晖，译.北京：北京美术摄影出版社，2015：381.

3.行李箱部件

路易威登行李箱的箱底部件（图3-35）包括金属轮或长条形金属块、底层锌板及木板条。通常，箱子底部也会铺上在箱包上使用的同款纺织物，且在底层多加一层锌板是为了确保最佳的隔离效果。从箱底可以评鉴出箱包的等级。箱底的4个边角处一般是固定的金属滚轮，而在一些老式的路易威登行李箱上装的是4块长条形金属。安装滚轮或长条金属都是为了方便行李箱被搬运及在地面上长时间拖行。此外，路易威登行李箱的箱体和箱底会配以木板条。这种行李箱于1858年问世。一般木板条的材质是山榉木的，它被用来加固箱体和保护箱底。行李箱侧面的木板条用来束缚箱体，使其不易变形；底部的木板条起加固作用，保证箱底不会被压弯，且一般会使箱子稍稍抬高，离地面有点距离，起到防水和防污作用，并以一根皮带从底部穿过在箱盖处收紧来加固箱体。除防护和加固作用外，这种木板条还有因其置放的位置而带来音乐审美。木板条在箱包表面一般有一条、二条和三条的排列方式，木板条之间的距离相同，这种设计方式和音乐中五线谱的形象相似。木板条上的铆钉如同音符，排列位置高低不同的木板条隐喻着五线谱的功能。木板条自下向上代表着音的高低，各个铆钉在不同音高的木板条上，共同谱出音律，使箱子在设计上体现出音乐的旋律和节奏。

路易·威登在设计行李箱时，考虑到箱子上的突出部分容易被碰撞和磨损，选用厚牛皮、硫化纤维、铜、钢、山榉木等耐损耗材料包覆在箱子的四角处，然后用圆形钢铆钉或黄铜铆钉来加固，铆钉上都刻有"Louis Vuitton"字样。包边角所用的材质决定了箱缘间的契合度。从配件材料的质感、色泽度和耐用

图3-35 锌制、布料和皮质的各式箱底，配有山榉木木板条和金属滚轮
图片来源：皮埃尔·雷昂福特，埃里克·普费雷-普拉.路易威登的100个传奇箱包 [M].王露露，罗超，王佳蕾，等译.上海：上海书店出版社，2010：401.

度上也可以区分出箱子的等级 **1**。然而，不论是何种等级的行李箱，路易威登认为使用中产生的划痕、污迹、磨损、撞痕和污垢反而会使行李箱带上时间为它装扮的色泽、随意性和厚重感。

三、别具一格的材质

路易威登产品材质的独特性主要体现在箱包结构和箱包内外的材料上。路易威登产品的材质非常考究，不仅关乎功能，还是品鉴其等级的关键因素。路易威登自创建以来，行李箱就是由内部配有由黏合或钉制而成的薄木板长型箱架、外立面以及内衬构成的。路易·威登深谙木材种类、属性和质地，在选择木材时，结合制箱业的行业传统，选择白杨木作为箱体的框架，它不仅抗压而且轻便。然后在框架外面覆上各种材质的外立面，一般是防水涂层帆布、皮革以及其他各种面料。内衬是各种质地和花色的纺织物。都市手袋由外表面和衬里构成。外表面材质以防水涂层帆布和皮革为主，衬里基本是质地精良、结实耐用的涤纶或棉加涤纶材质。材质是路易威登产品设计文化中的亮点，也是其奢华程度的依据。

（一）行李箱的材质

1. 外表面

行李箱的材质不仅要结实耐用美观，还不能影响箱子本身的自重。路易威登初期应客户要求也用锌、铜、铝等材质作为行李箱的外部材料，以达到密闭效果，同时也为了防虫蛀和防撞毁。19世纪初，在纺织品上涂漆的技术出现了，涂漆后的布料既能防水又能遮瑕。路易威登行李箱的箱体最初选用了帆布作为覆盖用料。帆布需要经过防水涂层处理，使其表面既光滑又防潮隔热和防污。这种材质最早是用作行李箱的内衬，用来保护箱内物品，后来被路易·威登覆盖在灰色特里阿农［图3-36（1）］的行李箱上，这是路易威登箱包史上最古老的灰色涂层麻布织料（帆布）。1892

---

1   因为自1892年以来，路易威登箱包目录中就将所有产品依结构和用料的不同做出等级区分。

年，它首次出现于英国产品目录册上，不过仅列为四等箱包。当时在目录册中被描述为："大麻布，二层油质涂于表面以防水。"[1]1872年路易威登按照此工艺推出红色条纹帆布。1876年，又改成棕褐色和米色相间条纹帆布［图3-36（2）］。路易威登正是基于这种上浆之后再上色的涂层工艺于1888年研发出了路易威登棋盘格和花押字系列帆布产品。棋盘格［图3-36（3）］是一种方格纹样的涂层帆布，但经过上浆和涂层两道工序后，还是能从帆布上半透明的树脂下层看到方格纹中的织纹。为了避免这种纹理错乱，路易威登使用压印工艺来遮蔽原先的纺织底纹，并且在棋盘格帆布的棕褐色方格上间隔印有标识"L.Vuitton marque de abrique déposée"（即"L.Vuitton 注册商标"）。在1904年前后，一种事先经过了涂层工序的人造革材料代替了以前的涂层面料，路易威登将之命名为"Vuittonite"［图3-36（4）］，并投入生产。它是一种涂层织物，起初专为汽车出行时所携带的旅行箱设计。这款由防水材质制作的布料轻巧结实，透过涂层能看到织物的纹理，可以任意上色以搭配各色车身。但在1959年，它被 PVC（聚氯乙烯）所取代。从1963年开始，路易威登不再生产"Vuittonite"帆布，但"Vuittonite"帆布的名称却被保留下来命名单色帆布。

花押字帆布［图3-36（5）］的起源，一般认为乔治-路易·威登设计了它的图案。而关于它的制作和投产却非常复杂，可以从嘉士顿的记录中窥见："路易威登帆布材料创始于1896年，但于1897年才投产使用。第一批路易威登帆布产于阿斯涅尔105260号织布机器，售于1897年5月28日。这种材料用黑麦粒胶合，以皮胶上浆，最后涂层。在当时，这种工艺相当精细与昂贵。约在1900年，人造革材料研发成功，路易威登于1902年开始使用人造革。"[2]具体的生产工艺他也有记载："花押字帆布以提花织

1　　皮埃尔·雷昂福特，埃里克·普贾雷-普拉.路易威登的100个传奇箱包[M].王露露，罗超，
　　　王佳蕾，等译.上海：上海书店出版社，2010：388.

2　　皮埃尔·雷昂福特，埃里克·普贾雷-普拉.路易威登的100个传奇箱包[M].王露露，罗超，
　　　王佳蕾，等译.上海：上海书店出版社，2010：388.

(1)　　　　　　　　(2)

(3)　　　　(4)　　　　(5)

图3-36　依次是灰色特里阿农织料、棕褐色和米色相间条纹帆布、棋盘格帆布、"Vuittonite"、花押字帆布

图片来源：皮埃尔·雷昂福特，埃里克·普贾雷-普拉.路易威登的100个传奇箱包[M].王露露，罗超，王佳蕾，等译.上海：上海书店出版社，2010：390，396. PASOLS P-G. Louis Vuitton: the birth of modern luxury[M]. New York: Abrams, 2012：118，122.

机技术生产，由两种色彩的亚麻线编织（一种为亚麻原色，另一种为土黄色），最后形成双层双色的图案。此种面料成品坚固且柔韧，因此不易生产。路易威登箱架首先需要用刨齿机在木架上压制出无数条纹齿痕，再在这种齿痕中填充黑麦胶或糊精制成的胶料⋯⋯然后再涂胶面，平整铺好帆布布料。这个步骤需要精细操作，因为需要将不同箱面的两块布料完全对齐⋯⋯经过两天的风干后，箱包需要再涂以皮质胶，这一工序是为了滋养布料，固定纺线。"[1]20世纪初出现的人造革树脂涂层织物彻底改变了纺织界的传统涂层工艺，路易·威登应用这种新工艺将花押字帆布改良成提花织布。他先在无色无图的帆布上涂漆，再在棕褐色底上印上交织米色字

1　　　皮埃尔·雷昂福特，埃里克·普贾雷-普拉.路易威登的100个传奇箱包[M].王露露，罗超，王佳蕾，等译.上海：上海书店出版社，2010：391.

母和花纹，这就是花押字最初的帆布雏形。从1959年起，路易威登在涂有聚氯乙烯膜的棕褐色帆布上运用现代科技经过绘图、印制花形和星星及交织字母图案，在复杂的工序下将单色帆布变成涂层花纹帆布，这就是著名的花押字帆布。如今的花押字帆布系列延续了路易威登的纺织传统，根据制作工艺和使用材料的不同，生产出不同质地、图案和色泽的花押字面料变体。

在内部的木质框架和衬里相应减轻的情况下，外层面料结实耐用且相对轻便的材质还有传统的皮革。路易威登在真皮皮料的使用上多采用鞣制的原色小牛皮。小牛皮常用于制作大型行李箱。路易威登常使用原始的生牛皮，生牛皮在使用中会产生自然色泽，所以不用对它做任何上色的工序。不过仍可在皮质表层做一些压制处理以使其产生花纹和质感，如光面、麦穗压纹、十字纹或颗粒纹。路易威登一般总会在尽可能大的原皮上裁料，因为这样能使用同一块皮料制作整个箱包，一个箱包的所有制作皮料最终将由同一块原皮加工完成。

中型箱包的外立面则可能会采用较为精细的皮料来制作，如猪皮。还有用摩洛哥皮［图3-37（1）］制作箱包手袋，摩洛哥皮一般是用山羊皮制成的。山羊皮经过传统工艺方式的鞣制和碾压，质地柔软而细腻且会出现以直角相交的不规则十字皮纹，纹路自然而优美，非常适用于制作小型箱包和手袋。

图3-37　生小牛皮和山羊皮鞣制的摩洛哥皮、鳄鱼皮和蜥蜴皮
图片来源：皮埃尔·雷昂福特，埃里克·普贾雷-普拉.路易威登的100个传奇箱包[M].王露露，罗超，王佳蕾，等译.上海：上海书店出版社，2010：397.

此外，各种珍异皮料也在使用之列，如鳄鱼、蜥蜴、蛇、海象、海豹等珍稀皮种，它们在所有材料中的品质和级别最高。选用它们是因为这些动物的水生特性赋予了其皮质极好的柔韧性和耐久性，如用于箱体的鳄鱼皮和用于配料的蜥蜴皮［图3-37（2）］。在1930年和1940年间，从法属殖民地进口的珍稀皮料种类繁多，多用于满足上流社会的奢华需求和炫耀心理，现在在时尚界也备受推崇。

2. 内衬

制造箱包的内衬一般认为是布料，曾经也用过贴纸。用布料代替纸来做行李箱的内衬意味着制作的精良和箱子品级的提高。内衬确保了打开行李箱放置物品时的视觉美感、轻柔触感、耐用程度、对物品的友好性等。总之，内衬布料给行李箱带来的是精美品质和舒适品位。

就箱包内衬来说，能在视觉上投射出路易威登品牌形象的还是其经典的涂层帆布内衬，这种材质事先经过防水处理，用于保护行李箱内部物品。除了确保其内衬的基本功能外，路易威登还依照箱包系列和客户的不同品位提供多种花色、不同质地的内衬材料。最常见的是在箱盖反面贴上布料或印花纸，再钉上装饰成星系图案的棉质拢带（图3-38），有的内衬是在布料下填充棉垫，然后再用布拢带或皮拢带将布垫分隔成菱格，用铆钉固定住，还有更高级的面料，如古色古香的云纹织锦、丝绒、棉缎、丝绸、细毡、轧花革、摩洛哥皮、真皮、仿麂皮等用作内衬，所有这些纺织料、皮革和涂层帆布都可经过轧纹、压花、上色后作为箱包内衬。经过上述工艺处理后，这些材料可产生漆光、亚光、磨砂、丝光等各种面料效果，可与箱内所装之物匹配，如制作鞋履箱可用细毡料做内衬，制作珠宝箱则可用真皮做内衬。各种质地的面料既体现出质朴和奢华的二元风格，又使箱包显示出身份等级。此外，若将箱包内衬同其箱表材料与颜色匹配起来，它的价值会有很大提升。因为在箱包设计上，路易威登总是遵循着箱表与箱里在视觉、触觉、文化意义上互补匹配的原则，让显在之美与潜在之用结合起来。

印花纸内衬和红色棉带	原色帆布内衬和原色棉带
印花纸内衬和原色棉带	原色帆布内衬和红色拢带
填充棉缎内衬和原色拢带	填充棉内衬和棕色拢带

图3-38　各种行李箱内衬
图片来源：皮埃尔·雷昂福特，埃里克·普贾雷-普拉.路易威登的100个传奇箱包[M].王露露，罗超，王佳蕾，等译.上海：上海书店出版社，2010：402.

（二）手袋的材质

手袋材质包括外表和衬里。外表有经典的涂层面料及其变体、皮质面料及常规面料的独特风格衍生物、珍稀皮种。衬里一般多为涤纶或棉涤材质，也有特殊定制的豪华材质。路易威登手袋外表和衬里的花色丰富，富于艺术气息。

1.外表

路易威登手袋的外表材质最著名的是独特的涂层帆布，它总是以棋盘格和花押字图案致敬传统。此外，手袋一般多以各种牛皮为主，也用较为厚实和有弹性的山羊皮。皮料需要鞣制加工，将动物皮变成柔软而结实的皮革原料。在鞣皮工序中，使用一种被称作"鞣酸"的天然有机物质浸泡生皮来避免生皮腐烂并使之熟化。在皮革加工的过程中，每一个步骤都要对皮质进行严格的检查。只有那些质量上乘、柔软韧性的皮料会被用来制作路易威登各类产品。经过鞣制的皮料，有的是保持了天然牛皮细小毛孔的光面素皮，有的加工后形成了鱼子酱颗粒纹、水波纹、麦穗纹、光亮的漆皮；染色后的皮料，要么是沉稳的经典深色系，要么是艳丽时尚的彩色系，或者是清新素雅的浅色系。此外，路易威登还会用到更高级和奢华的珍稀皮种作为奢华手袋的外部材料，如鸵鸟皮、鳄鱼皮、巨蟒皮、蜥蜴皮、黄貂鱼皮，这些皮料多来自水族，温润耐磨，带有天然花纹，在制作手袋的过程中需要拼接纹理，使之对接成为整体。

除传统经典的皮料外，为了显示手袋的奢华和时尚，路易威登也用到绸缎、透明乙烯基塑料、聚乙烯、棉布、针织物、貂皮等材质，并在经典的基础面料上绣花、穿孔或装饰，如在羊羔皮上绣花、绗缝、装饰亮片、珍珠、金属饰钉，或者在小牛皮上穿孔、在帆布上植绒，这些不同的材质都是花押字图案面料的变体（图3-39）。

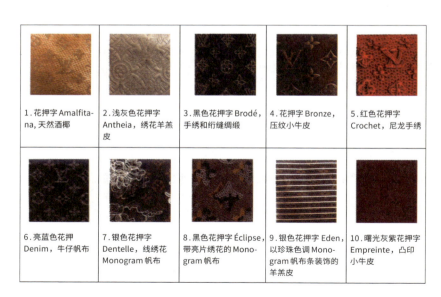

1.花押字 Amalfitana，天然酒椰

2.浅灰色花押字 Antheia，绣花羊羔皮

3.黑色花押字 Brodé，手绣和绗缝绸缎

4.花押字 Bronze，压纹小牛皮

5.红色花押字 Crochet，尼龙手绣

6.亮蓝色花押 Denim，牛仔帆布

7.银色花押字 Dentelle，线绣花 Monogram 帆布

8.黑色花押字 Éclipse，带亮片绣花的 Monogram 帆布

9.银色花押字 Eden，以珍珠色调 Monogram 帆布条装饰的羊羔皮

10.曙光灰紫花押字 Empreinte，凸印小牛皮

11．花押字 Étoile，绗缝 Monogram 帆布	12．黑色花押字 Fleur de Jais，以超细纤维和亮片绣花装饰的丝网印 Monogram 帆布	13．深褐色花押字 Idylle，梭织提花帆布	14．奶油色花押字 Guipure，镂空绸缎花边覆盖的羊羔皮	14．花押字 Lime-light，叠层梭织提花帆布
16．花押字 Lurex，卢勒克斯线梭织提花帆布	17．沙漠黄花押 Mohina，穿孔小牛皮	18．石油蓝色花押字 Métal，皮革上镶有金属饰钉	19．靛蓝色花押字 Métisse，绣花真丝素绸缎	20．黑色花押字 Mirage，丝网印花押字帆布
21．银色花押字 Miroir，浮雕聚乙烯	22．花押字粒面压花帆布，图案由乔治·路易·威登于1896年设计	22．藏青色花押字 Motard，绗缝和绣花羊羔皮	24．绿色花押 Mous-seline，饰有珍珠、玻璃和马海毛绣花的真丝绸	25．浅灰色花押 Olympe，绗缝和绣花羊羔皮
26．Torquoise 花押 Flore，Monogram 帆布	27．白色花押字 Quilted Mink，绗缝和绣花貂皮	28．米黄色花押字 Rayures，丝网印 Monogram 帆布	29．绿色花押 Révélation，凹印小牛皮	30．黑色花押字 Satin，梭织提花缎
31．薄荷色花押 Sorbetto，绣花羊羔皮	32．粉红色花押字 Stone，水洗棉质帆布	33．龙虾红花押字 Suède，穿孔翻毛小牛皮	34．卡其色花押字 Sunshine Express，带亮片绣花的羊毛毡	35．沙漠黄花 Tahi-tienne，棉质帆布

36.芥末黄花押字 Fascination，绣花羊羔皮	37.红色花押字 Velours，植绒 Monogram 帆布	38.桉叶绿花押字 Vernis，凸印亮漆小牛皮	39.红色花押字 Vernis Fleurs，凸印专利小牛皮，以专利皮质花朵进行装饰	40.亮蓝花押字 Ikat，提花梭织帆布
41.灰色花押字 Vison，印花貂皮	42.透明花押字 Vinyle，手提购物袋，2000 年为庆祝发现巴西 500 周年而发行，限量 500 只，带编号	43.波尔多酒红花押 Volupté，处理过的提花梭织帆布		

图 3-39　各种花押字图案变体材质
图片来源：让-克劳德·考夫曼，伊恩·卢纳，弗洛伦斯·米勒，等.路易威登都市手袋秘史 [M].赵晖，译.北京：北京美术摄影出版社，2015：362-365.

还有的材质是棕褐色和米色棋盘格面料的变体（图 3-40）。经典面料的质地为涂层帆布，变体主要表现在颜色、材质和装饰上。大部分是在方格的颜色上做了改变，还有的是在方格上凸印、植绒，或者装饰亮片，形成别具特色的纹理和立体感。

1.棋盘格 Ébène，粒面处理帆布，图案由乔治-路易·威登于 1888 年设计	2.棋盘格 Azur，粒面处理帆布	3.黑色棋盘格 Vernis，凸印专利小牛皮	4.奶油色棋盘格 Facette，釉面凸印小牛皮

5.驼色棋盘格 Facette，釉面凸印小牛皮	6.黄褐色棋盘格 Sauvage，染色仿马驹小牛皮	7.棕色棋盘格 Cubic，植绒面料装饰的小牛皮	8.灰色棋盘格 Cubic，植绒面料装饰的小牛皮
9.绿色棋盘格 Cubic，植绒面料装饰的小牛皮	10.黄色棋盘格 Mosaic，交错网络辑明线小牛皮	11.黑色棋盘格 Prisme，金属支架上镶嵌长方形缟玛瑙片	12.黑色和白色棋盘格 Optic Satin，绸缎带亮片绣花
13.蓝色棋盘格 Paillettes，Damier 帆布亮片绣花	14.黄色棋盘格 Fleur Illusion，以一朵植绒面料棋盘格花朵装饰的反毛小牛皮		

图 3-40　各种棋盘格图案变体材质
图片来源：让-克劳德·考夫曼，伊恩·卢纳，弗洛伦斯·米勒，等.路易威登都市手袋秘史 [M].赵晖，译.北京：北京美术摄影出版社，2015：372.

　　此外，"Speedy"手袋、"Keepall"旅行袋和"Neverfull"手袋还特别提供花押字个性化定制服务。客户在门店里为其预定的皮具选定图案、字母缩写和颜色。路易威登工作坊再根据客户的要求，设计个性化的图样。图样一般包括一条竖放或斜放的单色或双色条纹和箱包主人的姓名缩写字母（图3-41）。定做这些个性化箱包材料时，首先在箱包的帆布上用丝网印技术印上这些缩写字母，然后使帆布经过风干处理，以保证色泽和图案的持久性。这一个性化服务延续了路易威登公司为轮船平盖行李箱做标记的古老传统，是公司创立伊始就为客户提供的特殊服务，一直延续至今。

图3-41 个性化条纹和字母设计
图片来源：皮埃尔·雷昂福特，埃里克·普贾雷-普拉.路易威登的100个传奇箱包 [M].王露露，罗超，王佳蕾，等译.上海：上海书店出版社，2010：458-459.

　　另外，还有一些艺术家专门设计的面料（图3-42），艺术家将标志自己身份的艺术元素和路易威登花押字元素相结合，设计出的面料花色具有后现代波普艺术意味及艺术和设计的双重审美特色。这种个性化艺术设计是对原来的花押字设计的自我指涉，是关于设计的设计，是对原来设计的重新演绎，是一种元设计。例如：草间弥生的波点丝网印帆布和凸印小牛皮；村上隆的加入樱桃和眼睛元素的丝网印帆布与印花聚乙烯；与理查德·普林斯合作生产的丝网印帆布和饰有珍珠和亮片的小牛皮；史蒂芬·斯普劳斯的涂鸦花押字帆布和梭织提花绳绒织物；朱莉·弗尔霍文（Julie Verhoeven）设计的生物和星星拼贴帆布；以及罗伯特·威尔森（Robert Wilson）的颇具现代感的绿底花押字配红条凸印小牛皮。手袋面料的艺术化和面料本体的多元化使路易威登的消费群体增多，为既具功能性和设计性又具艺术性的手袋增添了品牌价值之外的审美价值与收藏价值。

1.绿色花押字 Pumpkin Dots，丝网印 Monogram 帆布（与草间弥生合作设计）	2.花押字 Vernis Dots Infinity，凸印专利小牛皮（与草间弥生合作设计）	3.红色花押字 Waves，丝网印 Monogram 帆布（与草间弥生合作设计）	4.白色花押字 Town，丝网印 Monogram 帆布（与草间弥生合作设计）
5.花押字 Cerises,丝网印花押字帆布（与村上隆合作设计）	6.花押字 LV Hands，丝网印花押字帆布（与村上隆合作设计）	7.乌木黑 Cherry Blossom，丝网印花押字帆布（与村上隆合作设计）	8.蓝色花押字 Cosmic Blossom，印花聚乙烯（与村上隆合作设计）
9.黑色 Eye Love 花押字，丝网印花押字帆布（与村上隆合作设计）	10.白色花押字 Multicolore，丝网印花押字帆布（与村上隆合作设计）	11.花押字 ouflage，丝网印花押字帆布（与村上隆合作设计）	12.白色花押字 Multicolore Mink，29 种不同的貂皮拼缝（与村上隆合作设计）
13.花押字 Panda，丝网印花押字帆布（与村上隆合作设计）	14.粉红色花押字 Jokes，老式花押字帆布，印花和丝网印（与理查德·普林斯合作）	15.蓝色花押字 Cartoons，饰有珍珠和亮片绣花的削匀小牛皮（与理查德·普林斯合作）	16.棕色花押字 Watercolor，丝网印花押字帆布（与理查德·普林斯合作）

图 3-42　花押字的艺术设计款
图片来源：让-克劳德·考夫曼，伊恩·卢纳，弗洛伦斯·米勒，等.路易威登都市手袋秘史[M].赵晖，译.北京：北京美术摄影出版社，2015：368-369.

2.衬里

衬里是缝在手袋里部的一层布料，和手袋的外表形成呼应。衬里既担当了保护皮质和帆布反面的功能，又起到了美化遮挡包内工艺和结构的作用，同时，它还可以成为内部夹层附袋的底布，因此，衬里质量必须上乘且经用耐磨。

素面衬里可以和任何风格及材质的手袋搭配，而条纹、花押字底纹的衬里是和固定系列手袋配合出现的，也是对经典纹样的致敬和对家族文化的延续。花朵纹样的衬里体现的是质朴清新的风格，也是在指定的手袋中被使用的。而艺术家专门设计的衬里搭配的是具有波普艺术风格面料的手袋，如草间弥生的红色波点衬里。

衬里的材质基本都是涤纶或棉加涤纶的，含涤的成分使其结实耐用，超细的针织也使布料细腻柔软。不同的手袋系列搭配了不同颜色和花纹的衬里，体现出手袋独特得体的气质。衬里的优异质地、精良做工、高雅风格是保障路易威登奢华身份的因素之一（图3-43）。

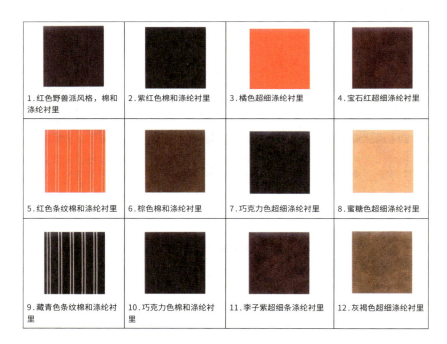

1.红色野兽派风格，棉和涤纶衬里	2.紫红色棉和涤纶衬里	3.橘色超细涤纶衬里	4.宝石红超细涤纶衬里
5.红色条纹棉和涤纶衬里	6.棕色棉和涤纶衬里	7.巧克力色超细涤纶衬里	8.蜜糖色超细涤纶衬里
9.藏青色条纹棉和涤纶衬里	10.巧克力色棉和涤纶衬里	11.李子紫超细条涤纶衬里	12.灰褐色超细涤纶衬里

13.卡其色条纹棉和涤纶衬里	14.红色棉和涤纶衬里	15.绿色超细涤纶衬里	16.黑色超细涤纶衬里
17.黑色斜纹衬里	18.灰色棉和涤纶衬里	19.藏红花色超细涤纶衬里	20 灰色超细涤纶衬里
21.Liberty 衬里，玫瑰和紫丁香的蓝色花朵	22.米黄色棉质花押字衬里	23.炭黑色涤棉衬里,条纹和花押字花朵	24.深褐色涤棉衬里,条纹和花押字花朵
25.灰色涤纶小花花押字衬里	26.红色波点棉质 Infinity 衬里（2012 年路易威登与日本艺术家草间弥生合作设计）		

图 3-43　衬里的艺术设计图案

图片来源：让 - 克劳德·考夫曼，伊恩·卢纳，弗洛伦斯·米勒，等.路易威登都市手袋秘史 [M].赵晖，译.北京：北京美术摄影出版社，2015：374 - 375.

第三节　路易威登箱包及手袋的功能性

一、随"时"而变

路易威登从诞生起就在不断变化中成长和壮大。这种变化来自路易威登家族历代管理者对时代和客户敏锐的洞察力与睿智的判断力，基于时代中的客户需求而创作产品，而产品的工艺则是这个家族起家的资本，也是品牌精髓，体现这种精髓的是它的箱包和手袋。行李箱是为旅行生活服务的，是将旅行者静态的生活携带在路途中、置放在家之外的其他地方，使其成为以交通工具为媒介的动态生活。这里的"时"是指"时代""时空""时尚""时刻"等广义。交通工具的变化是时代发展的直接体现。旅行生活随着交通工具的日新月异而变化万千，最直接的变化体现在用于出行的行李箱上，它随所需要携带的物品、交通工具的空间、旅行者的性别、时尚风潮、出行目的地的不同而推陈出新。当然，路易威登每一款箱包的面世和流行，都离不开世博会的促进和宣传。

作为在豪华区域里为贵族服务的一员，路易威登也必须以商品的现代性去匹配时代背景，以创造性的风格和卓越的品质让客户流连忘返。19世纪50年代到60年代见证了现代行李箱的发明。平盖行李箱的流行从1867年巴黎世博会开始，这种箱子可以叠置在火车车厢内，或叠放在其他交通工具上或场所，能够有效利用空间。70年代是奢侈豪华行李箱诞生的标志时代。离家旅行时，带上路易威登的箱子就相当于带上了所有的家具和一种移动的生活方式。虽然现在旅行已习以为常，但在20世纪初，旅行是一件激动人心的事情，是上流社会时尚的生活方式，人们为火车旅行做精心的准备不亚于为盛大的宴会付出的努力。正如让·德·潘吉伯爵夫人回忆起她和家人在1900年出行时的情景："一些行李箱在特慢货车上要提前八天运输，所以需提前几个星期预约。一辆货车都不够装，如果一位仆人带一个箱子（至少有十三位仆人），我母亲一个人就要带十三个箱子，再加上她的帽盒、针线框、颜料箱和折叠画架。她还有一些东西如坐垫、凳子、屏风、花瓶、旅行闹钟、暖脚器等都提前寄走了……我们要带好几篮日用品，折叠刀叉、平底玻璃杯、小罐盐、古龙香水、薄荷醇、扇子、披肩、小橡胶垫……。"**1**当一切都需要打包携带，行李箱在那一刻也就变得必不可少了。

这时，路易威登也不再担心克里诺林裙了，因为法兰西第二帝国走到了尽头。女士的裙子更简洁、更窄、更轻盈，这就使保存和运输更加容易。19世纪后半叶，服装变得更加实用、更方便人们的活动。服装的分类也更加专门化。适合乘坐火车旅行的服装需要抗皱、舒适和耐磨。翻山越岭的旅行者、做水疗的顾客以及骑自行车的人都有专门的服装。旅行适合的颜色也推荐使用"灰色系"——灰色、焦糖色和米褐色，这些颜色被认为是耐脏的。旅行者被建议穿格子呢面料服装，因为它们能给沉闷的着装增添一抹活力和愉悦。服装的分门别类使行李箱也随之多元化。

（一）火车时代的旅行艺术

1860年，火车正式投入使用点燃了人们的旅行热情，行李箱也遵从着新的规格标准。1883年随着普尔曼卧式车厢由国际卧铺车公司引入东方快车（The Orient-Express），以及随后几年中穿越西伯利亚铁路工程的逐步竣工，火车开疆涉域，开启了人们去远方遨游的梦想。火车载着人们领略异国风光，见识不同文化，旅行终点最远可以到达奥斯曼帝国，去寻找《一千零一夜》中富庶的东方。行李箱也就成为旅途中的亲密伴侣、身份的标签、旅行文化的容器。出行的人们将行李箱堆到世界各地的站台上，等待着被搬运到车厢中。车厢中有配套的盥洗室、装饰着风景画的餐厅和衣帽间，舒适方便，奢侈尽在旅途中。关于旅途本身，奢华是当时的要求。比利时企业家乔治·纳格尔马克（Georges Nagelmackers）改善了普尔曼卧车，设计出轨道宫殿，而路易威登正计划推出系列行李箱，重置箱内结构，以适应新式旅行方式。箱子的尺寸和重量需要缩减，但不能影响其结实度和密闭性。扁平行李箱出现在公司的产品目录上，这种箱子能被很

1   PASOLS P-G. Louis Vuitton: the birth of modern luxury[M]. New York: Abrams, 2012: 137.

容易地塞到车厢座位底下，也能匣进车厢行李架上有限的存放空间里。更重要的是，箱子的内部格局需要更新和功能化：可移动的隔架和托架能够巧妙地为衣服和配饰（帽子、手套、发带、手杖、扇子、阳伞、面纱）提供最适宜的存放空间，而内部的衬里隔层能将所有的内置物完美归位——这就是路易·威登早期作为一个打包工的工作留下的遗产。这种设计使旅行者将大量的物件装进有限的小空间。正如亨利-路易·威登以敬佩的语调写道："一些箱子装盛物品的清单让人由衷叹服。一位 D 女士的尺寸为35 英寸 × 22 英寸 × 28 英寸的帽箱能允许她携带 18 ~ 25 顶帽子，还能装得下她先生的一个戴 4 顶帽子的小模特。帽子倒置，并将其边缘用丝绒细带固定在指定的位置。鞋箱里的树形鞋架最多能挂 6 双短靴和 1 双长靴。如果还需更多的空间，两个装鞋具箱的盒子可以移走，可以再多装几双靴子。至于衣箱，它是属于 S 女士的，能轻松地收纳 15 ~ 18 件裙装和大衣！"[1] 还有适合短途旅行的箱子，例如和友人们吃饭狂欢一宿，只需要携带少量物件。除了强度大的海上航行需要使用箱型高的箱子外，公司一般都为旅行者提供可移动的内置隔格和能够被当作梳妆包使用的扁平箱和旅行袋。

（二）邮轮上的体面生活

几个世纪以前，海上的旅行者总是担心海盗和恶劣的天气。虽然天气状况依旧扑朔迷离，但蒸汽驱动的大型邮轮的稳定性和相对安全性使人们减少了顾虑，人们想在邮轮上度过几个星期甚至几个月的兴趣有增无减。随着蒸汽推动力和引擎的改良、新式金属船体和螺旋桨的引入，邮轮比轮船更快速、更可靠。一些航运公司也应运而生。航运公司为旅行者提供固定的跨洋邮轮线路服务，其中，欧洲各国和美国东海岸之间的北大西洋线路尤其繁忙。因此，航运公司之间也通过竞赛，促使邮轮不断地提升速度、

1　　PASOLS P-G. Louis Vuitton: the birth of modern luxury[M]. New York: Abrams, 2012:
　　　138.1 英寸 = 2.54 厘米，下同。

性能和安全性，同时，胜出者也能吸引更多的客户。此外，航运公司也在刻意为富有客户打造设施豪华、饮食优越和娱乐多样的奢侈邮轮——一座海上漂流的宫殿。邮轮上的客户阶级等级区分严格，因此享受不同的待遇。对每一等级的旅行者来说，邮轮上的生活都需遵循一定的礼仪。旅行者都要按照既定的规矩行事，社交时间、用餐时间和休闲时间都被安排妥当。每一段时间的活动都要相应地变换着装、精心打扮。在这样的礼仪下，旅行者们必须仔细计划打包物件，在服装的准备上毫不吝惜。

19世纪末，航行热使行李箱成为旅行者的必需，此时的船舱箱形状是扁式长方形。根据船舱的空间，乔治设计了船舱箱和邮轮包。法国诗人布莱斯·桑德拉尔（Blaise Cendrars）在他名为《行李》的诗中列举了他登上"福尔摩沙"号邮轮时箱子里所装的一切物品：打字机、空白纸、鞋、西装、大衣、领带、睡衣、领结、手帕、洗漱用品、杂物包等，总重量达到57千克。即使邮轮的船舱奢华，但空间总是有限的，行李箱不可能太大。因此，路易威登特意设计了能够滑入卧铺下面的船舱箱，以便为船舱留出更大的空间。因为这款箱子不能太高，所以只用了榉木单板来加强箱体。船舱箱分为几个型号，但高度都是统一标准。乔治在他第一次横渡大西洋的航行中设计了一款能够提供良好的实用功能的精致行李箱。它有一个侧封盖和几个滑动式抽屉，旅行者无须将箱子从铺位下拉出就能开箱取物，箱内有一个放衣服的框架和放帽子、鞋、内衣和雨伞的隔架。这款箱子名为圣路易箱，名字取自1904年由乔治担任旅行产品评判主席的圣路易斯世博会。乔治在1901年设计了一款软面邮轮包。它的设计初衷是让旅行者放置航行中换下的脏衣服。包是帆布的，完全可以折叠，易于塞进行李箱和其他硬质箱里。自此，邮轮包就成了路易威登公司产品目录中的经典，在汽车时代和飞行生活中，扮演着重要的角色。

衣柜行李箱是专为海上长途旅行专门设计制作的。为了满足人们长途旅行的需求，路易威登的产品融合了功能和优雅。1875年，路易·威登创造出第一款衣柜行李箱，这是一款经得住时间考验的经典旅行箱。这款衣柜行李箱是竖版箱子，其结构变化多端。箱子打开后分为两部分。从箱内隔层这个版本看，箱子的一边是一个可以挂衣服的衣柜，另一边被分成几个抽屉，这一排由抽屉组成的隔间，可放置帽子等物品。从整体衣柜这个层面看，由于箱内空间有限，可以装置适应四季的必需品来应对世界各地的气候变化，并且保证这些物件在长途运输中不被损坏。衣柜行李箱也是私人定制的开端。衣柜行李箱逻辑上囊括了衣柜和抽屉，这就意味着旅行者在旅途的每一段行程中无须打开所有的包装。开箱系统、优质材料以及最终的产品都胜过以前行李箱市场上出售的任何产品。关于结实度，可以从一位客户写给路易威登的表达满意和钦佩的信中窥见一斑。《记忆的箱子》这本书中，记述了这样一位环球旅行家，他是来自卡拉齐的 W.C. 桑德曼先生，他感谢乔治-路易·威登为他制作出两个结实耐用的行李箱，伴随着他从美国到印度，从日本到中国、缅甸，途中骑过各种动物作为交通工具，行程 6000 多英里。六个月后，他甚至在科伦坡得意扬扬地宣称，旅行期间，行李在从轮船上被卸载时，不知何种原因，许多行李箱从甲板上坠落到船舱里，所有的箱子都被摔得粉身碎骨，而唯独他的路易威登行李箱从这场灾难中幸存，完好无损。由此可见，路易威登的行李箱可以抵抗一切风险。它能够经得住不期而遇的火车脱轨、剧烈冲撞、海上强风的袭击，以及某种程度上的野蛮装卸。箱子表面的涂层帆布轻软但坚实，并拥有防水、防刮性能。它的强韧和结实是路易威登店铺在斯克里布大街取得成功的基础。时至今日，路易威登的行李箱有 80% 的工序依然坚持手工制作，箱子经久耐用，是路易威登的物质遗产。

路易·威登应该为自己在 19 世纪末期所创造的辉煌而感到骄傲：路易威登公司被成功创立，他的制箱专业和创新设计也改变了旅行的艺术。从国王到娱乐明星再到艺术家，路易威登赢得了全世界位高权重的人们的信赖。他的儿子乔治通过自己的创新天赋确保了公司的声誉和地位。

航行的旅途漫长，有时也是无聊的，人们思念着故乡的亲人，惦记着远方即将相见的亲友，于是在邮轮上写信、写诗，通过无线电波和摩尔斯电码传递信息，这些都成为旅行者热衷的活动。路易威登应景地创造了一款可以在邮轮上写作的行李箱，箱子立起来，打开箱盖，就变成了一款写字台（图3-44）。海上旅行的生活亦随着行李箱的无穷变化而丰富多彩。

图3-44 写字台行李箱
图片来源：PASOLS P-G. Louis Vuitton: the birth of modern luxury[M]. New York: Abrams, 2012：148．

（三）汽车和航空时代的行李箱

汽车的诞生使乔治-路易·威登认识到汽车文化和运输革命的到来。诞生在德国的汽车在各种改进和竞赛中不断演化，以汽油为燃料的汽车在性能和速度上都超越了蒸汽汽车。汽车阶层首先在法国形成。虽然汽车生产商不多，汽车的使用者也很少，但乔治认为他们会形成一个引领未来生活方式的精英团体。乔治的预见性和超前的洞察力激发他为汽车人士设计了与其生活相匹配的箱包和配饰。1894年的巴黎-鲁昂汽车大赛对他设计的第一款汽车行李箱的原型有指导性帮助。当时的汽车四面敞开，没有密闭保护功能。在这样的条件下，驾驶者和乘坐者都是风尘仆仆的，行李箱也会遭受风吹雨打。汽车驾驶者起初非常青睐强韧的柳条行李箱，但路易·威登坚决抵制这种箱子并成功地推行了他的汽车行李箱。他的性能良好的行李箱设计来自早年路易·威登为其他国家的皇族设计的锌制箱，这款箱子非常成功，防水防尘，完全能抵御有害物质。1898年在法国汽车俱乐部举办的国际汽车展上，一些参展的汽车配备了路易威登行李箱。当时，巴黎的制箱商也在改进质量和翻新样式以适应汽车时代的交通。改进的箱子应能放到汽车的顶部、车后部的行李架上或车侧面的踏板上。箱子的表面覆盖着黑色帆布或皮革。亨利-路易·威登对其祖父的设计有详细的记述："他设计了一系列尺寸几乎和汽车后部的空间相契合的、可堆叠的行李箱。他还设计了前部有挡板的汽车后备厢，可以放下好几个旅行者的箱子。放在车顶上的箱子设计成平箱盖和拱形底，以便使车

图 3-45 圆形司机包
图片来源：PASOLS P-G. Louis Vuitton: the birth of modern luxury[M]. New York: Abrams, 2012：161.

顶在途中受力均匀，受到保护。"[1]汽车的进一步发展促使路易威登研发了特殊的司机包。苏格兰人约翰·邓禄普（John Dunlop）发明了充气轮胎，这种起初用于自行车的轮胎经米其林兄弟测试，在 1895 年的巴黎-波尔多汽车大赛中被首次使用。但由于路面粗糙多石，这种细轮胎很容易被扎破。路易威登适时地设计了一款圆形司机包（图 3-45），它包括内置备胎、胎内管和一个可以放工具的更小的圆盒。这款包密闭防水，在必要时还可以用作洗手盆。优雅且功能强大的圆形包非常受欢迎。西班牙国王阿尔方索十三世从 1905 年到 1907 年一直是路易威登的客户，他订购了三个机车箱和一个司机包。

世界各国的汽车技术和造型在你追我赶、日新月异地发展。汽车运动项目也在国际范围内开展，不管是旅行和速度测试还是远行探险，现代旅行的史诗已经吸引了报纸读者的目光并激发他们实现远足的梦想。有两种汽车可以为旅行者提供服务：性能车（高速度车）和旅行车（像移动的宫殿）。路易威登不仅为其他汽车制造商提供车内装备，它还自主研发汽车。乔治的双胞胎儿子皮埃尔（Pierre）和让（Jean）不仅是设计飞机的专家而且也对汽车设计很感兴趣。他们在敞篷车上加装稳定的底盘，制造出一款小而轻的野营车，车的左踏板上可以放一个备用零件箱，右踏板上可放置工具箱。车的后备厢门内部嵌入了申请了专利的洗手盆和餐盒。在车顶和汽油箱之间是宽敞的放置衣箱的长方形空间。

1　　　PASOLS P-G . Louis Vuitton: the birth of modern luxury[M]. New York: Abrams, 2012：160.

图3-46 野营车

图片来源：PASOLS P-G. Louis Vuitton: the birth of modern luxury[M]. New York: Abrams, 2012：162.

乔治-路易·威登对汽车也非常着迷。他和凯尔纳车身制造公司合作研发了一款野营车（图3-46），并在1908年的汽车沙龙上展出。打开车的后门，就能看到一个洗漱盆、三面镜、装有四个手提箱的大衣柜、盥洗箱、装有六顶女士帽的旅行箱、男士帽箱、急救盒、两个衣箱和技工箱。工具箱位于司机踏板下，司机包放在车顶上。汽车的上部全部打开延展就变成了一个小房间和用餐区域，里面有吧台，车顶上还有睡觉的空间。这款车为旅途中遇到的意外提供了所有的应急设备。由此展示出路易威登善于合理规划的专长和利用空间的传统匠艺。

由于交通工具本身的承载能力，路易威登在汽车和航空时代的旅行中推出了软质和半软质行李箱。1900年的世博会在著名的巴黎大皇宫举行，在它的巨型玻璃穹顶下，路易威登搭建了形似游乐场旋转木马的圆形展台，展出了软质和半软质箱包，它很好地适应即将到来的汽车和航空时代，乔治-路易·威登对此有着敏感的预见。软质远足行李箱和航海洗衣袋都是后来都市手袋的原型。

1908年，路易威登设计制造了经久不衰的"Aéro"系列，这是一种可固定在自由气球吊篮中的行李箱。1910年，工厂的行李箱制作、皮件加工、金银器制作、汽车工业和航空技术等部门通力合作完成了该项任务，产品目录上保证"即使落入大海，航空行李箱仍可飘浮，且完全封闭"[1]。随着飞机的发明，以及伦敦到巴黎、布鲁塞尔等地通航的实现，商业航空公司也如雨后春笋般不断涌现，并且开辟了许多新航线，提高了出行出差的时间效率。路易威登适时地推出了一款轻巧的男士行李箱"Aéro"。它为航空旅行特别设计和研发，净重18千克，装上日常衣物的总重量仅为26～30千克。且"Aéro"本身即"用途广泛，结实耐用，精致奢华"[2]之意。一般而言，男士行李箱里总是装着"Aéro""Voyageur""Chasseur"及猎枪包。同时，它和"Aviette""Restrictive"构成了路易威登轻型行李箱的三部曲。

19世纪末，随着时装的改革，出行的人们的服装中少了昔日隐藏在衬裙里的口袋，于是手袋就扮演了口袋的功能，同时其形式、材质和色彩还要具有和服装风格相配的装饰作用。因此，都市手袋应时而生，但它们还是源于行李箱，在20世纪纷繁复杂的各个时代中随着客户的需求和全球化市场的开拓不断呈现新颖的系列。

二、随"域"而安

路易威登的现代行李箱和都市手袋的几何外形是由点、线、面组成的，而其内部形态的点、线、面构成的格局只有在开箱状态下，才能真正显示"面目"，因为此时它各处的设计线条已经铺展开来，处在所属的"疆域"上，由内而外地蔓延爬伸出了立体的格局。行李箱里可移动的搁架给予物品合理的安放"场域"，保证它们在有限的空间中一路安好无损。

1　皮埃尔·雷昂福特，埃里克·普贾雷-普拉.路易威登的100个传奇箱包 [M].王露露，罗超，王佳蕾，等译.上海：上海书店出版社，2010：53.

2　皮埃尔·雷昂福特，埃里克·普贾雷-普拉.路易威登的100个传奇箱包 [M].王露露，罗超，王佳蕾，等译.上海：上海书店出版社，2010：59.

（一）行李箱的"格局"

行李箱内部格局以简洁的交叉直线来设计，使箱内好像一个俯瞰的室内空间。在这空间中，路易威登又创意性地以小格间、多层隔格、平托架及移动隔板来安排"格局"。所有的空间隔断都呈直角设计，这既是为了合理利用空间，也是为了塑造路易威登行李箱四方体的品牌形象。这样的格局能妥善放置旅行者的各种物品。路易威登箱内的活动隔板或隔帘并不只是简单地为旅行者提供一个置物空间，事实上，它在设计的同时已经为他们妥当安排了物品的摆放，它将每个细节都处理得既周全又合理。根据具体情况的不同，路易威登能为客人提供由简至繁各种不同功能的行李箱，从最简单的叠放收纳格到针对具体物品所做的极其专业的空间细分，这些都是为了将生活用品摆放得井然有序。

行李箱的内部空间用由帆布或织布带包覆的木盒或木框隔开，分为多层。这些木盒或木框都是可叠式的，可以在箱内完全平展开来。有了它们，即可将箱内物品隔离置放。箱子的款式不同，其配置的内部组件也就不同。女式高箱多配有简式木盒或格式木框。而这些盒框的具体位置则依整箱的大小和性质而定（图 3-47）。

图 3-47　行李箱的内部隔木盒和木框
图片来源：皮埃尔·雷昂福特，埃里克·普贾雷-普拉.路易威登的 100 个传奇箱包 [M].王露露，罗超，王佳蕾，等译.上海：上海书店出版社，2010：420.

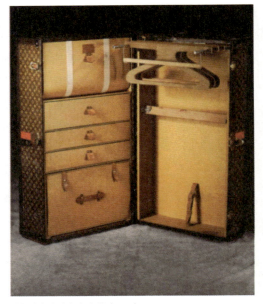

花押字帆布写字台箱（1918）
54厘米×55厘米×125厘米

花押字帆布衣柜行李箱（1928）
69厘米×39厘米×110厘米

图3-48　写字台箱和衣柜行李箱
图片来源：皮埃尔·雷昂福特，埃里克·普贾雷-普拉.路易威登的100个传奇箱包[M].王露露，罗超，王佳蕾，等译.上海：上海书店出版社，2010：421.

　　路易威登每一款行李箱都根据其功能设计不同的内部格局。例如，路易威登竖式衣柜行李箱就为不同的行李物品设计了不同的摆放位置，有的柜箱还有折叠式写字台，实际上就是一个组合家具（图3-48）。打开柜箱，映入眼帘的是挂衣的衣柜、专放如"Steamer"这样的软皮旅行袋的空间、抽屉或双层抽屉、鞋柜等。挂衣箱的尺寸要根据衣服的肩宽来决定。所以我们看到，根据身体部位的不同，路易威登在行李箱内部划分出了不同的空间区域：置帽格、挂衣区、手袋摆放处和置鞋区。这种依身体部位来划分和组织箱内空间的方法也适用于整箱的功能设计。路易威登除了普通规格的行李箱外，还制作依某种专门用途而设计的行李箱，如服装箱、写字箱、卧具箱、书箱、食物箱，各种不同功能的专用箱包配合在一起，共同成就一个完整的旅行装备系列。

19世纪和20世纪产生的这种依不同的日常生活需求来区分和设计行李箱功能的灵感，可能起源于18世纪的建筑物室内格局。当时法国的建筑住宅不仅在形式上有洛可可和古典主义的风格，还在功能上区分出不同的空间，富有阶层的住宅都会分出许多空间，如大客厅、小会客室、音乐房、游戏房、卧室、书房、饭厅、门厅、走廊、暗梯、过道、衣帽间等。

　　箱盖背面同样也有"格局"，它不仅有装饰作用，还有防护功能。箱盖无论是打开还是关上，不管其内部的几何形态如何，闭箱和开箱形成的都是各自完整的几何格局。为了和路易威登箱体及箱内的方格形有审美上的呼应，其箱盖背面呈现的是带有衬垫的、以拢带划分、以铆钉固定的菱形格。在旅行中受到颠簸时，或当箱子被翻转时，这种软垫箱盖可起到缓冲防撞和减轻箱壁对箱内物品碰撞的作用。同时，菱形图案也有设计上的装饰功能。路易威登行李箱外部线条硬朗，内部却无处不透露出棉织物的柔和感，在这风格迥异的两者间，以斜角为图案、拥有鲜艳颜色的拢带似乎在视觉上起到了过渡作用。这种结构上的装饰调和了箱子软和硬的两种状态，是一种折中的中间状态，象征着路易威登行李箱意欲打造的介于出行和居家之间的生活状态，也就是说，行李箱的功能包罗万象，它的形态也在折叠、显隐中千变万化，旅行者带着它到任何地方都有居家生活的便利感，同时赋予旅行者"家"的归属感和舒适度。

（二）都市手袋的"包容"

　　都市手袋是传统箱包的缩小版和便携款，顺应时装的改革和女性参与社会活动意识的提高而诞生。它继承了直系祖先"Steamer""Vanity""Alzer"和"Keepall"这四种手提箱包的功能和宏观上的形态，但在形式上有更多的创新和美感。它们是形式和功能兼具的经典手袋，如"Speedy"和"Papillon""Alma"和"Lockit""Noé"和"Bucket""Sac Plat"和"Neverfull""Pochette"和"Minaudière"。这五对手袋都是基础几何形态（长方形、方形、梯形、横向圆柱形和桶形），尺寸和材质各异，手袋附有衬里且配有独立内袋或在衬里上加缝贴袋，收口处的拉链和挂锁、锁扣或抽绳、不同形态的把手和肩带，这些要素构成了手袋各自的形象。这些外形决定了它们的内容，也区分出其正式性和非正式用途。对内置物的包容体现出了手袋的社会身份，进而参与了人的身份和自我形象的建构，因此手袋参与了生活的哲学，其中安放的是人的社会属性和情感世界。一只满载的手袋反映了这个人需要稳定的安全感，是一种深深扎根于内心的生存危机。一只非常轻盈的手袋则反映出主人以简应繁的能力和随机应变的自信，同时也勾勒出手袋作为配饰的身份。

"Speedy"源自"Keepall"，根据"Keepall"的名字和"Speedy"的软质帆布形象就可以判断出它有一种极大的包容力，手袋的形状随物品的装入而变化。无论是工作用品还是生活之物，手袋的内空间都要有足够的支撑力，贴着衬里和带拉链的内置口袋，保证了私有证件的安全性，手袋上的外拉链实际上隔绝了包的内外世界。这是一款休闲旅行或在非正式场合搭配非正式着装的配饰，它包容的是轻松闲适的生活状态，但形象上还是中规中矩的。而"Papillon"的横向圆柱形可以适应任何风格的着装，手袋除了内部空间宽敞，它的圆柱两侧圆片中有一片上被加缝了一个外侧贴袋，方便随手插放卡片。有的"Papillon"还在提手处附带一个同形的迷你"Papillon"作为补充和装饰。手袋圆融的整体造型透出一抹俏皮和可爱。"Alma"和"Lockit"是"Steamer"的衍生物，是硬质手袋，从外形和材质上看，其风格比较正式。"Alma"的拉链是从手袋的一端底部拉到另一端底部，而"Lockit"的弧形拉链安置在手袋上部并且在一端配锁，两款手袋的内部都有附缝的内袋，因此安全系数比较高。手袋内容物一般也和工作相关，它们包容的是井井有条、严谨的工作状态。"Noé"和"Bucket"属于休闲手袋，材质和造型使其具有半软质特性，因此容量具有弹性。"Noé"手袋因为是开口处抽绳，出于安全考虑也配套了一个内置迷你"Pochette"手包。这款手袋继承了它为运输红酒而研发的潜在容量的功能，它包容的是闲暇时光、旅行的记忆和对物品的关爱。"Bucket"手袋是敞口桶包，内置附缝的拉链贴袋和独立的迷你"Pochette"手包，拥有可调节的双肩带，配饰风格介于正式和非正式之间，包容性自由，没有特别定义。"Sac Plat"和"Neverfull"都有储物优势，都是无拉链开放型手袋。"Sac Plat"的材质各异，但其竖形、长方形的板正造型塑造了它的中性风格，既像公文包又像手提袋，形象硬朗、棱角分明，内部有附缝的贴袋，它的场域包容性也较宽泛。而"Neverfull"一贯的涂层帆布质地使其具有柔软轻巧性和折叠被收纳的功能，手袋两侧的抽绳可以将其从梯形变成方形，容量大而随意，内置可以隐藏私密小件的附缝拉链贴袋，同时也配置了一个迷你"Pochette"手包，它包容的是轻松惬意和随心所欲的生活态度。"Pochette"和"Minaudière"都是小巧精致的手包，可根据面料来展现它们的身份，它们的私密性比较好，开口处都有拉链或锁扣做防护。"Pochette"既可以用作日常手包，也可用作晚装手包，材质多为皮革和涂层帆布，设计简约现代，配饰语境和风格多样化。而源自化妆盒的"Minaudière"手包基本是晚装手包的气质，造型小巧、高贵精美、材质奢华。一般来说，两款手包的内容物都是与女性相关的化妆品或和包主人所处情境相关的物品，搭配晚礼服或正装，它们包容的是社会身份、形象和品位。

都市手袋并没有太长的历史，尽管它们出现在中世纪末期，但它们成为女性日常生活的普及物仅半个多世纪。20世纪50年代的乡村妇女平时不需要手袋，因为她们只在周末出门。直到60年代女权主义兴起，手袋才成为她们身上的固定配饰，甚至成为标志女性身份的符号——职业女性或居家主妇，炫耀性包装或功能性需求。手袋的内容物也变得前所未有地丰富，包容着记忆、隐私和存在，是生活的日记。保罗·利科（Paul Ricoeur）认为："我们不断地给自己讲故事，为的是将那些散落在生命中的意义碎片拼到一起，通过白日梦构建一个栩栩如生的叙事身份——在我们内心有一间小小的电影院，在那里，我们为'可能的将来'上演着一段段故事。但是身份也更深刻地通过我们手袋中无所不在的、碎片般的传记写作构建着（以数码形式录入，或者仍以常用的笔记本手写各种决定的清单，或其他各式各样的纸片）。"[1]事实上，手袋的"包装""包容"让人们变成了"自主"或"他主"的复杂个体，要成为某个社会群体的一部分，就需要在各种活动中得到身份认证。

三、随"愿"而制

路易·威登凭借精湛的技术和非凡的审美力如愿以偿地成为法国王室的御用打包师和制箱师，这种特殊待遇也为他赢得了欧洲各国王室、世界各地君王及社会各界名流订购箱包的机会。法兰西第二帝国时期的巴黎是世界的时尚和奢侈品中心，皇宫的奢华品位促进了和奢侈品相关产业的发展。塞纳省省长奥斯曼男爵对巴黎的改造进一步推动了它的现代化进程，使其成为各国王公富豪的云集之地。他们是创建"咖啡社会"的时尚者、乘坐喷气式飞机旅行的先驱者、拥有私家火车车厢和游艇的财富群体……对于这些富贵阶层的专门定制和非常规爱好，路易威登都会开创性地满足他们的特殊愿望，就像是一种"诺言"的交换：你选择了我，我会如愿奉上。

（一）皇室贵族的专用箱包

1. 抽屉行李箱，苏丹阿卜杜勒-哈米德二世，君士坦丁堡，1886

阿卜杜勒-哈米德二世（Abdülhamid II）是奥斯曼帝国第34位也是最后一位苏丹，因偏执多疑、敛财无度、连年暴政，人称"血腥苏丹"。对俄战争失败后，他解散议会，恢复专政，深居君士坦丁堡的伊尔迪兹宫。1885年，苏丹阿卜杜勒-哈米德二世派遣密使，向路易威登公司订购了一只特别的行李箱——抽屉行李箱（图3-49）。这只条纹箱子并不是用来放置金银珠宝的，而是用来装其内衣的。这款箱子在路易威登1897年的产品目录上被这样描述：

---

1   让-克劳德·考夫曼，伊恩·卢纳，弗洛伦斯·米勒，等.路易威登都市手袋秘史[M].赵晖，译，北京：北京美术摄影出版社.2015：60。

"这一款行李箱非常漂亮，但与同等尺寸的其他款式相比，容量较小，不太实用……这种行李箱只接受定制。"[1] 从外观和内部来看，它都像一款用于放针线、饰物的立式小柜子。这款为长途旅行设计的抽屉行李箱能够将旅行者的所有东西分门别类安放，无需不断重复整理。一般的抽屉行李箱的前盖是可以打开的两扇门，像是打开大衣柜一样，里面是隔格层和三层抽屉，支撑抽屉的内夹层可以伸展出来，每个抽屉还配有两个皮拉手。而苏丹阿卜杜勒-哈米德二世的这款箱子是从箱盖和箱前板打开，箱盖背面铺有红色拢带交织形成的缎

图3-49　苏丹阿卜杜勒-哈米德二世的抽屉行李箱
图片来源：皮埃尔·雷昂福特，埃里克·普贾雷-普拉.路易威登的100个传奇箱包[M].王露露，罗超，王佳蕾，等译.上海：上海书店出版社，2010：105.

面菱格软垫，箱体最上层是隔格，中间格有对开门，对开门用镶有金线饰带的粉色面料装饰；从隔格层往下是三层抽屉，抽屉均用烫有花纹的摩洛哥红色皮革装饰，精致而奢华；箱前板可以拉开平放到地面作为抽屉的衬板，防止抽屉和地面直接接触，抽屉也无需外部支撑物，毕竟只是用来携带轻便内衣的箱子。最初，每个抽屉上还刻印有一个金色皇冠图案的红色皮革盾形纹章，这与其低调的外部花纹及同时期类似款式的行李箱截然不同。"血腥苏丹"定制的这款抽屉行李箱彰显了贵族气概，从外观看是不能看出这款行李箱订购人的身份和地位的。箱子面料选用创造于1872年的条纹面料第二版，浅褐色底纹相间红色竖条纹。四年后，这一面料被改成棕褐色和米色相间的条纹图案，后来成为路易威登箱包制造的第一个标

1　　皮埃尔·雷昂福特，埃里克·普贾雷-普拉.路易威登的100个传奇箱包[M].王露露，罗超，王佳蕾，等译.上海：上海书店出版社，2010：105.

志性的图案。经过岁月的洗礼，这款箱子后来又被嘉士顿-路易·威登在拍卖行回购。

2.用于双轮敞篷马车的旅行箱，香东伯爵夫人，巴黎，1910

1910年，巴黎的街道上马车和汽车并驾齐驱，其中马车仍然占大部分。人们乘坐邮轮、火车远途旅行，到达目的地再换乘汽车或马车。汽车是现代生活的标志，是时尚和奢华的体现，但需要驾驶技术、维护能力及客观路况和能源支持。而马车所要具备的上路条件相对单纯，马力和人力基本就可以应对。

香东伯爵夫人的丈夫是布里亚耶的拉乌尔·香东（Raoul Chandon），他是香槟"酩悦"的拥有人之一。伯爵夫人对参观波斯兴致勃勃，携带的行李众多，面面俱到。她十分担心当地私人交通工具不安全，希望除了武器和行李外还能够带上一辆可拆卸的马车，目的就是不受当地意外情况的影响。

在长途旅行前，各种物品打包装箱已成为惯例，但安置可拆卸马车的行为却是史无前例的，所以只能求助于路易威登。乔治-路易·威登接受了这个特殊的定制，这对他来说也具有开创性。他根据双轮敞篷马车的原理，设计了这个特别的箱子（图3-50）。双轮敞篷马车拥有汽车的外形，是一名英国汽车修理工发明的，他是从流行于印度和中国的人力车上得到的灵感。双轮双座车身的敞篷设计，轻便易控且深受上层社会欢迎，无论是高贵的夫人还是身材高大的人都能独自驾驶。它简单的结构及易拆装操作，成为箱包业开拓创新的业务。香东伯爵夫人的马车被拆成零件分别安放于三个旅行箱中运送，根据旅途需要不断安装、拆卸、再安装。这三个独特且互补的箱子的外表面材质由布和半硬的皮合成，每个箱子还有一只漆成黄色的铁轮和一个必备的工具盒，便于伯爵夫人的随从拆卸和安装马车。这三只箱子使用的是"Vuittonite"红色帆布，这种颜色在路易威登系列中很少出现，仅供像阿尔伯特·卡恩（Albert Kahn）这样的大旅行家专用。每个箱子两侧都有一对拉环和绳索，便于被拉着或背着运输。每个箱子都有可拆卸的部分。其中在一个箱子里放着折叠式货箱面板和悬挂式

图3-50 装双轮敞篷马车的行李箱
图片来源：皮埃尔·雷昂福特，埃里克·普贾雷-普拉，路易威登的100个传奇箱包 [M].王露露，罗超，王佳蕾，等译.上海：上海书店出版社，2010：117.

底盘薄板，在另一个箱子里放着折叠式车篷和植物纤维材质的座椅，箱子的外表面是束箱皮带和帆布，在第三个箱子里有一个分格盘，存放了两个玻璃和黄铜制的车灯，保护着马车上最脆弱的两个部件。行李箱原本是放在马车上被运输的，而此时却是将马车装在行李箱里，这种反向使用颇有戏剧性。实际上，这种箱子的设计除了偶尔用来藏物运输，大部分时间都是闲置状态，并没有实现它的专门用途。

（二）探险者的传奇箱包

1.从锌制箱、铜制箱、探险床箱到暗格箱

19世纪随着英法等欧洲国家在世界范围的殖民扩张，由政府资助的各种开拓和探险活动如火如荼地进行，殖民国家打着为殖民地带去文明和教化、扶助经济的旗号进行各种超越国界的扩张与掠夺。这是一场征服陆海空的冒险旅行，长途跋涉所需的相关装备昂贵，个人基本上无法单独承担相应费用。探险活动不仅需要良好的体能、应对环境的胆识和睿智、操作各种装备的娴熟技术、卓越的外交能力，还需要野营用品、服装、食物、药品、资料、照相器材及狩猎武器，更为重要的是如何保存这些物品。为了使被保存物处于良好的储存环境，包装用的行李箱不仅要有专门用途，还需密闭优异，防潮、防腐、防虫，坚实耐用，重量上也要讲究。如同1860年火车投入使用和20世纪初开始的邮轮航行一样，行李箱至此又将遵从为探险而制的新标准和规范，探索与时俱进的改革。

　　路易威登从专业角度对客户探险世界的包装需求作出了切实回应。1868年，路易威登为非洲和印度等地的海外旅行者特制的锌制密闭行李箱在勒哈弗尔展出，它有三种型号，每种型号又有六种尺寸。由于设计巧妙，该箱的发明者在这次展览会上荣获银奖。锌制箱体外有铆钉固定的木条，并辅以黄铜箱锁、包角和边缘条，整体上非常坚固耐用。此后，路易威登还推出了铜制箱和铝制箱。铜制箱的外表面全部都用铜，有的铜制箱外的加固条也用木条，箱内分层，每层都有隔格，这些行李箱的电镀技术有助于防腐、防氧化。有些行李箱还带有暗格或暗层以满足客户的特殊要求。故探险箱的制作使箱子的设计和材质更新不断进步。从1890年起，路易威登行李箱采用了防撬专利锁以保障行李的安全。根据一些大探险家的经验和专业知识，路易威登为长途旅行及远赴印度和其他各殖民地的冒险旅行设计了箱子，如为了防潮和防止白蚁的侵蚀，路易威登将内结构的杨木换成樟木，这样就能完好地保存箱里衣物特别是毛料品。1903年，有一位名叫卡萨斯（Casas）的先生是著名探险家皮埃尔·布拉柴的好友，他在路易威登的阿斯涅尔工坊订购了一批箱子，其中包括一个特制的铜制行李箱，另外还有多个特制铜盒，这是卡萨斯为了进行一次环绕赤道国家长途旅行而专门定制的。这款铜制箱内部分为八个小格，如果不奢求在丛林过上同样的文明生活，那么它足以携带所有探险的必备器材。据说，在这次旅行的行装中，他还为烧烤准备了一套餐具。

行李箱中装一张折叠床的设计理念可追溯到1865年，但当时，路易·威登本人忽视了对专利的申请。因此，床箱的仿制品无处不在，在征服刚果时期，人们对其偏爱有加，但更多的还是将它称为"比利时床"！因为当时比利时国王也派人到刚果探险，参与分割刚果的争夺，很多探险家也携带着这款床箱。后来，乔治-路易·威登为床箱的发明正式申请专利，于1885年1月17日获得批准。自1890年开始，路易威登的产品目录收录了多款易拆装的床箱。随着床箱的不断改进，它赢得了贵族阶层的喜爱，诸如德·莫雷斯（de Mores）侯爵、布拉柴、G.A.布鲁（G.A.Bloom）、雅克·弗雷（Jacques Faure）等，他们在环游世界时都会定制这款箱子。

皮埃尔·布拉柴1852年出生于罗马一个贵族家庭，1874年取得法国国籍，是一位正直骁勇的探险家和外交家，刚果共和国首都布拉柴维尔就是以他的名字命名的。1875年，布拉柴带领第一支非洲探险队，抵达达喀尔海岸并沿海岸考察。1879年，布拉柴受委托开始了第二次非洲探险，这次探险得到了政府资助。作为法国政府的全权代表与安济科王国国王马可可（Makoko）进行谈判，并与其签订了将刚果置于法国保护下的条约，但刚果河流域归属问题仍未解决。1884年，相关各国召开了柏林会议，会议商议的结果是法国放弃刚果河左岸的管辖权，任命布拉柴为法属刚果特派员，将特许经营权授予私营商业公司，由各公司管理并分享财富。然而，这个决定导致的后果是三分之二的殖民地被40个特许经营公司瓜分，它们采取暴力手段对当地人进行残酷压榨和屠杀以牟取暴利。此事受到西方媒体的关注，迫于压力，法国政府委派布拉柴重返刚果调查此事。历经四个月的调查，布拉柴将发生在殖民地的暴行和罪恶写成报告并将其藏在行李箱的暗格内以防不测。1905年9月，布拉柴在返回法国的途中病逝。而这个暗格箱子却因暗格中的调查资料而遭遇辗转和离奇，但是箱子确实机关重重，暗格极其隐秘类似迷宫，无人能启，可见路易威登箱包设计技艺之精湛和超前。

布拉柴是路易威登的资深客户，他在每次探险之前都会向路易威登定

图 3-51　床箱
图片来源：皮埃尔·雷昂福特，埃里克·普贾雷-普拉.路易威登的 100 个传奇箱包 [M].王露露，罗超，王佳蕾，等译.上海：上海书店出版社，2010：30-31.

制多款行李箱。1905 年 3 月，在启程探险前夕，布拉柴向路易威登工厂下了好几批订单，其中就包括上述的那款引发外交之谜的暗格行李箱，另外还订购了一只铜制写字台箱及锌制和铜制密闭箱。除此之外，他还为自己及随行的妻子定制了两只带马鬃床垫的大号花押字帆布床箱（图 3-51）。这款著名的床箱已被载入史册，因为正是坐在床箱的折叠床上，他说服了马可可，使法国赢得了对刚果的保护权。这款床箱目前被陈列在巴黎凯布朗利博物馆，箱盖上轧制的 "P.S. de Brazza" 仍旧清晰可辨。床箱中间的两个主支架是固定在箱子里的，可以放倒和立起，床尾的金属架和上面的木板以及床前的木板可拆卸，木床架和床垫也是可以折叠后置于箱内；箱子的衬里和床垫的花色一样都是红色和米色相间的条纹布料，折叠好的床垫置于箱盖背面空间并用皮带固定，箱盖外表面两根木条之间印有布拉柴的名字，名字下面还有一道白条，这是私人定制的标记。

　　"萨沃尼昂·德·布拉柴所要搜集的资料基本上都是机密材料。因此，这位大探险家还订了一款带秘密暗格的手提办公桌，桌子的表面是绿漆的铜制外壳。"[1] 嘉士顿-路易·威登 1962 年叙述道，"然而这次旅行，布拉柴并没能活着回来，他在回程途中死于达喀尔。行李箱被带回来了，殖

1　　皮埃尔·雷昂福特，埃里克·普贾雷-普拉.路易威登的 100 个传奇箱包 [M].王露露，罗超，王佳蕾，等译.上海：上海书店出版社，2010：37.

民部虽然知道这个箱子中存在着暗格，但没人能够找到具体位置。我的父亲（乔治-路易·威登）不得不奔赴殖民部，开启这些暗格，取出萨沃尼昂·德·布拉柴所搜集的资料。"[1]这段话是有据可循的，乔治-路易·威登曾经被殖民部召去打开暗格。这个复杂的装置极好地隐藏在了箱子内部，只有知晓其中奥妙的人才能一探究竟，也就是说，当时能开启暗格的只有布拉柴和乔治-路易·威登。这位探险家在里面放置了他的报告、笔记及一些从殖民地管理层、特许经营公司代理人和当地居民处获得的证据。但是乔治只负责打开暗格，至于打开暗格后发生了什么，布拉柴的调查报告里到底写了什么，至今仍是未解之谜。

2.汽车司机专用包，皮埃尔·卡布里埃·波瓦洛，中国西藏，1905

19世纪末，当汽车刚开始使用时，基本就像是在马车上加个发动机和底盘，车是敞篷的，乘客必须忍受各种天气和环境，时不时还有爆胎的危险。因此汽车需要改进车身结构和携带备胎，备胎需要放到箱子里防冻、防热和防潮。自1897年开始，路易威登工厂推出了第一批汽车箱子样品，随后推出了车顶箱和司机包。

路易威登后来整编出了一本详尽的关于汽车专用行李箱方面的专利产品目录。1905年，乔治-路易·威登为其经典的圆形司机包（图3-52）申请了专利，这个圆形硬箱的箱盖和箱盒被闭合后，从上到下又被三条皮带系牢，系好的皮带从圆心向外呈放射状，然后圆形司机包就可以被固定在老式小汽车的车顶。司机包内部由内圆盒和外圈组成。内圆盒是锌制的，可以当作水盆，不用时还可存放四顶

图3-52 "Vuittonite"帆布汽车司机包
图片来源：皮埃尔·雷昂福特，埃里克·普贾雷-普拉.路易威登的100个传奇箱包[M].王露露，罗超，王佳蕾，等译.上海：上海书店出版社，2010：39.

1　　皮埃尔·雷昂福特，埃里克·普贾雷-普拉.路易威登的100个传奇箱包[M].王露露，罗超，王佳蕾，等译.上海：上海书店出版社，2010：37.

女式小帽；外圈可放置一个备用内胎或者外胎。若不想将司机包固定在车顶，也可固定在敞篷车尾部。路易威登研发的另一款机车箱在当年亦风靡一时，称为 Torpedo Bag（"鱼雷"）。这款同样是硬质箱，它由两个半圆拼接而成，无须皮带固定，锁上之后就坚不可摧，它可嵌在驾驶座一侧的汽车踏板上，箱中可以装一个内胎、一个外胎和一个备用轮辋，箱子是铝制的，且可漆上与汽车车身相同的颜色。Torpedo Bag 箱获得 SGDG 专利（即无政府担保专利）。1910 年，此款车箱与司机包一起成为"野营和汽车用品"系列产品，与盥洗盆一样，都被安置在汽车前下方，另外加上汽车专用清洗盆，此项整体设计于 1908 年 10 月 30 日获得"交通运输类"的发明专利。路易威登公司在其广告词中向人们保证："有了这个盥洗盆，司机朋友们的双手将永远干干净净。"[1]尤其是在换完一个车轮之后，效果更是显而易见的。

1916 年，皮埃尔·卡布里埃·波瓦洛（Pierre Gabriel Boileau）定制该产品，随后乔治-路易·威登前往波瓦洛位于玛索路的住处向他交付了这款司机包。波瓦洛是一名探险家，他得到政府的资助，前往中亚及俄国的穆斯林地区进行探险活动。尤其是在 1899 年，波瓦洛成为第一个到达中国西藏高原羌塘无人区的欧洲人，与其同行的奥尔良王子还拍摄了许多照片，波瓦洛探索未知地区的壮举随之闻名于世。

（三）社会名流的心仪箱包

1. 可叠放的汽车箱，米尔鲍尔，巴黎，1909

米尔鲍尔（Muhlbacher）是专为欧洲王室生产四轮豪华马车的制造商，其工厂在巴黎，随着汽车时代的到来，他又将马车改装为汽车，让一流车商加长底盘并修改车身侧门，这让其后来成为劳斯莱斯的专属车身制造商。路易·威登在 1868 年密闭行李箱的基础上设计了汽车专用箱，1897 年在

---

1   皮埃尔·雷昂福特，埃里克·普贾雷-普拉.路易威登的 100 个传奇箱包 [M].王露露，罗超，
       王佳蕾，等译.上海：上海书店出版社，2010：41.

汽车展览会上发布了两款新产品，于
1909年面世。这两款箱子再次采用
了拱形，甚至是双面拱形或前面拱形
的设计理念，这正合米尔鲍尔的心
愿，因此他是第一位订购这两款汽车
箱的客户。其中一款是车顶箱，其外
表有数条横杠，可利用这些横杠来贴
合此类呈拱形的车顶。另一款是车尾
箱（图3-53），其箱盖是平的，故可
叠放几个同类型箱子，并一直可摞到

图3-53　皮质汽车行李箱
图片来源：皮埃尔·雷昂福特，埃里克·普贾雷-普拉.路
易威登的100个传奇箱包[M].王露露，罗超，王佳蕾，
等译.上海：上海书店出版社，2010：45.

汽车后窗，将这两三个同类箱子固定在车尾行李架上，但箱子的前部是凹
形的，为的是刚好能契合汽车凸出的尾部。无论是放在车顶还是车尾的箱
子，都设计了两种最常用的尺寸。车尾箱的内部空间是异形的，而车顶箱
内空间则是平整的，并配有女士帽篮及能装手套和手帕的格子。手套用于
驾驶，手帕在汽车启程时用于挥手告别、擦眼睛和遮挡灰尘等，所以这两
种配箱对汽车旅行来说是必不可少的。在20世纪20年代，路易威登工厂
向司机们如此推销它的产品："只需要一个威登汽车行李箱，就可以保证动
身时您能更快捷地打包；旅途中它具有完美的密封性，箱内衣物随取随放，
安全、舒适、雅致；抵达目的地时，可即取即用，箱内衣物完好无损。在
必要时刻，还可以对行李箱进行拆卸搬运并重新装配……法国司机的卡
片上都配备拆卸箱子的简单介绍，您将轻松实现这一切。"这样的行李箱
真可谓是"因为专业，所以尊贵"。[1]

2.24件衬衫旅行箱，拉谢斯上尉，巴黎，1912

众所周知，19世纪，衬衫制造业是巴黎的专长，在那里不乏出众的
制衣坊，如波伊莱尔、希利奥和波凡等。当时制作衬衫主要还是由裁缝

1　　皮埃尔·雷昂福特，埃里克·普贾雷-普拉.路易威登的100个传奇箱包[M].王露露，罗超，
　　　王佳蕾，等译.上海：上海书店出版社，2010：45.

到客户家中去量身定制。1838年，当克里斯托夫·夏尔凡（Christophe Charvet）的第一家男式衬衫店在黎塞留街（Rue de Richelieu）开业时，在制衣业界引起了一场小变革，随即它又成为赛马俱乐部的供应商。此后，那些国王、贵族、金融巨头及游客们都成了他的座上宾。据说通过收紧衣袖及移动领口，他还发明了两种可拆卸的配饰。继公社广场之后，夏尔凡又在凡登广场开设分店。此外，他在圣奥诺雷市场拥有一家洗衣店，那里的洗涤和浆洗技术一直沿用至今。

　　1850年后，白衬衫成为一种社会身份象征。在工业资本主义社会的不同阶层中都有它的存在。不同的是，白领阶层每天都穿衬衫，而蓝领们只有在星期天才会穿。此后，贵族们又私下制定了这样的规矩："一个男人要配得上此称谓就应该拥有12件衬衫，其中要有4件白衬衫。"[1]如果每天都需更换衬衫的白领们在旅途中，势必需要拥有一个能装下至少12件衬衫的旅行箱才能够维持至少12天的穿着。自1892年以来，路易威登应对这种着装文化也设计出了衬衫行李箱。在产品目录上，衬衫行李箱按照内置的单个分隔篮和双个分隔篮推出了两种，容纳量为18件、36件，最多到60件衬衫。它有3种尺寸，质地上可以选择牛皮或者"Vuittonite"帆布。1914年，这一类型的行李箱所具有的合理性、实用性及必要性受到了挑战。"由于衬衫的尺寸，现行的行李箱很难妥帖地安置它们。如果竖着放，旁边会空出一块什么也放不了的狭窄空间；若横着放，箱子又没有足够的宽度来放置衬衫。而且在旅途中，衬衫的清洁和平整总是麻烦事，有时甚至是不可能的事。这就使得许多人选择衬衫行李箱，或者是可以放衬衫及内衣的行李箱。这种旅行箱给人们带来额外的享受。"[2]

　　住在布尔多内大道59号的巴黎绅士拉谢斯上尉（La Chaise）想定制一款衬衫行李箱。1912年，他向路易威登定制了一款可容纳24件衬衣的

1　　皮埃尔·雷昂福特，埃里克·普贾雷-普拉.路易威登的100个传奇箱包[M].王露露，罗超，王佳蕾，等译.上海：上海书店出版社，2010：183.

2　　皮埃尔·雷昂福特，埃里克·普贾雷-普拉.路易威登的100个传奇箱包[M].王露露，罗超，王佳蕾，等译.上海：上海书店出版社，2010：183.

花押字帆布行李箱（图3-54），他明确要求修改箱内布局，要求定制的箱子首先要能容纳24件衬衫，即在双分隔篮内各放12件衬衫，然后还能再携带内衣。在材质上，他选择尚未被列入产品系列的花押字帆布作为该行李箱的外表面。为了体现专属性，他在箱子的表面签上了自己名字的首字母缩写"L.C"，并在侧面画上了黑色、红色和白色的条纹，难道这是他领带的颜色吗？

3.斯托科夫斯基写字台箱，莱奥波德·斯托科夫斯基，1929

艺术家、音乐家、设计师总是带着自己所有的行李到处旅行。对他们

图3-54 打开的可容纳24件衬衫的花押字帆布行李箱
图片来源：皮埃尔·雷昂福特，埃里克·普贾雷-普拉.路易威登的100个传奇箱包[M].王露露，罗超，王佳蕾，等译.上海：上海书店出版社，2010：182.

而言，不携带自己重要器具的旅行是毫无意义的，因为这些重要器具无论是专业工具还是辅助用品都已成为他们生活的一部分，总是与他们形影不离的。他们毕生都在琢磨如何去运输那些不可运输的物品，他们的行李箱、必备品、匣子或是盒子都是其才华和知识的载体。知识和技能都被装进这些普通的箱子里去执行其独特的任务。它们总是比其他箱子更与众不同，然而从闭合的外表却看不出有什么独特，这样的设计与其说隐蔽，不如说是谨慎，它就像是圣贤之书，需打开才尽显芳华，这就是属于路易威登的艺术，它会赋予器物形而上的文化品位。

莱奥波德·斯托科夫斯基（Leopold Stokowski）是波兰人，是著名的指挥家和音乐人。他经常会在世界各地演出，行李箱成为他生活的必需品，承载着他的生活和事业。他的私人生活和职业生涯都充满了动荡和光芒。他是路易威登的忠实客户，在顾客单上用的是第二任妻子的名字登记的——"莱奥波德·斯托科夫斯基小姐"，且用的是波兰语，字体细致而

图3-55　斯托科夫斯基款花押字帆布写字台箱的打开图
图片来源：皮埃尔·雷昂福特，埃里克·普贾雷-普拉.路易威登的100个传奇箱包 [M].王露露，罗超，王佳蕾，等译.上海：上海书店出版社，2010：296.

隽秀。1929年7月29日的订单上除了其他箱子外，他还定制了特殊的写字台箱（3-55）。这是非常专业的箱子，专为乐团指挥设计构想和制造，符合其外出工作的习惯。箱子是加长的，箱外用花押字帆布包覆，箱内是橘黄色底的棋盘格帆布，牛皮包边，铜锁、铜合页和铜包角，黑色金属提把，箱柜门从一侧打开，从柜门背面能够拉出可折叠和拆卸的支架桌。此设计灵感来自野营中的可拆卸设备，这类设备是20世纪初由路易威登根据汽车设施制造的，柜体内是书架、放置乐谱的抽屉、文件抽屉、放打字机的隔间，揭开箱盖，柜顶上是一张平板，一应俱全。因此在很长时间内，这款箱子成为独一无二的样品，直到成为传奇之物。

　　无论是历史上的工艺美术运动还是当代的手工艺复兴都是人类对工具理性造成的同质化面貌的反应。路易威登的行李箱和手袋的物态设计正是在对历史的审视中青出于蓝而胜于蓝。在各个时代背景下，设计师和技师在设计制作产品的过程中，遵循现代设计原则，尊重材质特性，照顾客户需求，将手工艺制作和机器辅助两种工艺方式之间的转换体现在产品精工细作的每一道工序中，为产品注入了人文情感和审美理念，故产品才能真正以"奢侈"持久流传。因此，无论是经典箱包还是时尚手袋，理解路易威登的产品的物态设计需要超越表象，凝视物象，探究物态背后的文化态势，才能感受到它深层的设计文化意涵。

第四章

路易威登
品牌的
审美元素与创新

上一章探讨的是路易威登箱包和手袋的形态与功能，其物态设计讲究的是技术和匠艺之道合成的物态之美。本章着重研究它的审美元素，包括材料上的条纹、棋盘格图案、花押字图案、产品上的商标和标签、旅行贴花、个性化标识，以及棋盘格图案和花押字图案在后现代语境中延伸到艺术、建筑和时尚领域的创新意义。

花押字图案有它本身独特的美学含义，它的图案辨识度甚至超越了品牌本身。20世纪后期，路易威登的标识逐渐从传统的棕褐色和米色转向波普艺术的33色及建筑外立面上的数字化图案景观影像，产品也从专注形式和功能的实用艺术转向带有纯艺术意味的艺术和时尚领域。实用艺术和纯艺术是有区别的，借用德国著名宗教史学家鲁道夫·奥托（Rudolf Otto）的术语，把艺术的成分界定为"迷人"（Fascinatum）和"恐惧"（Tremendum）。路易威登作为实用艺术直接服务于人的功利目的，它的设计是"迷人"的，能给人以安全感和满足感；而加入纯艺术成分的时尚作品或产品却散发出"恐惧"气息，因为它打破、超越既定实用艺术的"迷人"性，从而使艺术家进入新的"未知"的创造空间。艺术的图案"侵入"了经典图案的空间，使箱包成为可携带的艺术品。带有纯艺术成分的时尚品超越了箱包本身的物质美和传统审美，创造出一种全新的意义结构与知觉形式，人们借此体验到前所未有的物品，"看"到不一样的观念。从这个意义上说，路易威登的跨界合作是一种尝试从"迷人"转向"恐惧"的过程，将设计意志和艺术意志重合，探索一种向未来开放的力量，尝试施加一个新的界域并以此回施予自己、反省自身，使产品和品牌在改变中历久弥新。

第一节　路易威登标识的"魅感性"

"魅感性"这个词借自乔迅的《魅感的表面：明清的玩好之物》一书中的概念，他在书中指出作为装饰品的器物或工艺品自身拥有吸引人意识和本能感觉的表域，只有结合一定的力场（force field）才能被感知，魅感性也就形成了。"魅感"即感知通过物品装饰的表面使人感到愉悦，愉悦只有在与理性结合，并作为新的信息被消费时才呈现出积极的价值。据此，路易威登标识的"魅感性"可以从它的条形纹样、棋盘格图案、花押字图案、产品上的商标和标签、旅行贴花、个性化标识上感知到。帆布图案、手袋形式和标签处于隐喻和触动的交接处，它们将人类的能动性置于它自身非人类的能动性之下——它触发了人的情感，给人愉悦感，用物质的方式与人们互动，让愉悦感富有深度、充满思想。除了审美体验外，奢侈物品魅感的表面都是为了刺激消费者的潜在欲望，用可以获得愉悦感和炫耀感的承诺来诱惑他们，使其产生共鸣性占有欲望。因此，标识带着象征意义进入一种社会秩序中，帮助拥有者建立起各种想象的关系。

一、隐喻的纹样

路易威登的标识体现在它的帆布图案和箱包的标签上。标识不仅是身份证明和企业文化的标志，还有审美价值，同时也是规约箱包拥有者行为的一种礼仪。路易威登箱包上的各种品牌标识都申请了专利，这也是它表达礼仪的方式。在1914年路易威登的产品目录中能看到四款具有代表性帆布图案的使用年代：从1854年至1872年路易威登采用灰色帆布，这种帆布在19世纪70年代被称作特里阿农灰色帆布；随后从1872年起推出了条纹帆布；直到1888年，条纹帆布换成了棋盘格帆布；为了更有效地抵制仿冒行为，1897年发明了复杂的花型混合字母的花押字图案帆布，这款图案一直沿用至今。上述四款帆布，每一款都具有审美现代性，都在历史语境中具有内涵和外延意义，这里主要介绍后三款图案帆布。

（一）条纹帆布

路易威登之家建立之初，一直使用特里阿农灰色帆布作为箱面，但这款颜色和箱型不断被仿制，因此从1872年开始，路易威登给客户提供的是浅褐色底上印着红色长条的帆布行李箱。这种简约单一的长条图案很快赢得了客户的青睐，并掀起了条纹帆布的时尚。为了声明箱子的原创性以防止仿制品，路易·威登在四年后改变了箱体的色系，他于1876年引入了棕褐色和米色条纹相间的图案。从这一刻起，路易威登之家的平面色板标识就以棕褐色和米色为主，这两种经典颜色后来又被应用到素色大方格帆布和花押字帆布上。

历史学家米歇尔·帕斯图罗（Michel Pastoureau）对西方的条纹和条纹织物的意义进行了研究，他在《魔鬼的面料》中写道，条纹在中世纪被认为是邪恶的，甚至是魔鬼般恐怖的。但到了文艺复兴时期，条纹的地位改变了，尤其是竖条纹变成威望和高贵的象征，横条纹则是地位低下的标志。到18世纪末期，条纹的使用者将其应用从服装扩展至纺织物和家具的装饰上，使其经历了前所未有的传播和时尚。新古典主义者认为条纹具有持重、严谨和高雅的品位。条纹被赋予这样的品鉴和欣赏一直都存在，体现出人们对周围物品标记等级和品位的欲望，竖条纹一直都很流行。条纹通过交替排列的韵律节奏，在内部的杂乱无章中唤起了秩序感。也许正是这种条纹文化和内涵使路易威登的条纹帆布箱独具魅力：十足的运动感和规则的形状及设计的严苛，所有这一切都表明箱内的物品各就其位、井然有序、安然无恙。这款条纹帆布直到19世纪80年代末才被正式生产。但实际上，在为这位对此帆布有着疯狂热爱的王室客户 D.A. 夫人制作之前，条纹帆布就存在了。这位夫人的家族成员是路易威登公司的第一位客户。乔治-路易·威登认识她时，她还是一位年轻姑娘，他的儿子嘉士顿记得在1889年巴黎世博会上见过她。这位夫人的祖先在19世纪70年代购买了条纹帆布箱，夫人随后继承了对它的喜爱。嘉士顿曾回忆说当这款条纹帆布从路易威登的产品目录册中消失后，由于她对条纹帆布情有独钟，在1929年之前，公司还专门为她纺织过这款帆布，它已经成为她的专属布料了。

（二）棋盘格帆布

1888年，在巴黎世博会谢幕的第二年，路易威登推出了棋盘格帆布。这是他们首次在帆布上印制公司的注册商标，起到了防止假货的作用。棋盘格帆布作为创立者路易·威登最后的创作，在公司的历史上占有独特的地位。他在1854年用浅灰色不透水帆布覆盖箱子表面的创新思想，对行李箱行业及其历史作出了革命性的贡献。为了超越仿制者，他于1872年又推出了浅褐色底面上装饰有四条红色条纹的防水帆布，这款设计的成功也招致仿制者纷至沓来。不断地创新是为了不断地超越模仿保持身份的识别性，别具一格是设计物身份的标志。1876年路易·威登又改变了帆布的条纹，设计出棕褐色条纹和米色条纹相间的帆布，但模仿者还是亦步亦趋。在乔治的协助下，路易·威登重新设计出好几个纹样，最终选用了棕褐色条纹和米色条纹交错成的棋盘格帆布。1889年，这款箱子在巴黎世博会上展出，其方格形应和着埃菲尔铁塔的现代主义简约的几何形设计。在公司的历史上，首次将"路易威登注册商标"沿棋盘格对角线方向印在方格的对角之间，使帆布图案有断点性装饰的感觉，也是直到这一刻，路易威登才申请了商标专利。这样的举措的确可以预防造假行为。棋盘格帆布被用于制作硬质箱、竖形箱、舱箱、帽箱的表面将近十年才停产。1996年，棋盘格帆布又被重新启用，在复兴和创新中大获成功。今天的棋盘格帆布箱包仍遵循着路易威登的经典设计并随时代变迁而谨慎变化。

（三）花押字帆布

创新、成功和模仿的循环往复激励着乔治采取了影响深远的措施。他将父亲姓名的首字母融合进帆布面料图案的设计中，形成了公司具有徽章意义的花押字图案。

在棋盘格帆布纹样中采取的预防仿制的措施没有阻挡住抄袭者的行为。为了保护产品的原创身份，公司在防御和创新方面作出了积极的反应。自父亲路易·威登1892年去世以来，乔治一直掌管着公司。他于1896年停止了继续对棋盘格帆布的研发，取而代之的是设计出新的具有传奇色彩的花押字帆布。公司不再采纳几何条形或棋盘格的传统母题图案，因为它们太容易被复制。他需要创造出独特的专属于路易威登的新颖图案。经过无数次的草图修改，乔治终于设计出了现在耳熟能详的花押字图案。这个图案并没有和以前的图案完全割裂，而是沿用了以前纹样的某些元素。在颜色上，采用了以前条纹帆布与棋盘格帆布上的棕褐色和米色，并且将路易·威登的名字作为装饰和花型共同排列在帆布上，这也是商标的名字第一次出现在物品的外表面上。花押字图案的使用丰富了装饰元素，呈现出完全独特的设计风格，具有革命性意义。

二、有意味的形式

有意味的形式（significant form）是英国现代艺术理论家克莱夫·贝尔（Clive Bell）提出的。他认为，在讨论审美问题时，按照某种不为人知的神秘规律排列和组合的形式，会以某种特殊的方式感动人们，这种动人的形式就是"有意味的形式"。花押字图案是由花型、字母和几何形组成的，这四种图案元素以某种规律排列，产生了能感动人、耐人寻味的有意味的形式。

图4-1 花押字图案
图片来源：LV官方网站

（一）花押字图案

花押字图案自被引入以来，就享誉全球，人们对它的熟悉程度类似于对古董的认知。花押字由四个装饰元素组成：三个将植物和几何形结合在一起的风格化花型图案，以及交织在一起的公司创始人路易·威登姓名的首字母形态（图4-1）。视觉效果强烈的首字母平面设计基础是横线和斜线相互作用将两个不完整的三角形拼合在一起，这两个三角形是倒置且相似的，"L"作为基础支撑着"V"的底部，这样就形成了斜线和斜线相交或平行的图形，体现出一种形式上的韵律感和构图上的整体性。乔治-路易·威登在设计父亲的姓名首字母"LV"时，选用了直角字母"L"，然后使之倾斜，倾斜后的"L"字形中的一竖即可与"V"（大写罗马字体）的右斜线平行。"L"字母竖笔的最上端则到达字母"V"最上面开口处中点，两个字母由此巧妙地交织形成一种稳定的图案形态。不过，字母绘制及字母历史专家认为，出于制作和商业应用的考虑，应以埃尔泽菲尔字体来为这两个字母做艺术修饰。"埃尔泽菲尔字体有一种如中国陶瓷般少见的优雅感和珍异感。它只适用于书面印刷，能以其自然流露的贵族气息显示出传统和品质，是一种加拉蒙德衬线字体。这种字体不适用于广告设计，因为后者需使用一些有通俗感的材料。"[1]

此外，还有三个花型形态设计（图4-2）。第一个母题花型由四段凹曲线连接成类似菱形的黄褐色小星星，在小星星的里面镂空刻出棕褐色的四片尖角花瓣组成的花型，黄褐色的圆点嵌在花的中心；第二个花型和第一个正好相反，黄褐色的四片尖角花瓣组成的花型中心有一个棕褐色的圆

1　皮埃尔·雷昂福特，埃里克·普贾雷-普拉.路易威登的100个传奇箱包[M].王露露，罗超，王佳蕾，等译.上海：上海书店出版社，2010：452.

点；最后一个花型是黄褐色的圆圈里镂空刻出一个四片圆形花瓣组成的花型（类似四叶草），黄褐色的圆点点缀在花的中心。这种风格化的装饰图案之间相互映衬，无论是其内涵还是外延在花型整体排列中都得到了加强，从而创造出一种图形节奏感。这种装饰图案简约、巧妙且严谨。不同的花型图案以严格的秩序排布成有节奏的整体。无论是从帆布的左边向右边看，还是自上向下看，我们都能发现一个结构性的母题——黄褐色四角尖形星星，不管是横排还是竖行，总是会隔排或隔行出现在帆布的图案空间中，形成了有规律的网格，其他装饰母题在网格中只是交替出现，故图案的组织基本遵循对称原则。

图4-2　花押字图案中的四种母题（交织的首字母，棕褐色尖角星星，黄褐色尖角星星，棕褐色圆角四叶草）
图片来源：PASOLS，P-G. Louis Vuitton:the birth of modern luxury[M]. New York : Abrams, 2012：120.

　　花押字图案被乔治注册了商标，并且商标注册也会定期更新。《商标权官方公报》没有明确规定商标的颜色，因此路易威登的商标可以使用任何颜色。事实上，有一篇文章说："品牌标志可以以任何颜色被放置或印刷在任何地方。"[1]在取得成功和享誉全球之前，花押字帆布曾遭到抵制。嘉士顿回忆起当初公众对这种新式图案保持缄默，他们要求行李箱还是沿用以前的棋盘格甚至条纹帆布，但乔治坚决反对，坚持引入新颖的设计。乔治和他的父亲如出一辙，路易·威登当年就是凭着直觉和超前的判断力引入了平盖行李箱。乔治也以同样坚定的决心推行这款花押字帆布箱。在时间对视觉的磨砺中，这款融合了乔治的劝说力和设计的、具有强大生命力

────────────

1　　　PASOLS P-G. Louis Vuitton: the birth of modern luxury[M]. New York: Abrams, 2012：
　　　122-123.

图4-3　法国日安陶瓷生产的瓷砖
图片来源：PASOLS，P-G. Louis Vuitton:the birth of modern luxury[M]. New York：Abrams, 2012：127.

的图案终于胜出，战胜了公众保守的观念，著名的路易威登标识就此诞生了。

（二）花押字的秘密

花押字是指姓名的首字母交织缠绕在一起的图案。路易威登花押字图案凭借明显的区别性和高度的可识别性图像宣称了品牌的身份。它令人惊诧的持久生命力引起了人们的好奇和对它的探索。自它诞生之后的一个多世纪，花押字图案就再没有淡出过人们的视线，它由一个蕴藏着私人回忆的标识逐渐演变成一种举世闻名的奢侈品身份象征的符号。

这种明显的可识别的花押字图案不仅保护了公司的设计产权，而且使旅行也变得心旷神怡。花押字首先代表了孝道。乔治接管公司不久，就开始潜心研究花押字的设计，在这期间，他的父亲路易·威登去世了。"LV"首字母的设计是乔治对他父亲——公司的创始人路易·威登的致敬和怀念，花型装饰是对他父亲作品的加冕。从家族的背景看，帆布纹样的设计很可能是将花型的装饰和威登家族室内曾经出现的装饰元素相关联。自乔治出生以来，在阿斯涅尔家里的墙壁上就贴着法国日安陶瓷生产的瓷砖（图4-3），瓷砖上的花纹对他有潜移默化的影响，并给予他设计花型的灵感，同时他也在无意识中追求图案的独特设计。也许是他认为瓷砖上的四花瓣图形和四尖角星星图像以及四叶草的花型相似，同时四花瓣图形也暗含了四叶草驱除厄运带来吉祥的意义。

有学者认为乔治受到一个6—7世纪的古老硬币匣的启发。有文献记载他这样描述自己的花押字设计图："采用一些圆形的镂空花饰，再以菱形或矩形的小花案组合成垂直交叉的长条形图案，用以间隔上述圆形镂空花。"[1]也有学者认为花押字图案之所以能做到不褪流行，究其原因可能是这种帆布图案上的复古气息，它可能是乔治的设计受到来自远古的法兰克王国墨洛温王朝的影响。还有学者认为花押字图案在它被创造的时代就反映了一种时尚的审美潮流。乔治有意识地、或多或少地为他的帆布挪用了当时的审美和时尚气质。在当时的巴黎出现了成立于1891年的法国纳比派，这个派别的画家坚持绘画的装饰维度，简化形状，赋予绘画以符号的力量。同时，19世纪末也是一个遥远的艺术影响穿越时空的时代。自从浪漫主义将哥特式"原始"的金银丝细工和建筑物上的怪人怪兽雕像再度引入时尚中时，浪漫主义艺术家对中世纪的迷恋就影响了当时的艺术和设计。在欧洲大量的中世纪、哥特和新哥特式的世俗或宗教纪念碑上也可以看到这种母题装饰。维欧勒·勒-杜克（Viollet Le-Duc）是法国建筑师、建筑理论家和画家，他致力于复兴哥特建筑、修复法国的中世纪建筑，这对现代建筑有所启发。乔治对他的作品很感兴趣。他在自己撰写的那本关于旅行和旅行箱历史的书中经常提到维欧勒·勒-杜克编纂的法国家具插画词典，包括出现在维欧勒·勒-杜克书中的几个古代物品的雕刻，如藏于巴黎克吕尼博物馆的餐具柜。餐具柜上的设计和花押字帆布上的四花瓣图案有紧密的联系，四花瓣图案也能在中世纪的箱锁钥匙上（图4-4）上看到。早在4世纪埃及开罗的科普特人（Coptic）的纺织物（图4-5）上就已出现这种花型图案，它也被雕刻在13世纪末到15世纪末巴塞罗那大教堂的石头上、始建于7世纪重建于12世纪到16世纪的巴黎圣日耳曼奥塞尔教堂（Saint-Germain-l'Auxerrois Church）的外立面上（图4-6左）以及15世纪威尼斯总督宫的建筑上（图4-7），玫瑰窗装饰纹样（图4-6右上和右下）来自塞穆尔-恩-欧索瓦圣母教堂（Notre-Dame de Semur-en-Auxois），图案装饰可追溯到13世纪初。维欧勒·勒-杜克非常欣赏这些母题，他在1843年的作品中重新介绍了这些图案。众所周知，乔治

1　　皮埃尔·雷昂福特，埃里克·普贾雷-普拉.路易威登的100个传奇箱包[M].王露露，罗超，
　　　王佳蕾，等译.上海：上海书店出版社，2010：450.

非常喜欢维欧勒·勒-杜克的作品，所以后来路易威登帆布上的图案与维欧勒·勒-杜克作品中的图案非常相似。另外，在克雷兹圣皮埃尔修道院教堂（Saint-Pierre abbey church, Corrèze）的圣物箱上（1210-30），装饰着一个小型重复的镀金黄铜景泰蓝四叶草图案（图4-8），它是由利摩日的银匠制作的。这种四花瓣图案在巴黎的艺术环境中及整个欧洲到处都能看到。正如文献所述，从4世纪到19世纪，花押字母题图案在各个文明阶段中的作品中都有记载，正是这种普遍性特点说明了它经久不衰的美学价值。

图4-4　中世纪的箱锁钥匙

图4-5　科普特人编织的彩色羊毯残片　　图4-6　巴黎圣日耳曼奥塞尔教堂

图4-8　镀金黄铜景泰蓝四叶草

图4-7　威尼斯总督宫建筑上的图案

图片来源：PASOLS P-G. Louis Vuitton: the birth of modern luxury[M]. New York: Abrams, 2012：124 - 127．

　　从历史上看，花押字是艺术家用来标记作品、辨别真伪、独一无二的签名，这是几个世纪以来的传统。最典型的例子是16世纪阿尔伯特·丢勒（Albrecht Dürer）在其画作上的签名（图4-9左）。他将名字中的" A "写成类似日本的鸟居（神社的牌坊），姓氏的" D "放在" A "的下面，像是受到鸟居的保护一样（图4-9右）。花押字是艺术家的特权，通过行使这种特权，路易威登明确肯定它的产品是特殊的物品，是具有艺术品质

图4-9 丢勒《野兔》(Feldhase)及其签名
图片来源：360图片库

和维度的奢侈品。路易·威登认为作为一个制箱师不仅是掌握技艺的匠人，更意味着要调动创造力去超越匠艺从而达到艺术的境界。从更深层的意义上讲，花押字图案元素自1896年以来成为路易威登公司的徽章源自纹章学的规则和传统。它可以被看作盾形纹章，具有自封建社会以来第一枚盾

形纹章的简单结构，这种结构意味着从远处，无论是在战场的中间还是混战的中心区域，都能一目了然。因此，武士的盾形纹章需要被设计得显而易见。根据历史学家米歇尔·帕斯图罗的说法，"图案需要简化，并且每一个有助于识别图案的元素都需要被强调或者夸张，比如几何形的人体、头、腿、动物的尾巴、树叶和水果等"[1]。在西方的想象中，虽然从理论上讲，任何人都可以使用盾形纹章，但自中世纪以来它就被看成贵族特权的标志。以花押字来识别奢侈品的身份也因此继承了贵族标志的功能，它是区分卓越和稀有的象征。在箱包上使用路易威登品牌图案还能起到另一种与客户交流的作用。

当箱包外部以整张花押字图案的材料来包覆时，这就意味着一种整合：路易威登行李箱的价值不仅在于其各个组成部分的优良品质，也在于将这些具体部分组合起来的整体设计。这种品牌整合性既可体现在一只箱包上，也可体现在所有采用了花押字图案的路易威登箱包上，这时每只路易威登箱包都仿佛成了拼板游戏的一小块。

自1854年日本对西方开放与1867年巴黎世博会以来，日本艺术就逐渐渗透到欧洲。在19世纪70年代和80年代，日本文化在欧洲的民众和艺术家中掀起了一股热潮，以至于受远东影响而产生的每一件事物都被贴

1　　PASOLS P-G. Louis Vuitton:the birth of modern luxury[M]. New York: Abrams, 2012 : 125.

上日本主义的标签。日本人有创制和传承家族纹章的传统，这种纹章类似欧洲的盾形纹章并且也扮演着相同的角色，用以识别个体身份和追溯家族渊源。日本的纹章（图4-10）通常是圆形的，但也有方形、长方形、菱形或像龟壳背一样的六边形，这些形状的边角都是圆的。正如鉴赏家雷内·塞格雷在他的文章中所记述的，"有时候，特别是盾形纹章的造型被用来装饰纺织物时，纹章的圆形外圈就被去掉了"[1]。塞格雷关于20世

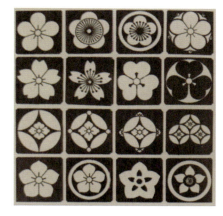

图4-10 日本的纹章
图片来源：PASOLS P-G. Louis Vuitton: The birth of modern luxury[M]. New York: Abrams, 2012：128.

纪日本的纹章的分析很清楚地显示了它们和花押字图案的关联。日本的纹章"mon"和花押字英文"Monogram"的第一个音节有一种莫名的巧合。更有甚者，风格化的花型图案在日本封建贵族的盾形纹章中很常见，它们和乔治绘制的花型纹样非常相似。这难道就是路易威登在过去的几十年在日本深受欢迎的原因吗？和日本主义时尚的联系应该有另外的解释而非寻求一种直接的从属关系：花押字帆布呈现的是一组带有普遍性力量的符号，它持久的成功秘诀在于这种普世意义。这种设计能感动每一个人，而他们的感受反应也各不相同。它能吸引人们的注意力，但人们对它的解释也各有千秋。不同文化和地域的个体对路易威登帆布的渊源和装饰母题的理解与认知也各持己见。这是不是保证它经久不衰、超越时尚的原因呢？

（三）花押字图案的历史困惑

日本东京大学的教授三浦展（Atsushi Miura）的研究证实了某些学者

---

1   PASOLS P-G. Louis Vuitton:the birth of modern luxury[M]. New York: Abrams, 2012：128.

关于花押字图案发明的假设。他认为这些发现表明花押字图案应该被放置在19世纪末法国的艺术和文化语境中去阐释。路易威登肯定没有复制任何一个特定的日本装饰图案。中世纪艺术是它的另一个灵感来源。乔治可能受到中世纪法国艺术的影响，他以19世纪新哥特的眼光来改变和调整这些有历史意味的装饰图案，以符合他自己的审美志趣。虽然不能否定日本时尚的影响，但需将花押字装饰图案放在更宽广的历史语境中去理解。此外，19世纪末20世纪初的新艺术运动、20世纪20—30年代的装饰艺术运动及现代工业设计对法国艺术设计产生了巨大影响，在造型设计中多采用几何形状或折线进行装饰，在色彩设计中强调运用有对比感的纯色，这种设计手法尤其体现在平面设计中。当时的家具、壁纸、纺织物、彩陶等也都呈现出现代简约、奢侈精美的特点。在装饰艺术运动的影响下，花押字图案的整体结构设计灵感是由装饰艺术法则引发的。另外，乔治参加了1878年和1889年两届世博会，花押字图案也受到了这两次世博会的影响。因此，应当将花押字图案的设计和当时的艺术和美学语境相融合，只有将其置于艺术史的长河中，花押字图案才能在民族传统和普世性原则中找到平衡。

三、标签的礼仪

标签（图4-11）是贴在物品上表明物品属性和身份的文本，它的承载物是纸、皮、布或其他材质。标签在英语中是"label"，而在法语中是"étiquette"，它原指写在长方形的"étiquette"上的法庭规则，使在法庭场域中的人都以此为遵循，具有可见性、权威性和唯一性。而"etiquette"在英语中指的是礼仪。结合"etiquette"的英语和法语意思，可以看出标签具有双重含义，不仅有标识作用，还含有"不可见的礼仪"之意，这种礼仪就意味着身份的尊严和面向对象所表明的立场及对其采取的策略。"礼仪不是简单的一个礼节，更不是一个礼貌。礼仪的实质是组织力量实

图4-11　行李箱和都市手袋的标签

图片来源：皮埃尔·雷昂福特，埃里克·普贾雷-普拉.路易威登的100个传奇箱包[M].王露露，罗超，王佳蕾，等译.上海：上海书店出版社，2010：462.让-克劳德·考夫曼，伊恩·卢纳，弗洛伦斯·米勒，等.路易威登都市手袋秘史[M].赵晖，译.北京：北京美术摄影出版社，2015：383.

现一个行动，同时是面对力量发挥力量的作用，展示其威仪。"[1]所以标签就像仪容仪表一样是一种外在的力量，需要对方以尊重来回应。在各种历史性事件的场景中，路易威登会以各种不同的身份出现其中，其身份携带的礼仪则使它有时是旁观者，有时则是供应商或活动家。

（一）商标的身份"证明"

商标首先是起标识作用，被置于路易威登箱包和手袋内的不同位置。在一些古董箱中，商标被印于箱体背面或箱盖中央。大约从1900年起，商标被贴于箱盖一角。起初，路易威登是将带有各种奖章和厂址的信息都印在一张大尺寸的纸上作为品牌商标，后来，这种商标慢慢简化为小尺寸的长方形纸卡或皮卡。有时也会直接印在箱包衬里上，略去奖章和工厂标记，代之的是路易威登巴黎店或其他地区分店的店址，即伦敦店、尼斯店、里尔店、维希店和卡昂店等等。

1　　　李汉潮.由仁义而行[M].北京：团结出版社，2017：176.

此外，商标还用于标记产品编号。每个产品编号都是独一无二的，它被模印或压印在皮卡、布卡或金属卡标牌上。但约在1900年到1925年间，产品编号不是印于商标上的。箱包的产品编号与出厂时此箱包的箱锁号相对应。现在的商标是在产品完成后被贴上去的。商标字样也会印在箱包图样、箱架和所有的其他材料上（路易威登帆布、硫化纤维材料等）。另外，商标还会出现在铆钉、锁、钥匙、扣、包角铁、提把或包箱面料上，出现在箱内的拢带、皮带和皮带扣上，以及手袋衬里的边缘处。

路易威登商标不拘于某个固定的形式，不管是哪种商标，它的目的都只是表示该产品的原创设计和工艺。商标的形状多为长方形和三角形。商标具有各种不同的功能和意义，有的表示专利权，有的突出品牌，有的是设计创意，而有些则是迎合款式。例如，路易威登箱锁和箱扣上的"Bre"字母，意为"专利"，被标于路易威登名称之后，暗示着产品的原创性和专利权。路易威登的商标如同品牌的身份证，像是箱包以自己的语言写下的一个签名，它会带给客户品牌安全感。"LV"字样被压印于金属铆钉盖上、皮卡上和箱锁上，以表明所有以这些铆钉固定住的箱包材料都产自路易威登工厂。尤其是路易威登的箱锁最为特别，它是路易威登的专利设计，拥有专属使用权。

商标就像一个身份图章，具有唯一性和历史连贯性。它是路易威登赋予消费者品质和品位保障的承诺礼仪，也是消费者使用的安全证书，消费者应以尊重的礼数回应。

（二）贴花标签的旅行"记忆"

收藏、阅读和写作是嘉士顿-路易·威登的三大爱好。他在考古协会举办的"旧报纸的历史和艺术"会议上作了题为"我的行李箱的图像旅行"的演讲。这篇演讲在1920年被发表，主要内容是解释贴在行李箱上的贴花标签的来源、用途和价值。演讲内容如下：

"也许幸福仅仅存在于火车站。我想请你驻足在那里，仔细看看贴在箱包行李上的贴纸。在一些旧行李箱上你发现了什么？你会发现交通方

图 4-12　迷你海报

图片来源：PASOLS P-G. Louis Vuitton: the birth of modern luxury[M]. New York: Abrams, 2012: 215 . 让 - 克劳德 · 考夫曼，伊恩 · 卢纳，弗洛伦斯 · 米勒，等 . 路易威登都市手袋秘史 [M]. 赵晖，译 . 北京：北京美术摄影出版社，2015：229 .

式的说明、航行的标志、游览的印记，所有这些记录有的是写在旧报纸上的，有的是铁路公司的特殊火车或国际豪华特快列车出具的标签，还有的是来自邮轮公司，这些公司提供从火车站到住所、仓库、海关的交通运输，所有这些地方的运输都离不开行李箱的搬运。最后，还有酒店的标签，你在使用过的行李箱上就能看到。我想着重说说酒店行李箱上的贴花标签，让我们来一次环球旅行吧。为了表明酒店行李箱的标签，我把它称作'迷你海报'（图 4- 12），它是一片贴在旅行者行李箱上用作广告的印刷标签。这个广告有三重效果。迷你海报是通过记忆、关注和建议来发挥作用的。1. 通过记忆：它使箱子的主人回忆起旅行的地点和下榻的酒店。2. 通过关注：它向其他旅行者表明箱子的主人通常入住的酒店，并产生跟随效应。3. 通过建议：像一则真正的广告一样，它唤起旅行者入住这家酒店的想法，甚至前往那个国家的愿望。这种迷你海报是由梅森 · 布蒂利耶（Maison Boutillier）在 1890 年首次创作的，梅森 · 里希特（Maison

Richiter）在 1900 年开始贴在行李箱上。一些记者注意到旅行者的箱子上贴着这种精美的迷你海报，因此又将其重新设计成标签，标记曾经旅行过的地方和时间。这种标签在 1913 年被发表在三种不同的报纸上。制箱商认为这种贴在箱子上的迷你海报可以成为对其产品价值的证明，于是将有装饰意味的迷你海报和行李箱一起陈列在产品目录中。还有些行李箱贴花标签（图 4-13）能够让酒店服务员通过贴花标签了解到箱子主人的旅行状况。如果在箱子的上拐角处有一个四分之一圆圈，表明箱子主人是一个没有旅行经验的人，需要周到的服务；箱锁的两边各有一道直线，意味着箱子主人非常慷慨；箱子的右上角有一条横线，意味着箱子主人非常不友好；箱下角的斜线，表示箱子主人是不好相处的寄生者；在右下角出现一个交叉符号，说明箱子主人是寄生者，但很慷慨。"[1]

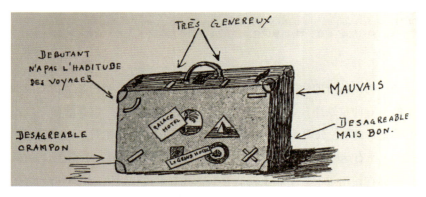

图 4-13　行李箱上的贴花标签
图片来源：PASOLS P-G. Louis Vuitton: the birth of modern luxury[M]. New York: Abrams, 2012：214．

　　行李箱上的旅行贴花标签实际上是关于酒店的迷你海报，海报的形状有方形、圆形、椭圆形及异形。海报上的背景有酒店所在地的风景、旅行中的景色，也有的只是有颜色的并在四周加饰花边的背景；前景中一般都

1　　　PASOLS P-G. Louis Vuitton: the birth of modern luxury[M]. New York: Abrams, 2012：214．

呈现各种字体的酒店名称。海报设计层次分明、色调和谐、主题鲜明，既传达了信息又具有审美意味。

嘉士顿非常看重行李箱上这些不断累积的贴花标签所具有的文化价值，尤其钟爱收集各种贴花标签，如车站的标牌、酒店的标识等。他认为旅行中留下的这些贴花标签有着某种人文关照和叙事意味。1920年，嘉士顿出版了《我行李箱上的旅行贴花标签》，书中包括了"旧纸张的历史和艺术"会议中的报告。嘉士顿在书中借助旅行贴花标签赋予了行李箱的历史以故事性和思想性，同时他也在书中展示了自己的一些旅行贴花标签，这也是路易威登参与旅行历史建构的见证。

（三）标识的个性化"张扬"

当箱包被制作完成后，路易威登允许在箱子上加入一些个性化的标识，其制作是由销售商店中的专业制箱人员完成的，这也属于制箱工艺的一部分。为客户定制的标识分为两种：一种是将个人信息刻在名片大小的金属标牌上，然后用铆钉钉于箱包表面，这样的标牌既有文本的独特性又不喧宾夺主；另一种是在箱身上作特别的绘图设计，如姓名的首字母、姓氏全名、间隔式的条纹或带状条纹。此外还可以印上纹章，所有这些设计从远处看也要像客户姓名的首字母一样起到标识效果。

客户所在地不同，标识的设计也不同，故具有地域性和个人特色。1910年左右，路易威登才制定了自己的图案和标识制作规则，如在各首字母间加上圆点（J.M.K.），规定了常用字母的大小和字母标写（包括字体种类和明暗度）的三种颜色，一般常用黑、黄、红三色。路易威登还可为客户在箱体加入他们自己提供的图案，如字画谜、徽章、勋章、纹章、数字等等。行李箱的几个面都可以覆以彩色条纹图案，或者将条纹置于某一面的斜角处。客户自己决定标识的颜色、人名缩写或装饰图案，但都是基于路易威登的设计范围。箱内私人空间的装饰也尊重客户的意愿。

标识字体的明暗度使姓名首字母能凸显于图案中，以一种隐喻的方式引发人们对此箱包的想象。箱子是日光下的幽暗存在，它属于某人，这既是一种可知同时也是一种未知，虽然知道它是谁的，但箱中空间和物品我们无从探知，因为每个箱包都有带着路易威登标识的铜锁把守。当客户在箱包上添加自己的个性化标识，特别是加上色彩鲜明的签名缩写时，它似乎在表明从现在开始，将由自己的签名代替路易威登的品牌标识，这是品牌赋予客户的礼仪，而这份尊重也是路易威登标识贵族化气息的延续。即便是个性化箱包，也带有原作的身份特征，所以它也是一种元设计。个性化标识的行李箱一旦交付于客户，它便开始了新的被标识的旅途，途中它可能需要被盖上各种印章或被贴上各种酒店标签。

还有一种标识是路易威登的纸面留档文化，它是企业文化的一部分。这种文化标识是留存在企业内部的大量带笺头（粗笔或细笔）的会计记账和发票，从中能看到威登家族管理者的笔迹。另外，企业的标识"LV"或其全称"Louis Vuitton"在登记簿、客户订单、照片、旅行回忆录、电影、小说、简报、限量发行物、产品目录、展览会等文本中都可以见到，它们仿佛是从各种生活场景中截取下来被印制在了路易威登箱包上一样。也正是因为这统一的品牌标识，各种与箱包有关的故事片段无论是个人的还是集体的，都以一种文学化的方式被关联起来。

一个企业或一种文化的生命历程可以被细细描述，也可以用标识简略概括。标识就如同中世纪的纹章一样，使路易威登在日常生活中能被更多的人识别。箱包上的字母和颜色与中世纪士兵盾牌上的徽章似乎异曲同工，给人以骑士般的士气和威严，同时又给箱内物增添了几分神秘感。路易威登箱包以标识的礼仪为时尚界带来了一些有贵族气息的样式；同时，通过其品牌标识的表现形式，体现了保护箱内物件的承诺。在路易威登箱包上，"Louis Vuitton"的全名字样或其首字母"LV"或花押字图案浓缩的既是一部家族企业的厚重历史，也象征着所有箱包手袋衬托出的奢侈品位。

第二节　路易威登产品的艺术性

路易威登的箱包和手袋自产生以来一直是功能和审美的产物，其审美可从对品牌面料上的图案设计以及嘉士顿对橱窗和香水瓶的设计中窥见一斑，所以当品牌和艺术家、时尚设计师合作时看似是偶然的事件，实际上体现了一种历史必然性。无论是跨界艺术和时尚所产生的产品，还是为迎合审美的资本主义而创作的波普文化奢侈品，路易威登的标识一直在被挪用，其经典箱包和手袋被再创作，成为艺术分量大于实用功能的奢侈品，在市场价值的导向中实现其设计价值。

一、路易威登的艺术史

路易威登的历史是一部不断对艺术充满激情并在追求创新的过程中坚持自我的叙事。自1854年以来，路易威登出于对商业的考虑，协调了视觉身份和象征性传统的关系。首先，路易威登采用的材料本身就具有现代自明性。棋盘格帆布及后来的花押字图案都是出于经济的挑战和美学上的考虑，不断变化以抵御仿制。乔治-路易·威登设计的花押字图案的四个花型，是他将从艺术中吸取的母题和装饰艺术史中的纹样元素结合而形成的，包括罗马风格和日本平面设计的传统。从一开始，公司奉行的观念就是创造一个活动的共生场域。在这里，艺术中的分类几乎没有意义。这种观念自此在路易威登的艺术世界中成为默认的事实。它创造的产品总是反映了那个时代的精神，保持着自己的审美特色，是有教养的精英阶层的奢侈生活和旅行的同义词。在1920年至1930年期间，路易威登为文艺界精英们定制个性化功能箱。自1960年以来，各种艺术形式的区别也逐渐被摒弃。同样的理念也在时尚界广泛流行，设计师在设计中不断采用观念方式，也没有将他们自己和视觉艺术家区分开来。

直到1980年，路易威登才真正开始和国际最知名的艺术家建立起持久的联系。索尔·勒维特（Sol LeWitt）、阿尔曼（Arman），詹姆斯·罗森奎斯特（James Rosenquist）、桑德罗·基亚（Sandro Chia）等艺术家受委托创作了系列丝巾。这是一个时尚在博物馆世界赢得关注的时代，并且艺术和时尚的互动非常频繁。山本耀司（Yohji Yamamoto）和川久保玲（Rei Kawakubo）开设了类似艺术馆一样的店铺；让·夏尔·德卡斯泰尔巴雅克（Jean Charles de Castelbajac）邀请罗伯特·康巴斯（Robert Combas）、安妮特·梅萨热（Annette Messager）和埃尔维·迪罗莎（Hervé Di Rosa）绘画的服装在1983年的巴黎国际当代艺术博览会（FIAC）上展出，凯斯·哈林（Keith Haring）也和薇薇安·韦斯特伍德（Vivienne Westwood）进行合作。两个领域的合作看起来是很自然的，因为两者在日常经验的基础上塑造了我们的视觉世界，合作的重要方面是在最宽广的意义上的创造。

20世纪90年代，艺术世界有更为活跃和强烈的包容行为。时尚史学家弗洛伦斯·米勒（Florence Müller）认为杂志愉悦地将视觉元素和内容、排版结合起来隐含艺术。路易威登也加速了它在创新领域的转变。1996年，七位时尚设计师演绎了以花押字图案为母题的元设计，创造了多样的混合艺术。

1997年，马克·雅可布成为路易威登的创意设计总监，他和当代艺术世界建立起强劲的联系，进行的一系列的合作不断引起媒体的关注。他和艺术家史蒂芬·斯普劳斯（2001）、朱莉·弗尔霍文（2002）、村上隆（2003）、理查德·普林斯（2008）等合作，从他们的艺术中提取灵感再创作了路易威登皮制作品，并且即刻产生了轰动效应。

2004年，乌戈·罗迪纳为路易威登设计了主题为"冬季旅途"的系列圣诞橱窗。两年后，奥拉弗尔·埃利亚松（Olafur Eliasson）设计了光彩夺目的太阳眼装置作品《眼睛看见你》（Eye see you），这只眼睛造型的装置观察着路过者并从他们的凝视中将展陈产品收藏，它也在路易威登的全球网络中展出。基于香榭丽舍旗舰店的模式，路易威登的其他店铺也长久地摆设艺术家作品，如詹姆斯·特瑞尔（James Turrell）、奥拉弗尔·埃利亚松及罗伯特·威尔森的作品。迈克尔·林（Michael Lin）的作品秉持他特有的茂盛花纹母题，2004年在台北店展陈。在旧金山店放置着特雷西塔·费尔南德斯（Teresita Fernandez）的《蓝色温室》，这是一件大型半透明蓝色玻璃装置，玻璃上镶嵌了成千上万片圆形反光镜。在其他店里放置艺术作品的例子很多，包括中国艺术家展望在香港地标店展出的奇特的生物形态雕塑，以及香港广东道店铺里展出的意大利艺术家法布里奇奥·普雷西（Fabrizio Plessi）炫目的视频作品。

2005 年，香榭丽舍旗舰店重新开张。店铺的建筑由埃里克·卡尔森（Eric Carlson）设计，配以彼得·马力诺（Peter Marino）的室内设计。这个店铺设计作品直接或隐喻地使观者进入艺术和建筑融合的、完全可以再展开想象的空间中。店铺中一个很显著的创新是路易威登顶层用于展览的 E 空间，它是游离于销售空间之外的独立空间。顶层下面的空间是展陈和销售的场域。室内设计师在底层创造了奢华的氛围，同时提供了令人窒息的体验，包括卡尔森设计的将阳光散射到店铺中央的中庭。店中有三件临时艺术装置。首先是蒂姆·怀特-索比斯基（Time White-Sobieski）的影像装置，它巧妙地将正在上主楼梯的观者转变为旅行者。再往前走，观者看到的是詹姆斯·特瑞尔缓慢改变颜色的灯光装置。最后，是安装在店铺的几何形中央空间的奥拉弗尔·埃利亚松的装置作品《你正在失去感知》，它的魔幻之处是使观者在通往 E 空间的上升电梯中感知一种完全的黑暗和寂静，使观者暂时逃离都市的喧嚣，经历片刻悬浮并在短暂的绝对寂静中进行自我内省。也许这些装置艺术最精致之处是它们的微妙性和哲思性，它们使艺术完全地融入建筑中，但艺术是设计的核心。当观者穿过通往香榭丽舍大街的店门离店而去时，他们会在堆叠摆放的红箱子间穿行，不禁使人想起唐纳德·贾德（Donald Judd）的作品《堆叠》，这是路易威登对完成店内"艺术之旅"的客人所致的辞别之礼。

不管是委托摆放在店里的装置作品，还是设计展陈的橱窗，抑或参加 E 空间的展览，路易威登在过去的几十年里和艺术家的合作都是成倍增长的。

二、美学资本主义

奥利维耶·阿苏利（Olivier Assouly）在他的《审美资本主义：品味的

Research on French Luxury Brand: Design Culture of Louis Vuitton

237

工业化》中指出审美资本主义已经成为生活的一部分。享乐的工业化使奢侈品高于必需品，感性高于理性，诱惑高于判断。他认为艺术和时尚的合作基于更为广泛的趋势，为了获取经济利益，市场营销策略必须关照到传统经济界限之外的一切因素包括私人生活、个人存在，以及和亲密关系、神圣性、象征性、审美愉悦、道德价值、伦理、社区联系以及社会和个人的解放之间的物理关系。艺术天然地在这个体系里就有一席之地。它自发地融合进各种创造过程。时尚和艺术之间的大部分互动是基于单纯为设计目的而使用的艺术，因为设计能将产品装饰得符合时尚品位的变化，所以能够产生固定不变的情感紧张。奢侈品工业很巧妙地立足于审美体验的变化莫测的本质。不管路易威登和艺术界的联系是公开的商业性，还是更为微妙的在路易威登 E 空间的表达，它们始终是受市场驱动的。美学上投资操作的是物品的非物质性和象征性。路易威登已经发起了许多充满智慧的宣传活动，所有这些活动都围绕着旅行的主题展开，和那些不太艺术化但又代表一种存在经验的个体合作，如和法瑞尔·威廉姆斯（Pharrell Williams）、长尾智明（Nigo）、村上隆的合作，和一些明星摄影师及一些名人政要的合作。

这些跨界合作的例子都和物品本身的品质和奢侈性无关，而和资本运作有关。20 世纪 60 年代，自称为商业艺术家的安迪·沃霍尔展示了艺术作品的商业本质不是一定要代表对于其艺术效度的矛盾。在过去的十几年里，和路易威登合作的许多艺术家发展了后杜尚美学，直接在他们的作品中表现出关于艺术和商业之间含混不清的关系，特别是他们在文化工业中的角色。例如，克劳德·克劳斯基（Claude Closky）为路易威登创作的杂志雕塑《美丽的面孔》，将时尚广告中的形象重新创作，在雕塑杂志的对开页面上形成对称的面孔，建立一种象征性和意义空置的表达。这种完美的数学化对等的身体和面孔接近奇异风格。广告因它的视觉力量被赞颂，也因其过度操纵而遭到批评。乌戈·罗迪纳 1995 年的作品《我不在这里居住》提出了同样的问题，在这个系列里，他漫不经心地处理着时尚杂志上的摄影图像。西尔维·夫拉里探索了品牌后勤学，将她自己的创作转变成对品牌力量的戏谑赞美。艺术家使用时尚和奢侈品作为有效的暗喻，以此对后现代艺术、奢侈品、生活方式、美学和商业方面的困惑作出评论。埃利亚松在2006年为路易威登所有店铺设计的橱窗也很具挑战性。太阳形装置《眼睛看见你》阻挡了路过橱窗者凝视里面物件的目光，引发了他们的好奇和想象，这种观念是很大胆的，尤其是在销售旺季。2008年，理查德·普林斯几乎被全权委托。这种给予设计师的自由权利似乎一直都在增长，和村上隆的合作是媒体最关注的事件，但马克·雅可布把与美国艺术家合作的原则极端化到最大程度。2003年，村上隆的由33种具有迷幻性色彩构成的"多色花押字"新面貌迅速风靡时尚界，在几个月之内就赢得了巨大的商业成功。普林斯的设计基于他"戏谑"的绘画，设计中带有厌女情绪且花押字图案模糊，从美学和商业层面讲，无疑是最大胆的合作。然而，这种方案给一个以传统文化遗产和标志性花押字图案为身份识别的公司带来的震惊也是不能低估的。路易威登的策略的确是靠强调使用可识别的花押字标记。从某种程度上讲，以任何方式改变标识都会对品牌的身份造成威胁，继而使公司商业承担巨大风险。

村上隆认为在"合作原则"下产生的作品不是他自己的作品而是一次合作，合作产生的是美丽的概念和艺术的概念作品。他强调企业的混合性本质，合作混合了创造的自由和外界的限制以及了解路易威登要求的艺术家的远见。马克·雅可布对合作的解释是，为国际大公司工作的设计师需要作出许多创造性选择，但是他的情况不同于听从自己内心最深沉承诺的艺术家。他代表的是一种单一合作，但前提是设计师必须深爱艺术。雅可布对艺术作品的挚爱促成了他和路易威登品牌的合作。他和村上隆的合作始于对其绘画的兴趣。和理查德·普林斯的合作建立在他对其作品的深度理解上及后来的共事上。这种方式是他对安迪·沃霍尔和日本遗产传统感兴趣的延续，在这里艺术和商业之间的关系更直接，也更能产出巨大的价值。

当艺术面对时尚和奢侈品世界时，该如何评价、平衡它们之间的关系？这种合作能被认为是艺术吗？对这些问题的回答不是要建立等级差别，而是要分析这些和视觉文化相关的领域，它们之间关系的本质。这种分析明确地展示出上述问题是如何被叠加、放大、混合，却没有真正定义产品本身。当奢侈品受到艺术的滋养后，它的器质性上升为更高级的给予人信仰的能力，因而消费者购买奢侈品的欲望与其说关联着产品的功能，不如说是和他的信仰强度紧密相关的。

三、波普文化奢侈品

从阿蒂尔·兰波（Arthur Rimbaud）渴望"改变生活本身"到阿伦·卡普罗（Allan Kaprow）创造一些偶发事件来竭力弥补艺术和日常存在之间的鸿沟，先锋派艺术的长远梦想是将艺术融合到日常现实中，从而呈现日常生活的审美化。不管是将日常现实中的平庸琐事提升到艺术境界，还是使用相反的途径使艺术成为寻常存在，这种梦想都是基于有力的二分法，艺术居于这个大分界线的一边，而现实则在另一边。这种二分的思维过程也在时尚界很普遍，奢侈品和高级定制与稀有价值品总是被定义为和现代艺术的精英主义相联系。如今，这个界线已不再分明了。西奥多·阿多诺（Theodor Adorno）将这种平行的功能描述为对艺术的威胁，他在《美学理论》中指出艺术和时尚的共谋对于艺术现代主义是固有的，并且代表了混乱的危险根源。让·鲍德里亚（Jean Baudrillard）同样预见到后沃霍尔艺术的出现也许和时尚趋势难以分辨。

波普艺术首先出现在英国，后来波及美国，它打破了高雅艺术和低俗艺术的等级。在时尚界与此相似的里程碑事件是成衣的出现（几乎在同时，波普文化也出现在其他地方）。先锋派的神秘感以一种新的面貌重生，并且将现代主义最单纯的形式和它的非单纯性、实验主义及商业性混合起来。艺术现已触及视觉文化的各个领域，且现代主义运动的伟大目标已经实现。艺术评论家米歇尔·尼克尔（Michelle Nicol）认为时尚和艺术统一在波普文化范畴内。因此，当艺术、奢侈品和时尚进行跨界合作时，艺术和商业（甚至是沃霍尔的形式）之间关系的历史就已被默认了。随着波普风格的大众化，这个概念已经失去了它的激进意味。马克·雅可布引领的路易威登的跨界合作的真正意义在于他们的对奢侈品和时尚界的转变，这是一种具有历史意义的转向。

马克·雅可布喜欢当代艺术，但他最感兴趣的是波普艺术。他的合作作品系列包括伊丽莎白·佩顿（Elizabeth Peyton）和格伦·基尔尼克（Karen Kilimnik）创作的鲜活的、光彩照人的肖像画，理查德·普林斯的路易威登涂鸦包，瑞秋·费因斯坦（Rachel Feinstein）的巴洛克幻想以及埃德·拉斯查（Ed Ruscha）的系列摄影作品。这些作品都是波普艺术，因为它们对传统质疑，并且解决的办法也都与传统相去甚远。马克·雅可布挑选的艺术家都是沃霍尔艺术的嫡系。20世纪80年代，在沃霍尔是波普艺术之王的年代，斯普劳斯就活跃于纽约地铁站的艺术场域中。村上隆被认为是日本版的沃霍尔，他的工作室也是基于沃霍尔的艺术工厂创建的，他在艺术生产方式、对艺术商业化的公开接受和通过媒体取得成功等方面都与沃霍尔如出一辙。评论家都认为理查德·普林斯是加利福尼亚版的沃霍尔。作为波普艺术的爱好者，雅可布敏感地意识到如何将这些艺术元素转变成时尚设计，甚至是仿制品也倾心于这些波普文化奢侈品，仿制品的大量出现也可以说明这种转变的成功性。这种创造性使雅可布的作品长久以来都打上了波普艺术的印记。他的设计提出了和奢侈品的新型关系，他在主题和母题的选择上，将经典材料及精细工艺传统和明显的现代性相结合，这些合作几乎旋即被认为是艺术和时尚合作的历史里程碑。伊丽莎白·佩顿曾经评价马克·雅可布说，他对世界产生了影响力。雅可布拥有的思想已经使他成为艺术世界的一部分。当他介绍他的作品时，他知道他想要什么……他和文化同步，并且以他的想象来重新塑造世界。由于他的意志力，他对世界产生了强有力的影响，这也正是艺术家们的行为：他们通过自己的作品创造宇宙。雅可布和路易威登一道发明了波普文化奢侈品。通过产品分销使时尚对日常生活产生影响，雅可布在路易威登任职期间为奢侈品创造了真正的大众市场。当提起理查德·普林斯的手袋时，他称之为对于那些承受不起3万或4万美元绘画的人来说，这个有着同样艺术创作的手袋是到达现实世界的另外一种方式，这是一种移动的和具有功能性的艺术。

此外，通过在路易威登店铺里放置装置作品，使观者或消费者参与到波普艺术的交流中，建立奢侈品和消费者的关系。法国评论家尼古拉斯·布里奥（Nicolas Bourriaud）曾经用"关系的美学"来形容与观众、展场和现实产生互动的艺术。如奥拉弗尔·埃利亚松的路易威登装置作品《眼睛看见你》就体现了一种"关系的艺术"。他的作品是基于认知现象的美学探索。《眼睛看见你》创造了一种参与式剧院场景，它在路易威登全球的精品店橱窗中凝视着过往的行人。它是一个巨大的眼睛混合体，由一个反光板和一个单频率灯组成，这种太阳能微波抛物线形式同时唤起了对电影场外景、场地中直升机引擎、瞳孔以及镁光灯的联想。埃利亚松的"眼睛"反映了观者的形象，它同时用一种非真实的光笼罩着观者。无论是在橱窗中被展示，还是像在纽约展览中《你看见我》一样被悬浮，观者都变成了临时表演中的演员，在这里，如果观者是舞台入戏的角色，街道上的其他人就是观众。它不仅邀请观者参与，而且依赖观者激活，观者在凝视"眼睛"的同时也从"眼睛"中看到自己的心理活动，"看"和"被看"形成了一种镜像景观，映射出多层次舞台场景。观者的视觉体验和心理刺激受到挑战和蛊惑，想探究"眼睛"背后的叙事。《眼睛看见你》也是一件有市场意味的矛盾艺术品。这件作品在路易威登全球所有的精品店中展示了三个月，是它整个产品系列中的代表性艺术作品。

埃利亚松对于感知的追求引导着他去探索认知现象。虽然他通过连续增加更多的光、声音和高度来提高一个项目的满意度，但他也意识到减法的力量。这种方法精确地体现在《你正在失去感知》（2005）上，这件永久情景体验式的作品是为路易威登香榭丽舍旗舰店创作的。店铺中一架工作电梯连接着客户和展厅，作品将电梯的使用者置入完全黑暗和绝对寂静中。由于使用了特殊的吸音材料，这个黑盒子消除了所有声音和视觉刺激，并且可以穿越任何自然和人造光印痕。20秒的乘坐电梯看起来像是经历了永恒，感觉好像外面的世界消失了。作品创造了看似不可能也出乎意料的知觉情景。它将紧张的视觉控制氛围的中心转变为一个黑洞。正如艺术家所提到的，在这个沉浸过程中，突然，其他的模型变成了决定自我意识的基本要素。他又一次在矛盾的艺术中胜出，通过在丰富的世界中创造虚无，在感知被剥夺的个体保护空间中直接或隐喻地运送着客户。

然而，即使有这些合作和联系，但艺术和时尚之间真正的界限是不可能跨越的。通过产品自身的波普设计和店铺中装置艺术烘托的氛围促使奢侈品流行以及想触及每一个人的愿望，代表的不仅仅是民主化，它还表明在先锋派运动中持续存在的乌托邦主题，一种想要改变社会本身的努力。

第三节　路易威登产品的时尚性

设计在行业活动中通常使用"情绪板"[1]来为设计对象构建一个包含人工制品和相关联想的语境。设计师自己的草图、相片或材料样品也可能被包括在内。有时，设计师甚至可能制作一个三维的人工制品"情绪环境"或"人工制品集"[2]。"情绪板"被用来为设计师和客户确定设计对象与其他人工制品之间的关系设想。马克·雅可布正是应用"情绪板"的概念来衍生和丰富与箱包相关的人工制品集，箱包原本就是配饰，它需要和时装如影随形，相互映衬出依存和交流。路易威登的箱包有固有的形象意义，尽管已经被设计师编码，仍可以由其他设计师在展览、商店橱窗、印刷品或广告活动的双重编码背景中再次显现出来，这时时装却成为前景。此外，成为背景的还有路易威登数字化影像的建筑物。尤其是日本建筑师青木淳（Jun Aoki）设计的路易威登数字化纹理"超平建筑"专卖店最为典型，建筑物外立面变化多端的影像和店内之物相映成趣，召唤着观者体验时尚的"允动性"，它体现了当代建筑的时尚性、科技性和指向未来的想象性。

1　　盖伊·朱利耶.设计的文化[M].钱凤根，译.南京：译林出版社，2015：114.
2　　盖伊·朱利耶.设计的文化[M].钱凤根，译.南京：译林出版社，2015：115.

一、箱包的"随变哲学"

时尚界既是愉悦的源泉，也是沮丧的深渊。20世纪早期，时尚设计师仅仅是富有女士的供货者，他们的地位还不如烘焙师和屠夫。实际上，直到19世纪末期，纺织面料和蕾丝花边的供应商都比局限于管理角色的大师级裁缝更受人尊敬。但是，时尚界开放的敏感性随着行业的发展而进化，它的形制和规则不断演化，以至于激发出各个时代的天才时尚家。在时尚行业的历史中，设计师们都受到关注和认可，没有像凡·高那样的艺术风格被忽视的时尚设计师。纵观整个世界，时尚由盛衰的循环所控制，被炒作和晦涩所左右。但是自从路易威登的商标"路易威登所有"在1888年首次出现在帆布箱面上以来，就没有受制于这样的波动规律，它一直能和时尚若即若离，直到彻底走进时尚。

路易·威登是英国人查尔斯·弗里德里克·沃斯的同辈人和朋友，沃斯发明了高级定制（其子创建了高级时装发布会制度）并开创了现代时装表演和分销原则。1854年，路易·威登在巴黎卡普西纳大街4号建立了他的工坊。不久之后，1857年，沃斯在和平街7号的第一个时尚工作室也开业了。这两位都是受欧洲宫廷青睐之人，并且都有皇家的赞助。沃斯是奥地利波琳娜·德·梅特涅公主的御用服装设计师，而路易·威登则得到欧仁妮皇后的赞助。他们是我们今天的奢侈品工业的先驱。一位自称为"衣服的创作者"，另一位来自法国山区磨坊主的儿子，两人都史无前例地将自己的签名印到作品上以保护自己的创作不受同时代人的故意仿制，此举在推动各自作品的传播和艺术认知方面具有象征性意义，并对未来的时尚产业产生了重大影响。

大约从这时起，裁缝都会在客户衣服腰部里侧缝上一个绣有设计师姓名的环形织物条，以示原创性。同样地，1888年，路易·威登在其棕褐色和米色相间的棋盘格图案中压印上看似是手写的"路易威登注册商标"字样。商标的引进保护了作品的品质和原创性。女士制帽业也仿效这一做法，但令人恼怒的是，其他设计师设计的帽子在退货时也退给同一制帽商，于是，一些制帽商就在帽子的商标上同时标注设计师姓名和产地。路易威登家族后来也采取了同样的商标方式，随着产品生产线的扩大，这样的商标也给产品带来了深刻的变化。

1854年，路易·威登专注制造行李箱，用防水的特里阿农灰色帆布行李箱代替了传统的皮质箱子。为了避免仿制，1872年，他创造了一款独特的浅褐色条纹和红色条纹相间的帆布箱，然后在1876年改变了它的设计，在1888年引进了棋盘格帆布箱，并且将其推广到1889年的巴黎世博会。1856年，路易威登的以抛光榉木条加固的、内置移动框架的可叠置平盖行李箱出现在当时最新潮的交通工具——蒸汽火车的车厢内。1875年，路易威登推出了一款备受赞誉的、内置格架的柜式行李箱。这款能装5套套装、1件大衣、4双鞋、1顶帽子、3支手杖和1把雨伞的行李箱开启了现代旅行模式，使用现代款式的箱子装载着现代风格的服装是那个时代的时尚，即一种设计超前于其他设计，然而没有人知道下一个款式，一切都是社会情景中的偶然性所致。

1919年，马歇尔·杜尚（Marcel Duchamp）在达·芬奇（da Vinci）的《蒙娜丽莎》上加上两撇胡须将改变后的画作作为他的创作。马克·雅可布也从中汲取灵感。他邀请几位艺术家在路易威登现成的花押字帆布手袋上创作图案或改变花押字手袋造型，以此建立起一套参照原则。凭借着自己的远见卓识和对将手袋神圣化为一种绝对时尚典范的时代认知，马克·雅可布和路易威登首席执行官伊夫·卡塞勒一起创建了一种新的合作机制，它能够使再创造成为品牌历史可持续发展的引擎。首先合作的是美国设计师史蒂芬·斯普劳斯。2001年，斯普劳斯在路易威登手袋上进行字母涂鸦（图4-14），这种不敬的行为引起了丑闻般的轰动，但它强烈的创造性偏离也证明了强大的影响力。其他的合作包括英国插画家、设计师朱莉·弗尔霍文在2002年的具有"爱丽斯梦游仙境"意境的拼缝作品（图4-15）。她用路易威登箱包材料，如棋盘格帆布、棋盘格原生毛皮（Damier sauvage）、花押字漆皮、水波纹皮革等珍贵材质做成彩虹、麇、兔子、蝴蝶、蜗牛和贝类，并将它们拼缝或刺绣到花押字手袋底面上，试图引发一种有趣的神秘感。瑞士艺术家赛尔维·弗勒里（Sylvie Fleury）在2000年

图 4-14 史蒂芬·斯普劳斯字母涂鸦包	图 4-15 朱莉·弗尔霍文 "爱丽斯梦游仙境" 意境的拼缝作品	图 4-16 赛尔维·弗勒里银色漆皮 "Keepall" 旅行袋

图 4-17 理查德·普林斯的诙谐绘画艺术手袋	图 4-18 乌戈·罗迪纳 "Fourre-tout" 手袋的装置艺术	图 4-19 布鲁诺·潘纳多的手袋装置艺术
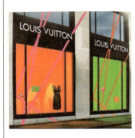		
图 4-20 罗伯特·威尔森的路易威登休斯敦店橱窗	图 4-21 罗伯特·威尔森的方形丝巾	图 4-22 扎哈·哈迪德的建筑形态的手袋

图片来源(图 4-14，16，17，18，19，20，21，22):LUNA I，VISCARD V. Louis Vuitton:art, fashion and architecture[M]. New York: Rizzoli International Publications, Inc., 2009：356，183，332，317，345，396，397，199(页码按图片编号排序).
图 4-15来源：让-克劳德·考夫曼，伊恩·卢纳，弗洛伦斯·米勒，等.路易威登都市手袋秘史 [M].赵晖，译.北京：北京美术摄影出版社，2015：312.

到 2006 年之间的代表性作品是看似镀铜合金并且能反射银的"Keepall"旅行袋（图 4-16），具有非常强烈的金属感和未来主义色彩，她的作品常以现成品为载体，通过添加元素来表达美学价值。2008 年，理查德·普林斯在路易威登手袋上展现了他的诙谐绘画艺术（图 4-17），其他的一些事件也促成了路易威登和某些艺术家的暂时合作，如乌戈·罗迪纳的装置艺术（图 4-18）、布鲁诺·潘纳多（Bruno Peinado）的手袋装置艺术（图 4-19）、罗伯特·威尔森的橱窗设计和丝巾（图 4-20、图 4-21），以及建筑师扎哈·哈迪德的建筑形态手袋（图 4-22），他们的作品都是对路易威登经典手袋的致敬。

所有跨界合作的成功都应该归功于对时尚有洞察力的创意设计总监马克·雅可布。他深谙品牌的本质及其公共影响力，并且知道借助一种非凡成功的影响力来带动他者获得成功。当他发现村上隆 2002 年在卡地亚当代艺术基金会的作品展览后，就决定和村上隆合作。2003 年，村上隆为路易威登设计的多色花押字图案手袋面世，通过 33 块丝网模板印刷，艺术家在黑白背景上创造了 33 种颜色的花押字图案，同时还设计出了樱桃手袋和眼爱手袋，为珠宝系列设计了一款手表和三款吊坠。路易威登的这个系列为村上隆赢得了国际声誉，可爱童稚的手袋也可以被看作其艺术的附属品。这 33 色将路易威登的有些沉闷的传统三色转变为缤纷轻盈的多元色，为路易威登吸引了许多青年客户。巨大的商业成功尽管被有些人看作对艺术的偏离，然而，多年后，评论家也知道时尚产业无法抵御当代艺术的魅力。

然而，没有一家时尚品牌像路易威登一样对艺术家的作品和影响力能够造成如此高的视觉关注度。品牌鼓励艺术家全身心地参与创作过程，并且将其创作过程编辑成文。这种前所未有的艺术和商业合作的热情在 2008 年又重新点燃。村上隆在洛杉矶现代艺术博物馆举办他的作品庆典展，后来转移到纽约布鲁克林博物馆，然后又分别在德国和西班牙展出。在展览期间，他将路易威登的实体店铺设置为展览的一部分，以吸引参观者购买专门为此情景设计的箱包手袋。这场展览引起了争议，有人认为艺术的边界是由艺术家来界定的；也有人质疑这是纯粹的商业行为，将它和20世纪60年代的克莱斯·奥登伯格（Claes Oldenburg）的行为对照。然而，如果重新认知当代艺术史，这种令人惊诧的联系仅仅是有先见之明的、跨界的后安迪·沃霍体系发展中的一个步骤。塞西尔·吉尔伯特（Cécile Guilbert）[1]引述说，艺术市场完全被吸引到奢侈品行业中，商业艺术家的激增都证明了安迪·沃霍尔的推断，即所有的百货商店都将会成为博物馆，而所有的博物馆也将会成为百货商店。时至今日，这种现象确实存在。她引述说，建筑师被委托设计精品时装店，如库哈斯设计的普拉达精品店、皮亚诺（Piano）为爱马仕设计的时装店及克里斯蒂安·德·波特赞姆巴克（Chiristian de Portzamparc）设计的路威酩轩店，所有这些时装店都如同艺术馆一样被光顾，同时它们也是时装的展陈场域。路易威登后来还和川久保玲合作过，这位解构大师、反传统设计师自20世纪80年代以来就备受尊敬，她的作品将艺术与时尚融合起来，富有诗意和悬念。

这些跨界合作正如塞西尔·吉尔伯特所言在20世纪60年代就已经出现了，它的发展在当代艺术史和时尚史中是至关重要的，它们的出现也验证了沃霍尔认为的艺术将成为"艺术的时尚"，而"用艺术思考时尚"也成为路易威登产品设计的一部分。

二、数字时代之建筑

19世纪的哲学家夏尔·皮埃尔·波德莱尔（Charles Pierre Baudelaire）认为城市的兴起，城市里的建筑、城市风景、市民及闲逛者构成了视觉文化的消费关系。这种看法所延伸出的一种观点认为，在建筑物的外表上可以应用广告来表达城市历史、商业和文化。罗伯特·文丘里等在《向拉斯维加斯学习》一书中，鼓励建筑师像"广告牌"一样构建他们的建筑，将注意力集中在建筑物的外表，通过材料的选择、设计细节中对美学元素的

1　　LUNA I，VISCARD V. Louis Vuitton: art, fashion and architecture[M]. New York: Rizzoli International Publications, Inc., 2009：71.

引用或它们对其他图像的暗示来传达建筑物的身份信息。著名建筑师和艺术家可能介入建筑物和公共艺术品的设计，使之形成新的消费空间和景观。建筑作为信息交换的载体、物品被认领的场所、视觉文化消费的场域而存在。建筑师和设计师都善于利用新技术和新材料潜在的象征意义，创建视觉和物质的现代性。

路易威登在全球的专卖店的设计各有特色，但在日本的设计更有景观感、奢侈感和时尚感。例如，名古屋的时装店（图4-23）是由日本建筑设计师青木淳设计的。长方形的实体坐落在购物区的拐角。它的造型简约而时尚，窗户镶嵌在双层多孔玻璃幕墙上，路过者都会瞬间目瞪口呆。路易威登棋盘格标识蚀刻在内外墙上，创造出美妙的云纹效果。当人从旁经过时，几何纹样波光粼粼，光线上下浮动，这是静态的图片所无法比拟的。这种设计在夜晚尤为精彩夺目。时装店的室内灯光通过多孔玻璃投射在夜幕下的暗黑空间，营造出光芒四射的立方体。建筑的透明性唤醒了珠宝盒的豪华富贵，在深夜平凡的街景中熠熠发光。由于室内设计受到限制，所以建筑师将关注点转移到外立面上，借助现代技术，通过材料和灯光之间的映衬与交流，营造出光影交错的视觉效果。

图4-23　名古屋商业街区的路易威登时装店
图片来源：LUNA I，VISCARD V. Louis Vuitton: art, fashion and architecture[M]. New York: Rizzoli International Publications, Inc., 2009：19．

建筑物的几何幻境呈现在流畅光滑的平面上。从当代艺术的语境看，路易威登的方格图案外立面营造出的云纹现象可以被看作建筑领域的欧普艺术。欧普艺术又称为"幻觉艺术"，出现在20世纪中期，这种艺术主要借助线、形、色的特殊排列规律来引起观者的视觉错觉，从而使静态的画面产生炫目流动的动感效果。英国女艺术家布里奇特·莱利（Bridget Riley）在其光效应绘画中就体现出了这种风格。路易威登在首尔的店铺（2000）也由青木淳设计，通过应用马赛克瓷砖和金属网格层，产生相似的欧普艺术效果。

路易威登后续的一些精品店都是来自青木淳联合事务所的乾久美子（Kumiko Inui）和永山裕子（Yuko Nagayama）完成的，她们采用了相同的美学原则。时装店的设计也借鉴了丹麦著名设计师维纳尔·潘顿（Verner Panton）的作品风格。潘顿的设计是欧普艺术的空间表现。他最著名的作品是可以叠摞的具有行云流水般曲面的"潘顿椅"。他在室内设计上也体现出重复的圆形和方形造型，旨在营造一种引起轻微视觉眩晕的催眠装饰效果。路易威登表参道旗舰店的五层走廊也是重复的菱形，这种空间创造的灵感可能也是来自潘顿，甚至是来自荷兰数学思维画家M.C.埃舍尔（M.C.Escher）。

青木淳在设计六本木新城路易威登时装店（2003）（图4-24）时，整体上使用了不同材质但尺寸相同、不断重复的直径10厘米的圆圈覆盖建筑物的内外壁。外壁大约由30000个玻璃管组成，内墙壁、天花板和室内隔断上都缀满了重复的同规格圆圈。建筑师选择特定的小圆圈是为了避免和展出的产品在尺寸上有近似性，因而规避了空间设计上的冲突。和欧普艺术时代相比，路易威登的建筑物在增加装饰表面的透明度方面很谨慎，所以会创造出精美的设计。

继路易威登名古屋店的成功设计后，青木淳为东京松屋银座的路易威登旗舰店（2000）设计了相似的建筑正面。随后，青木淳在表参道、六木本之丘、银座的纳米木（2004）以及纽约第五大道（2004）的路易威登店铺设计上应用了类似的设计变体。每个店都反映了只有在特定的地方才能

图4-24　六本木新城的路易威登时装店
图片来源：LUNA I VISCARD V. Louis Vuitton: art, fashion and architecture[M]. New York: Rizzoli International Publications, Inc., 2009: 21.

体验到的完美视觉景观和空间现象。这种完美体验来自路易威登对建筑细节的严苛要求，在建造之前先要搭建其和真实建筑的比例一样的模型，经过多次调整直到达到满意的效果才能正式建造。棋盘格图案在名古屋路易威登的其他店都有应用，同时也被移植到东京的新宿、仙台及新加坡和首尔的店铺设计上。虽然这种风格成为路易威登时装店的标志，但每家店的设计却保留了各自主题的灵活性。

　　名古屋路易威登时装店可以被认为是20世纪90年代末奢侈品复兴的开始，也预示着路易威登建筑风格的重要转变。时装店的成功设计甚至激励着各大品牌竞相雇用专职的建筑师。路易威登和青木淳的初次合作使双方名声斐然。后来为高知、京都大丸百货商店以及名古屋中陆广场的精品店做设计的建筑师乾久美子、永山裕子和师永石贵义（Takayoshi Nagaishi）都在日本备受青睐。通过外立面的景观激发观者想象店铺室内陈列空间的错落有致和生活逻辑，因而顺着想象去探索店铺内部。

（一）超平建筑

名古屋路易威登时装店恰当地解释了当代日本文化进化过程中的"超平"概念。这个包罗万象的词最初是由村上隆提出的，试图以此理解当代日本文化生产的多样性。他在 1999 年的论述中说"超平"存在于超级平的空间意识范围内。世界从来都不是一个自足的球体，它可以被看作一个无限平的空间，是一条不断扩展的地平线。日本作家东浩纪（Azuma Hiroki）在评论村上隆的"眨眼先生系列"时引用了大量的强调"超平"平面本质的比喻，路易威登的设计也体现了这种意志。他认为村上隆的"眨眼先生系列"中的许多变形的圆圈漂浮在一个平面之上，否定了透视图中的单一空间概念，且缺乏纵深感。这个系列作品没有焦点，有无数个象征性的眼睛飘浮着。以欣赏当代透视绘画的标准来观看他的绘画是行不通的。这种概念灵感来自动漫世界。[1]

"超平"现象在各种艺术和设计中都有体现，如在电影和摄影中。在青木淳设计的路易威登时装店建筑上得到灵活的解释。很明显，建筑不存在二维的世界中，它甚至被认为存在于维度之外，同时，也不可能被限制在纯粹的平面中。首先，"超平"表达体现在建筑外立面上，以轻质感为特征，没有传统建筑的深度。其次，"超平"建筑打破了表达和功能的层次体系。

青木淳的名古屋路易威登时装店展示了双层变形松纹的云纹效果。入口、展台和灯光的后置装置都安装在建筑物的外墙和内结构墙之间 111 毫米的空隙处。夜晚的灯光将外立面变成了视觉奇观，阳光下的外墙玻璃反射着天空中的云朵、街道对面的建筑物及层叠的松纹方格图形。松屋银座的路易威登时装店是在以前店铺的基础上做了翻修，内外墙壁的空隙宽度小于 70 毫米，加之使用不同尺寸的松纹方格，所以建筑物营造出三层纹样，从路过者的视角看，同时呈现出光影交叠的云纹现象，有勒·柯布西耶建筑结构外立面上的多样重叠图案呈现出的透明效果，柯布西耶的透明

1　　　TAKASHI MURAKAMI. Superflat[M]. Tokyo: MADRA Publishing, 2000: 138-151.

性有回溯性。从这个意义上讲，青木淳的路易威登时装店常常需要观者在移动中才会领略到光影的效果。然而，由于玻璃的物质性，它同时也包含着"直接透明"。

青木淳认为建筑物表面本身缺乏纵深，所以忽略了三维的纵深需求，但他想制造出促使观者在想象中看见纵深的表面。青木淳的这座建筑物实际上和位于米兰中心的圣沙提洛的圣玛利亚教堂（图4-25）有异曲同工之妙，只是营造"超平"视觉空间的媒介不同。这座教堂是由多纳托·布拉曼特（Donato Bramante）设计建造的，在兴建时，原计划是建造一个"十"字形教堂，但受空间所限，教堂的圣器室为了不越过建筑后方的街道就被取消了，只能建个"T"字形教堂。他应用文艺复兴时期的透视法和比例技术，在"T"形教堂的内墙壁上绘制了一幅透视感壁画（图4-25中的虚线部分），因此从门口进入教堂时就会感觉到有纵深感的"十"字形空间。在2004年10月的《日本建筑师》期刊上，青木淳写道："外墙面创造的是在现实中不存在的空间精神。"[1]

图4-25　米兰圣沙提洛的圣玛利亚教堂
图片来源：九樟学社.坦比哀多礼拜堂：文艺复兴的开山之作（下）西学东渐[EB/OL].（2017-06-03）.搜狐网.

1　　　LUNA I，VISCARD V. Louis Vuitton: art, fashion and architecture[M]. New York: Rizzoli International Publications, Inc., 2009：15.

表参道路易威登时装店的设计避免了建筑结构、家具和其他装饰之间的构建层次。而另外一位合作者隈研吾（Kengo Kuma）的作品试图将建筑从沉重的物体艺术的限制中释放出来，使它成为可被理解的粒子聚合物。他认为路易威登不断的创新，其实是在展示一个不断破坏的过程，而在这个过程中，它越发被人记住。

（二）另一种"装饰化的屋棚"

近年来，奢侈品牌时装店外立面的设计使墙壁外装饰发展到极致。在建筑史上，传统的结构，如寺庙、教堂和宫殿是人类文明发展过程中的主要形态。随着现代化城市的发展，诸如博物馆、市政厅、火车站和办公大厦这样的公共和商业性机构以及私有住宅成为变化的焦点，但是零售空间设计却较少得到关注。这种现象在近年有所改变，零售空间设计也得到关注。根据结构和装饰的关系，零售空间设计呈现两种趋势。第一种趋势是零售空间结构和装饰的融合很明显。在传统建筑设计中，结构定义建筑，装饰在后期附加。然而，计算机平面设计和数学专业的跨界融合发展使复杂结构的图案装饰成为可能。例如，伊东丰雄（Toyo Ito）设计的意大利品牌TOD'S表参道旗舰店的混凝土外立面模仿了树枝的形状；由赫尔佐格和德梅隆（Herzog & de Meuron）设计的普拉达青山店的菱形框架。第二种趋势是将结构和装饰分成两个实体。路易威登在日本的时装店外立面设计就采用的是第二种做法。这种做法类似美国后现代建筑师文丘里提出的"装饰化屋棚"概念。

文丘里认为现代主义设计中的"少即多"实则是"少即乏味"，他认为建筑风格应该多元化，既有历史性也有娱乐感，才符合大众的审美趣味，这种思想在他的《向拉斯维加斯学习》一书中有深入的阐述。他在书中研究了拉斯维加斯建筑的蔓延式发展后，阐述了标记和结构的重要性，并创造了"鸭子"和"装饰化屋棚"两个概念。"鸭子"是指由变形的建筑结构本身呈现出广告牌效果的一种建筑风格。"装饰化屋棚"的风格是将广告牌（标志）和盒子状的建筑体分离，并认为这种设计有策略意义。文丘里更倾向于具有象征意义的"装饰化屋棚"而非"鸭子"，他认为建筑的结构表现了它的内在功能。"装饰化屋棚"将结构和装饰融合，而"鸭子"的装饰是其形体本身。路易威登日本店铺正是借鉴了文丘里的"装饰化屋棚"概念，建造了另一种"装饰化的屋棚"。

2004年，青木淳受委托对路易威登银座纳米木店（图4-26）重新翻修和扩大，采用现代高科技和先进材料将建筑方盒子包在符号中，符号的意义也蔓延到内部。店面墙壁上贴着半透明大理石并点缀着不同尺寸的、可以调节自然光线的方形开口，这些开口在墙壁上排列不一，使

图4-26　路易威登银座纳米木店
图片来源：LUNA I，VISCARD V. Louis Vuitton: art, fashion and architecture[M]. New York: Rizzoli International Publications, Inc., 2009：22.

人很难分辨每一个开口投射出的光照的底面，这和广告牌直接体现室内的典型功能有所差异。这座被加强的玻璃钢筋混凝土板完全包围的建筑有助于增加商店和品牌的神秘感，并促使观者想象建筑体内部的空间、装饰和物品。实际上，当青木淳受路易威登的委托只设计店铺的外立面时，作为建筑师的他是不情愿的，但他逐渐看到了装饰的隐含意义。他认同"装饰化屋棚"概念的同时也质疑广告牌应该传达建筑物的内部物质的交流理论。他认为现代建筑已经压抑了装饰，文丘里试图释放这种压抑，从最基础的意义上说，他的作品是想体现建筑的多样性而非对装饰的完全复兴。青木淳设计的路易威登店铺外立面不存在交流建筑物内部物质的意义，也不是作为外墙壁的存在。他对装饰的复兴体现在和内部空间的实际物质性分离的同时，外部装饰通过伪装的形式促使观者想象一个实际不存在的内部空间，这是一种延伸的想象空间，观者也参与其中。这就构成了高科技背景

下的另一种"装饰化的屋棚"。这个概念和时尚的关系就如同身体和时装的关系，时装是身体的装饰，这种装饰邀请观者参与对着装者的想象。青木淳称这样的风格为"绝对装饰"。这种基于文学和影像的布景进入日常生活环境，通过店铺建筑物外立面电子媒体衍生而来的经验成为日常生活的一部分，它类似翁贝托·埃科（Umberto Eco）的"超级现实"观念，是后现代世界中日常生活的要素，而设计在其中扮演了同谋角色。大众通过视觉、物质、空间和经验的环境而形成群体和个人的关系，形成"看"与"被看"的关系，而设计师是其中的主导者。

（三）数字时代的纹理

现代主义建筑师阿道夫·卢斯（Adolf Loos）在《装饰与罪恶》中反对浮华的装饰，他认为文化的演进是随着对实用物体装饰的剔除而推进的。他将表面的装饰比作巴布亚新几内亚土著人的文身。卢斯认为虽然在过去人们通过装饰品和彩色服装来表达个体性是必要的，但人类心理成熟和道德的发展已经使这样的装饰失去了必要性。文明设计的道德哲学将装饰看成一种堕落的病态。现代主义高大建筑物的白色墙壁使空间弥漫着健康卫生的气息。然而，更为重要的是，这样的表面成为排斥装饰物的象征，它也像一张凸显抽象结构的空白画布。

20世纪末的后现代建筑因为生动的装饰和华丽的结构而著名。相较而言，目前的奢侈品牌店是在简约的单体方盒子上呈现出克制的色彩，主要关注的是包围方盒子的那层外膜。后现代主义的平面建筑展望的是广告牌的"建筑化"。但是当代建筑的玻璃外立面由重叠的平面设计或透明设计构成，外立面通过计算机技术被图案化了，观者可以透过玻璃看到内部。实际上，外立面屏幕上影像的透明性可以被自由地调节。

精神病学家齐藤环（Tamaki Saito）批评了当代文化"从结构向纹理"的突然转向。计算机技术的引入使建筑先搭起框架，再附加装饰，其结果和绘制纹理地图相似。现在，在工地现场纹理技术比结构技术更为引人注目。就像是雷德利·斯科特（Ridley Scott）的影片《银翼杀手》中所描绘的那座未来亚洲城市中的景观一样，城市中的建筑本身扮演着投射影像的巨型屏幕。当代建筑关注的是建筑的表面及触觉形式的瓦解。外立面附着层的复杂性有助于创造意象，而非体现形式，这是决定产品品牌价值的关键。经常使用透明玻璃、调整视觉效果、模仿电脑屏幕以及忽略形式——这些倾向性定义了拥有信息时代形象的建筑表层。乾久美子和永山裕子设计的路易威登店铺也展现了相同的倾向。大阪希尔顿广场路易威登时装店（2004）的魅力完全依靠表面的设计。乾久美子在外层玻璃墙和装饰内墙之间装置了一个实心三维不锈钢图案板，将内墙上的平面设计和不锈钢图案板上的网格从相同的角度以对角线方向扩展成"L"和"V"的标志。被打磨光滑的不锈钢有镜面的特性，可以反射各种光线在复杂的互动过程中被内墙上捕捉到的斜形格。结果是墙的纵深感被扭曲，能使人产生幻觉，因为玻璃墙之外的空间充满了像水或果冻之类的透明物质，故能够产生无数的折射。

乾久美子承袭了青木淳在名古屋和表参道的店铺设计，设计了第三个独立的路易威登高知店（2003）。像其他店铺一样，建筑师通过竞标胜出。高知店延续了路易威登的一贯策略，该店坐落在面临中心街道的拐角上。然而，乾久美子认为在古雅的高知县设计一座当代建筑物还是要留有余地。她的解决方法是将石头作为建筑物的基础建材，因为它们能唤起怀旧感。然而，她使用石头的做法也是呼应电子时代的精神。她在11.5米高、30米宽的墙壁上，用14000块石灰石叠摞成类似编织般的造型。她没有从底向上层叠，而是用石头"编织"出错落有致的纹样。

当建筑物内华灯初上时，棋盘格图案看似在石墙屏幕后流动。正如乾久美子所说，"在纹理和图形之间存在着某种物质"，建筑物的外壁和内壁不是1：1的关系。在2003年5月刊的《日本建筑师》采访中，乾久美子说："石头是一种特别天真烂漫的材料，当它被连接成一个图案时，它不属于任何有创意的图案类型；当它类似棋盘格织物时，却从不会只是图形或纹理，它存在于两者之间。"[1]因此，建筑的目的不是评价石头的分量，而是以一种类似映射的方式来衡量其轻盈感的创造性过程。

永山裕子设计的京都大丸百货商店中的路易威登店通过在玻璃幕墙上贴一块偏光板，创造出不透明的、黑色轻质格栅。根据永山裕子的说法，路易威登在发明花押字图案和棋盘格图案之前，箱子表面采用的是细条花纹。这座有竖条纹的路易威登建筑是对路易威登复古图案的致敬。作为艺术馆的奢侈品牌建筑，近年来，东京的表参道和银座的街景有很多变化。这两个地方的街道上处处伫立着像伊东丰雄和SANAA建筑事务所这样的专业权威人士设计的奢侈品店。但在这两个街区，引领时尚潮流的先锋总是路易威登。

其他国家也有这种里程碑式的建筑艺术，如克里斯蒂安·德·波特赞姆巴克设计的纽约路威酩轩大厦，然而就纯粹地为路易威登建造的作品数量来看，日本已和其他地方拉开了距离，巨大的销售额已说明了这一点。日本杂志《时尚家居》将建筑和时尚相结合，成为潮流设计的催化剂，拥有最新设计的店铺本身就是广告。如果杂志刊登的是关于路易威登新店事宜，那么对其建筑的关注是可以觉察的。正如青木淳评价表参道店铺的位置不具市场吸引力一样，每一家店和环境关联的独特性有助于将品牌和一种真正的价值联系起来。路易威登的建筑已经成为他们朝圣之路上的圣所。

路易威登创造的建筑现象可以和迪士尼在1990年前后委托后现代主义建筑师罗伯特·文丘里、迈克尔·格雷夫斯（Michael Graves）和矶崎新（Arata Isozaki）创作的总部及相关设施对比。青木淳很敏锐地看到两者之间的不同。他认为时尚重要的是创造幻想，他不是想说迪士尼式的建筑是在现实中没有根基的想象，而是认为这种想象允许一个人看到以前存在的材料所具有的完全不同的方面。创造想象的时尚品牌被认为是具有思想溢

1   LUNA I，VISCARD V. Louis Vuitton: art, fashion and architecture[M]. New York: Rizzoli International Publications, Inc., 2009：16.

价的高价值。因此，可以说实现这种价值的手段才是时尚的恰当定义。

路易威登名古屋店总被认为是这种时尚潮流的源头。作为独立店铺，它面临着建筑方面的挑战。路易威登日本前总裁秦卿次郎将创新放在首位。他认为一个品牌的真正价值要想被理解，就必须让消费者了解它的历史、传统、技艺和美学，这些因素可以被转化成建筑的力量。

奢侈品牌应该将建筑设计上的投资看作基本的户外广告。当客户寻求它的真实性时，乾久美子说建筑本身已经成为奢侈品并成为品牌的一部分。很显然，预算越多，作品对建筑师的吸引力就越大。然而，对建筑师更有吸引力的是时尚自身的特殊神秘性。一块布能够改变体形，引发起想象，并创造神秘感，建筑的外立面的包裹性亦然。乾久美子认为虽然象征性有商业方面的优势，但路易威登今天所要寻求的是产品不具象征性的优秀品质，而非自我表达的直接性。换句话说，像她设计的高知店，产品的精致纹理也必须在建筑中寻求。

奢侈品店设计在今天就如同设计博览会的场馆一样，两种建筑都被认为是短暂的，但是它们具有相同的冒险倾向。的确，在过去，博览会的作用是介绍诸如水晶宫和埃菲尔铁塔那样的具有革命意义的建筑。然而，博览会的设计主要是在过去，现在高端时尚的奢侈品牌建筑应该继续这样的传统。有时尚意识的表参道店和其他店铺就展示了这种激进的建筑追求。穿上数字化时尚外衣的路易威登店铺既是消费地、娱乐场，也是博物馆，从原来单一的建筑体转变为具有多种模态和功能的艺术装置与文化物体，因此具有经济学、设计学和美学意义上的多重身份。

三、"之内"与"之外"的时装

路易·威登在1854年创建了他的工艺帝国路易威登企业，马克·雅可布自1997年以来成为它的创意设计总监。两位都是革新者，其创作都根植于他们所在的时代，都精进了一项完全新式的事业。两位创造者都执念于各自的行业语言，挪用了文化和流行趋势来书写他们所处时代的时尚历史。

19世纪中叶，查尔斯·弗雷德里克·沃斯对高级定制时装的改革，改变了时装的形制和主客供需地位，使时装形态呈现了现代性的面貌。一旦物质和视觉文化的消费者与使用者开始追求现代性，欲望便被激发，就会反过来要求商品和形象制造商为其供应相应的必需品，时尚圈就是这样被推动的。欲望的潜在含义来自凡勃仑（Veblen）所言的在私人身份和公共领域，时尚和服装起着符号性作用。女性着装不仅是个体审美和品位的体现，还是彰显家室地位的门面。她们不断寻找新的、更时尚的服饰以效仿与她们最接近的社会上层。凡勃仑将"炫耀性消费"和时尚变化这个连续过程的主宰机制称作"向上竞效"（upward emulation）。"向上竞效"从过去的年代沿袭到现代，从未停止。路易威登的行李箱设计也是"向上竞效"机制的体现，旅行时携带的箱子，出门时背挎的手袋，都要追随时尚和向上效仿。沃斯一生中反复强调，路易·威登为时尚作出了很大的贡献。路易·威登从沃斯那里了解到服饰流行的趋势，然后为箱包制造业融入很多时尚信息，带领整个行业朝着更实用、更能体现社会潮流的方向发展。

（一）移动中的时尚

路易·威登的事业始于时尚。1854年，当路易·威登在卡普西纳街开设店铺时，整个社会都流行克里诺林裙。这种裙装的流行不仅在服装的制造和分销领域带来巨大的变化，而且着装者的行为举止也随之变化。时尚店铺和百货商店的出现使女士着装费用降低且使装载服饰的衣柜流行成为可能，其他配饰也随这种新式服装的搭配规范和礼仪不断增多。这些商店也将这种非常规的配饰归到专门柜台销售，其中有新面料专柜、标准尺寸的成衣专柜、半裁剪服装专柜等，有的专柜也提供高级礼服定制服务。

裙装在流行了很多年的古典风格和半裸露时尚之后，逐渐兴起的外形膨大的克里诺林裙占据了女性衣柜的主要空间。起初叠加在内衬裙的是用马毛混合棉麻制作而成的硬挺的衬裙，它是查尔斯·乌迪诺-鲁特（Charles Oudinot-Lutel）在首次申请专利时命名的。大约在1850年用鲸鱼骨和铁环制作的衬裙新结构出现了，使笨重的裙子移动起来可以轻松些。新的款式定期推出，最著名的鸟笼状克里诺林裙的裙撑（图4-27）是W.S.汤普森（W.S.Thompson）在1862年申请的专利，其他款式的裙装也经常在博览会上赢得大奖。这种时尚也成为一些文学作品的讽刺来源。

为了使这种不太可能的"建筑"更加富丽尊贵，有些裙子需要二十米布料，这在纺织商的样品草图上可窥见一斑。裙子的面料是波纹丝绸、塔夫绸、平纹细布或是半透明纱，裙外最大周边可达十米，和紧身的细腰部尺寸形成鲜明对比。这种比例失调的大裙子的形态在十年间也有变化——有褶皱和花边，外面罩一个层层堆叠的外裙，或者是有长长的拖裙，但无论如何变化总是需要大量的布料。

图4-27　鸟笼状克里诺林裙的裙撑
图片来源：PASOLS P-G. Louis Vuitton: the birth of modern luxury[M]. New York: Abrams，2012: 38.

由于受到生产方式的现代化和机械化影响，纺织工业给裁缝们提供了史无前例的大量产品。在丝绸和印花面料上有着丰富多彩的纹样设计，例如18世纪的风格化的花纹、棕叶纹、佩斯利纹、条纹、交错的阿拉伯纹，或者是强调身材比例失调的巨大几何图案。装饰要依据裙子完成后的裙面图案来构建，同时预测裙子成品后的样式。可以用于装饰的物件也很丰富，例如由于缝纫机的普及，带有小珠的饰边、编织物、蝴蝶结等类似物件会提供无穷的装饰。它们强调的是有流动感的长裙的轮廓、边缘、下摆和带子，或者是露肩的一字领。

这种富余感和过剩感随着这一时期开始的多样化装扮勾勒出法兰西第二帝国女性的总体形象。衣柜习俗也根据季节、时节和庄重的礼仪作出了改变。专业杂志提供建议并对这种礼仪作出公正评判。这些杂志也介绍了晨装、私人会友的便装、散步的穿着、交际场合的盛装、正餐装或礼服，以及各种活动诸如海滨服装、骑马服或滑冰服等，一些随意的服装深受欧仁妮皇后的青睐，它们更适合爬山远足。正如有一期杂志所评论的，巴黎的女士服装都各司其职、各有各的功能。中产阶级女性一天之内至少换五次衣服，有些甚至达到七八次。妻子是丈夫社会地位的象征，她们引人注目的奢华展示了其丈夫的事业成就。

根据装扮的正式程度，大量的附加配饰及其应用也在不断增加。不管帽子有多小，例如像栖居在头上的平顶硬草帽，或是两边有带子系到下颌的比较极端的大防风帽，人们出门总要戴上帽子，帽子上经常装饰着小花朵或羽毛。精美的尚蒂伊花边（Chantilly lace）小阳伞也是出门必备，伞上被添加的一抹色彩要和头饰相配，雕花的象牙伞把手标志着其遮阳用途。

至于脚上穿的，一般是由斜纹粗布或摩洛哥皮制作的、能将丝质或棉质的长筒袜遮住的低跟靴。舞会穿的鞋通常是白色绸缎做的。从早晨开始，女士就戴上装饰着两三粒纽扣的浅色麂皮绒的手套；在晚上的社交场合，则戴上饰有三四粒纽扣的深色手套。扇子也是那时体现女性优雅形象的必不可少的物件。

提倡卫生和关注清洁产生了一些新的习俗，它建议人们每周换一次内衣，内衣在女性衣柜里开始占据重要地位，它的类型包括很多因素，每一种因素都要适应解剖学的相关部位来限定身材的造型。装扮的层叠和干净暗示了一种身体的距离感。白天穿的内衣、紧身胸衣、长筒袜、里裤、衬裙、贴身背心、领子、衬衫的胸襟、细棉麻毛袖子都需干净整洁。这些配件也需要适应一天中不同的时刻：早晨是素净的，然后会用精致的刺绣或蕾丝来装饰。对小礼服而言，按照1864年5月刊《时尚插画》中一篇文章的规定，饰边不能超过四分之三厘米。对于所有细节的谨慎关照使即使最简洁的服装也熠熠生辉。根据1863年1月12日的《时尚插画》对当时裙装的评论，如果将19世纪中期的裙装特征定义为时尚，人们会感到茫然，它是不同的或对立风格的混合物，一种怪异的路易十五裙撑也称为"华托式风格"和法兰西第一帝国的装饰相结合，礼服带有第一帝国的拖裙，以及可以追溯到1820年的相当长的腰身。很明显，时尚利用非连续的哲学体系空隙出现并且充分利用它的优势。所有容易的出处都能够在折中主义中找到。

复杂精美的裙装体现了当时的审美和时尚，然而保持和存放它们的方式也是一门艺术。所有这些衣物的维护都由洗衣者和熨烫者打理，维护的质量是衡量一个人身份显赫的标尺。衣服被清洗和熨烫，然后根据类型小心翼翼地收起来，叠好、再一打一打地摆好；配饰也要按照组合排列好。1853年在城镇出现了双层巴士汽车，随着铁路体系的扩展也出现了可到达远方的火车，然而，所有关于这些衣物维护的措施都没有真正和随着公共交通方式的发展而增加的移动性相配合。我们可以很容易地想象到一位尊贵的女士在旅途中既需要运输那些保持体面身份的必需物品，又不得不忍受早期火车车厢带来的不舒适。

虽然已经到了1833年，但所有的旅行依然以马车为主。瑟纳夫人（Madame de Celnart）在她的《女士手册或高雅艺术》中专门有一章讲到了旅行，尤其是详细地描述了打包每一件物品的方式。行李箱是如何打包的，在诸如关于"良好方式"部分能够习得。她在书中为新手介绍了几条原则，例如首先将重物放置箱底，然后将它们尽可能包紧，但不能弄皱或卷曲。

常用品和化妆品要以这样的方式处理：有一种特殊叠放每一类服装的方式。披肩总是要沿着折印折成正方形，对帽子的精心装叠方式也作了详细的说明。为了避免麻烦和不便，她推荐打包帽子使用由制箱工制作的帽箱，并用一幅版画展示如何往打开的空箱子里放置时尚物件的细节：首先要在帽子里放上帽撑或纸板固定物，这个帽撑被固定在箱子内里嵌在前部的木板上，如果帽形和帽边受到影响，也可以去除。帽子上的丝带或饰卡可以将帽子挂在箱内附带的编织环上。帽箱的里衬是纸，箱盖的里衬是上蜡亚麻布，箱子是上锁的。箱子周边5英寸高的框架和箱底材质是交叉的金属条，盖在帽子上方的箱盖中嵌着一根遮挡帽子的木板条。盖内和木板条之间的空当可以放假领子和其他轻便的物件以避免损坏，以这样的方式，人们就可以在二十分钟之内打包好所有的易碎物品，如果没有这样的专业箱子，打包也许会花上几个小时。

虽然这个手册非常详细和精确，正如上面的例子所示，但它从未提及将这种复杂细致的打包事宜委托给专业打包工。然而，十年之后，一首关于打包工的歌谣表明了旅行的发展使打包业务蒸蒸日上：在过去，人们分门别类的装箱任务很少，将东西装到箱子里就是全部；如今，一位优秀的打包工能够将易损的皇冠包装好，即使将它海运到北京都完好无损……

当使用大衣柜的女士数量增加时，这种潮流催生了运输装有精美和昂贵礼服和配饰的专业公司。有的人自己装箱并将其送往火车站，也有些行李箱完全是专业打包工打包的，并雇用女工照看这些箱子，因为箱子里装的是服装和必要的配饰。裙子是用轻薄的面料制成的，那些脆弱的面料或易皱的装饰物总是要用箱子来运输，为它们打包也逐渐委托给专业人员。玛丽·德·萨弗里（Marie de Saverny）在她的1878年出版的《户外女性》一书中，在对旅行行程和时间安排给出建议后，她首先推荐要关注行李箱，她说如果有许多化妆品需要一并带上，那么最好是将它们放到一个长1米、宽30厘米的大衣箱里。请打包工来装箱并将其放置到火车或轮船的隔间里，这将会很省事。打包工技艺精湛，经过他们打包的物品到达目的地后都不会出现褶皱。

打包技术自18世纪末以来似乎没有改变太多。艾洛夫（Éloffe）夫人是玛丽·安托瓦内特王后的裁缝兼洗熨师，她在日记中记述所有的箱子不管是大的还是小的，都有双底层或隔格，都需要作为运输裙装和配饰的载体。她还提到一些打包用的材料以防物件受损或变质：棉、薄绉纸、牛皮纸、碎纸条、油布或蜡布、线和绳或稻草，由此包好的物品可以被运往国外。

在路易威登公司1872年和1875年的登记本上，我们能看到相同的装备：加垫的箱子、大量薄绉纸、好几盒无装饰带子、拉绳、绑带、沥青纸等。打包的时间也是有记录的。例如在1891年8月29日，打包工大约花三小时才能包好两件礼服裙，花至少八个小时包装并放置衣服和各种物件到一个旅行箱内。在运输过程中为了保持每一件裙子不来回晃荡或出现褶皱，衣物用扣针固定在可以做轻微拉伸的交叠带子形成的网上。同样的做法也适用于帽子以保持其原貌。

对每一次旅行而言，女士们都要根据自己的社会地位携带很多头饰和化妆品，这就意味着要装很多箱子和包。据说奥地利驻法国大使的妻子梅特涅夫人的行李至少需要一辆行李车。她在回忆录里描述了在参加欧仁妮皇后邀请当时最有声望的贵妇参加的贡比涅系列盛会时的情景，她说那是谁也不愿错过的场面。行李车到了，卸载了很多箱子，大约有九百个。事实上，每一位贵妇都将她的礼服单另放到轻木箱子里，就像是裁缝运输服装时的包装，并由巴黎手艺最好的打包工包装，以便能够安然无恙地到达目的地。这位大使夫人带了十八个箱子，而比她更优雅的女士则带了二十四个。贵妇们被告知可以带六十个箱子，所以她前面提到的卸载了九百多个箱子应该还是可能的。

除了携带的行李箱外，初次旅行者还被建议携带什么样的行李箱最合适。相应的推荐单包括中等尺寸的密闭箱，大约85厘米长、箱底宽阔、有两个隔层、拱形盖。美式箱有轮子，木质、箱外覆以帆布且有保护性木板条、箱内有衬垫。更贵一点的是带有闪亮镍金属小装饰的上锁皮箱；有抽屉的箱子比较实用，其箱子前面板可以被拉开放下，箱内的隔层板也能放倒，但这种箱子可能会更重些；还有更为轻便的英式柳条箱，里衬为黑色帆布，且有两个衬有无漂白亚麻布的底架，这个箱子能装大量物品，它不像其他箱子那样重，但经不起长途颠簸。行李箱选定后，人们还需要一个包和一个防水双层帆布或更奢侈的俄国红皮或摩洛哥皮的化妆包，再配上一个鼹鼠皮格莱斯顿包（Gladstone bag），总之，旅行时尽量少带行李箱包。

1863年记者皮埃尔·贝隆（Pierre Véron）在他的《旅行趣闻》中提到大约有195000种旅行方式。每一个人根据他的社会阶层、交通方式和出行目的都想带上他认为基本的和绝对必要的物品。在这种非常特殊的语境下，路易·威登经常拓展他的经营活动来迎合人们的期待和快速变化的社会需求。从19世纪60年代早期开始，他专注于"为时尚包装"，以至于最终发展为在他的店里为人们提供旅行用途的各种皮具。用皮具去承载时尚之物，然后去享有受现代性影响的旅行生活。

（二）马克·雅可布的风格

马克·雅可布被认为改变了时尚设计师的定义，就如同多年前安迪·沃霍尔对艺术家的定义作出的改变一样。与史蒂芬·斯普劳斯、村上隆、理查德·普利斯等艺术家的合作不是简单地模糊了艺术和时尚的边界，而正如格兰·奥布莱恩（Glen O'Brien）所言："很难找到像马克·雅可布这样的人，将艺术家的思维应用到运营创造性的企业中。"[1]

马克·雅可布1984年毕业于纽约的帕森斯设计学院，由于三次获奖而受到关注：两次金顶针奖和一次年度学生设计奖。此时，他正好遇到合作伙伴罗伯特·达菲（Robert Duffy），在为品牌速写本（Sketchbook）工作一年后，他和达菲合作开发了自己的品牌。雅可布被认为是他那一代人中最有天赋的设计师，他在各种企业的设计事业中获得了很多经验。

从1998年至2012年，马克·雅可布以"从零开始"的理念开拓路易威登的时尚品位，在其简约随性的各类时装中巧妙地融入路易威登元素，以呈现出具有路易威登精神的时尚品位。就如同香奈儿聘请拉格斐一样，路易威登聘请马克·雅可布看起来是一个明智的举措。1988年11月23日，媒体宣布刚刚25岁的马克·雅可布成为派瑞·艾力斯（Perry Ellis）的女装设计师。派瑞·艾力斯和拉尔夫·劳伦（Ralph Lauren）及卡尔文·克莱恩（Calvin Klein）一起被认为是美国成衣行业中的代表人物。作为公司的创意设计总监，雅可布以1亿美元的年销售量跨入到这个精英设计师的行列中。他不仅掌管女装而且还负责设计丝巾、大衣、眼镜、鞋和包。

和欧洲的同行不同，美国的时尚公司通常在其品牌创立者去世后就关门了。然而，当派瑞·艾力斯于1986年去世时，新的接管人依靠雅可布

1　　LUNA I，VISCARD V. Louis Vuitton: art, fashion and architecture[M]. New York: Rizzoli International Publications, Inc., 2009：214.

的创意设计重振品牌。雅可布从一开始就设定了基调："我希望能重现我以前所崇拜的品牌的能量和幽默感。我想制作友好的、不同寻常的、被认可的服装，并且希望自己随之成长。"[1]在派瑞·艾力斯的四年里，他遵循的原则是"美国人的运动着装目标是根据着装者的品位和精致程度需要有不同的单品，并且不同的单品可以不同的方式搭配在一起。"[2]

然而，随着第二个系列的发布，雅可布已超越了时尚设计师的角色，采用了艺术总监的视角，由此推进了品牌整体的、更加连贯的想象力。他邀请摄影大师史蒂文·梅塞（Steven Meisel）拍摄品牌广告片，他对史蒂文的评价是："他有才华横溢的能量，能创造一个令人激动的形象，但衣服不会迷失。"[3]他们的"年轻和活力"的创作理念被超模琳达·伊万格丽斯塔（Linda Evangelista）演绎得淋漓尽致。

品牌形象只要宣传得清晰明朗就能赢得成功，而服装系列却不会因发布达到预期而取得成功。当雅可布决定按照自己的意图自由地表达想法时，他在事业上的转折点也就到来了。正如《纽约时报》所言："循着已故派瑞·艾力斯的印记，雅可布工作得非常艰难，但他以自己的方式解决了问题。"[4]虽然他的名字没有出现在派瑞·艾力斯的品牌标签上，但他在设计中已经展现了自己的思想，并且和派瑞的遗产风格拉开了距离。雅可布的系列服装被媒体认为是机智的、有趣的和生机勃勃的，他的设计展现了大胆而动态的活力。1992年11月2日，雅可布推出了他在派瑞·艾力斯的最后一个系列。他被著名的《女性衣着日报》称为"重金属大师"[5]。

这个名称是"地下流行"乐队仿造的唱片标签，用来描述基于西雅

1   GOLBIN P. Louis Vuitton Marc Jacobs [M]. New York: Rizzoli International Publications, Inc., 2012: 111.

2   LIMNANDER A. On the Marc[J]. Harper's Bazaar, 2004（2）: 164.

3   LIMNANDER A. On the Marc[J]. Harper's Bazaar, 2004（2）: 164.

4   GOLBIN P. Louis Vuitton Marc Jacobs [M]. New York: Rizzoli International Publications, Inc., 2012: 111.

5   GOLBIN P. Louis Vuitton Marc Jacobs [M]. New York: Rizzoli International Publications, Inc., 2012: 111.

图的朋克重金属音乐。"重金属"很快成为那一代人崇尚的一种文化现象。对雅可布而言，"重金属"是一种嬉皮式的浪漫朋克。他会让模特们穿上一切能穿的东西"从粗糙的运动针织衫、喇叭裤、皱缩的机车大衣到浪漫的雪纺裙和绸缎勃肯鞋……他的作品比例夸张，像卡通人物，脚下很重，但衣着轻便"[1]。正是这样的系列最终让雅可布的签名风格走向成熟。这个节点的出现不是跟随着品牌的建立而是顺应他的直觉。他引领了一种杂糅各种影响力的潮流，从曼哈顿东村到乐观的、出其不意的、但总是酷炫的法国先锋派。他没有定义一个模板，而是表达一种态度：非传统的混合、带有蕾丝的惊恐、时尚的奢侈，再加一丝颓废。

随着"重金属系列"被认可，雅可布将他的风格从一个时代延续到下一个时代，他认为不能将时尚强加给消费者，而是要从强加中解放消费者，要给人们选择的自由。如果从概念上来推销服装会很难让人们理解，因此不能说："你应该穿那条裙子，配那双鞋。"[2]雅可布的观念是解构并且使时尚符号非神秘化以便有不同的认知。

"我们将要经历一次青年震荡，就如同震撼社会、改变时尚语境的摇曳的20世纪60年代，抑或回到喧嚣的20世纪20年代。"[3]在20世纪90年代初期，时尚界正经历一次深刻的变化。雅可布和那一代离经叛道的设计师一样，他们脱离了长久以来由巴黎高级定制时装传统所主导的严格且过时的庄重规则，通过自己的设计维护着一个和时代同步的简单表达："为那些想走向世界的女性设计有职业品位的服装。"[4]这标志着20世纪80年代引人注目的消费已经结束了。美国的重金属运动就像欧洲的比利时学派一

1　　GESSNER L，LENDER H. New York picks up the beat[J].Women's Wear Daily, 1992 (11/2).

2　　SHAW D.To make his own Marc [J].The New York Times, 1993 (2/18).

3　　MENKES S. A youth quake shapes the future, but what is there to wear now? [J]. International Herald Tribune, 1994 (3/7).

4　　MENKES S. A youth quake shapes the future, but what is there to wear now? [J]. International Herald Tribune, 1994 (3/7).

样，反抗过时的价值观并且定义新的风格语言。旋即，以奥地利设计师海尔姆特·朗（Helmut Lang）为代表的极简主义成为时尚的高度。意大利时尚产业作为美国运动服装有价值的继承者，推出了普拉达和古弛等品牌。

此时，第一次海湾战争已经结束，全球时尚有待复苏。然而，正如作家迈克尔·格劳斯（Michael Gross）在《纽约杂志》上所言："已被推翻的时尚正在废墟中重生。"[1] 1995年，《世界报》认为，"曾经是世界时尚中心的巴黎在成衣产业上也激发了前所未有的热情"[2]，甚至有媒体强调巴黎欢迎国际设计师的到来，为巴黎成衣时尚掌舵。这标志着时尚全球化的转折时刻。法国本土的设计师在成衣系列中占少数。在这种隆重的国际氛围下，只有一位法国人尼古拉斯·盖斯奇埃尔（Nicolas Ghesquière）接管了巴黎世家（Balenciaga）。但是盎格鲁-撒克逊的天才们都涌入了由伯纳德·阿诺特组建的法国奢侈品集团路威酩轩。两位重量级天才约翰·加利亚诺（John Galliano）和亚历山大·麦昆（Alexander McQueen）分别执掌了迪奥（Dior）和纪梵希（Givenchy）。为了改造皮包行业，阿诺特选择了三位美国人：纳西索·罗德里格斯（Narciso Rodriguez）领导罗意威（Loewe），迈克·科尔斯（Michael Kors）执掌思琳（Céline），马克·雅可布携手路易威登。法国媒体不久就作出了结论："来自纽约第七大道的年轻的天赋设计师在这儿平衡着那些伦敦的怪异天才。他们的任务不是要改变时尚面貌，而是将设计推向市场，让每一天都在华服中绽放精彩，这是一种没有令人惊愕的时尚。总之，这是可穿的时尚。"[3]

1997年，雅可布被任命为路易威登的创意总监，他以一贯的反传统方式重新阐释了路易威登的经典花押字图案。请史蒂芬·斯普劳斯在拥有150多年历史的经典花押字图案上涂鸦，3亿美元的销量让原本持否定态

1   GROSS M. Euro dizzy [J].New York Magazine, 1993（4/5）: 45-46.

2   BENAÏM L. Paris redevient la vitrine mondiale de la mode [J].Le Monde, Tuesday, 1995（3/14）.

3   RIGHINI M. Ils secouent les vieilles griffes[J]. Mode: Les Nouveaux Mencenaires, Le Nouvel Observateur, 1998（3/19）: 100.

度的品牌方认可了他的做法。几年后，在和村上隆的合作中，将传统的深棕色和米色花押字替换成33色花押字图案，并增加了樱桃和波普艺术元素，他认为改变的最佳时机是敬意和不敬同时存在的时刻。像沃霍尔一样，雅可布也备受诋毁，诋毁者认为他挪用了其他设计师的风格，如圣洛朗、川久保玲等。当然他如同收集者一样，参考了众多后现代时尚设计师过去的作品，但是他将所参考的内容融合起来，将高级和低端富有灵感般地混合起来，以及他完美的时机感都是使他成为当时最有影响力的设计师的资本。

他以美式无所顾忌的作风，秉持"从零开始"的极简哲学，带领路易威登获得了新的生命力。虽然品牌的配饰产品仍然占主导地位，但品牌形象至此已不仅仅是令人震撼的手袋。1998年，"制箱者"成衣系列在巴黎时装周获得好评，这不仅仅是精湛技艺的展示，更是对他非凡时装创造力的赞誉。

雅可布从时尚史中挪用了已存在的观念，然后将其变体和抽样，制作成适合当代的样式。但是他又不仅仅是风格主义者，他拥有卓越的创造力。更精确地讲，可以将他比作像理查德·普林斯一样的挪用艺术家，或采样音乐轨迹的后现代DJ。他很大胆地利用现存的作品，赋予它们无与伦比的个性化现代风格和隐含的高雅。

无论是路易威登家族的设计师，还是在波普文化中借鉴艺术灵感的后现代设计师，他们都从历史文化与科技进步中得到启示，在审美风格的连续性和非连续性中平衡着"界限之上"（传统的美学风格）和"界限之下"[1]（前沿的科技美学风格）的设计，使设计回归它本质的属性：面向未来。

1　　彼得·多默.现代设计的意义[M].张蓓，译.南京：译林出版社，2013：29.

第五章

路易威登品牌的品位建构及启示

奢侈品和日常物品不同，它拥有特殊的品位，因此奢侈品牌路易威登的箱包无论是物态设计还是在审美表达上最终涉及的都是品位建构。品位是路易威登设计文化中物态和审美共同支撑的抽象存在，是深层支撑品牌持续发展的重要因素。箱包的创新不仅遵循产品本身确立的品位，而且也随着社会群体对历史传统的认知、生活方式的改良而变化。

品位是指等级、位置，在形成过程中有品味和品质的参与，也与趣味、消费、情感、审美等因素相关，它使产品呈现出高级感与普及性、创新性与商业性、经典的传统与流行的时尚的二元特征。品位原本是工业化社会之前宫廷文化的一个重要特征。对西方社会而言，在文艺复兴之前，品位是一种贵族性的文化能力，是指蔑视普遍被接受的观念和审美陈规的能力。进入工业化社会后，品位与工业化进程、机械复制、经济增长的动力存在着某种内在的联系。在后现代语境中，奢侈品和时尚及现代艺术的融合形成的品位创造出巨大的经济价值。品位的基础是审美，它是情感性和想象性的，是对物质性、机械性、现实压抑性及现实异化的超越与否定。瓦尔特·本雅明（Walter Benjamin）在他的《发达资本主义时代的抒情诗人》和《机械复制时代的艺术作品》等著作中就讨论过"品味"或"韵味"在工业化社会的这种复杂性现象，他主要从艺术和审美的角度讨论了"品味"和"韵味"的现代特征。皮埃尔·布尔迪厄的《区分：判断力的社会批判》从鉴赏者的角度分析影响趣味形成的判断力背后的因素。布尔迪厄认为在人们逐渐形成约定俗成规则的"惯习"中，形成了一种生活方式，"品位"是这种生活方式中的突出表现，是一个阶层具有倾向性的偏好和能力表现，具体体现在仪表、服饰、言语、生活用品及其摆设等方面。而奥利维耶·阿苏利的《审美资本主义：品味的工业化》着重论述了"品味"问题的经济价值和推动社会前进的意义。

综上，笔者认为品位最突出的特征体现在生活方式、产品品质、产品设计等层面上，这些层面所构成的品位最终实现的是经济价值和新一轮品位的更新换代。因此，本章将探讨路易威登品牌的品位是如何在法式生活方式、产品设计、时尚风格的影响下建构起来的，并通过对品位建构的分析，希冀延伸出对中国品牌品位和设计的些许思考及启示。

第一节　品位和法式生活方式

生活方式是建构品位的基础。品位的概念源自宫廷贵族的生活方式和阶层文化，渗透在王公贵族的整体生活系统中，形成了一种氛围，不仅体现在物质方面的奢侈品上，还涉及政治权力的博弈和阶层固化的社交体系。然而，贵族的没落和资产阶级的兴起使"社交品位"转向"经济品位"。路易威登的产品品位是随着贵族生活方式而诞生的，也随其生活方式的转变而改进，同时随着审美资本主义的到来而不断创新，形成了日常生活审美化。本书中"品位"的英文是"grade or rank"，在王宏建的《艺术概论》中"原是矿物学上的术语，指矿石中有用元素或它的化合物含量的百分率，含量的百分率愈高，品位愈高"[1]，引申意指人的品鉴层次和格调高

1　　王宏建.艺术概论[M].北京：文化艺术出版社，2010：309.

法国奢侈品牌研究：路易威登的设计文化

274

低。"品位"多指品级，一般用作名词，在本书中是指奢侈品牌路易威登的高端品级，是具有综合性意义的复杂概念，它包含品质和品味的审美意味。本研究中的"品位"概念引自奥利维耶·阿苏利的《审美资本主义：品味的工业化》一书，但在此书中翻译成"品味"，对应的英语（taste）和法语（du goût）单词的原意即"味觉"，有"欣赏、评价"的意思，用作动词意为品鉴，用作名词，和审美相关，在本书中亦作为名词。从历史上看，好品味是贵族之间争权夺利的武器，好品味表现为一种规范的权力，有品味的人能够仰仗这种权力，树立其权威形象，并不容置疑地建立新的规则。但同时这要求品位表现出节制的能力，这种能力隐含着算计情感因素，对情感因素的算计投射了后来资产阶级更理性的经济行为，但他们不是出于声望的目的，而是出于商业利润的目的。以此类比奢侈品牌路易威登，它是业界历史悠久的品牌，它所体现的品位表现出一种行业的权威，且是好品味的代表，它宣扬"好品味是一门特别的艺术，只能在与最美好的事物的接触中养成"[1]，所以它的消费群体也因此拥有了好品味。本书中研究的"品位"实际上包含了阿苏利书中的"品味"之意，同时也必然和"品质"相关。因此，通过对品味和品质的探讨，可以深入认识品位的意义。

一、品味和品质

奢侈品的主要特质是引起人的审美愉悦，所以它是有"品味"的，在其物态功能和审美形式建构上都有"品味"参与。奢侈品本质上是贵族阶层的物品，和贵族品味相得益彰。"品味"的本义和喻义之间是有本质联系的。在西方，"品味"这个词来自拉丁语"gustus"一词，意为"品尝、品味的动作"，随后演变成"一种东西的味道"，后来引申为"品鉴"。在18世纪的《百科全书》中，伏尔泰（Voltaire）撰写的"品味"词条从

1 　奥利维耶·阿苏利.审美资本主义：品味的工业化[M].黄琰，译.上海：华东师范大学出版社，2013：23.

某种意义上承认了这一趋势。他解释了"品味"从味觉品味的本义发展到审美品味喻义的历程。品味无须推理就可以直接作出判断。好品味也并非专属某一个阶层，它的"个体性"[1]特征使它可以被其他阶层效仿。然而，本质上，品味是一种"反常"，为了避免平庸化，反常需要多变，以使两种品味永远都不可能代替对方。好品味激发了自我提升的意识和进步的思想，故贵族阶级为了保持品味的自主性和超前性也会突破传统规则，从而产生了启蒙运动所追求的新的自由思想，由此品味也演化成属于所有阶层，而不再为贵族成员所独有。"此外，一旦审美欣赏的能力成为享乐的源泉，而不再仅仅是衡量计算宫廷中自己和对手的社会地位的工具，它便能够促进物质享受和消费商品的欲望，从而对销售关系产生有利影响。"[2]前现代时期的审美品味是对称的关系：审美判断既是对他人的评判，也要让自己符合他人的品味。然而到了工业化时期，品味由评判同僚的标准转变成促进消费的手段。品味的对称关系也转变为生产者与消费者之间的单向关系，因为前者似乎需要提交一种配方以吸引后者来消费。这是工业社会与贵族社会最大的区别之一。这个社会出于经济原因，不再以名望为动因来开创一个新的审美品味体系，在这个体系中，生产者与消费者是分离的，生产者必须尽力吸引和转移消费者的注意力，使产品符合消费者的品味，贵族消费者倾向于以消费奢侈品来维护自己的品味。也就是说，品位是在主客体"间性"关系的协调中产生和更新的。

奢侈品最本质的特征便是卓越的品质。品质即质量，国际《ISO 9000：2000质量管理体系基础和术语》中把质量的定义表述为："质量是一组固有特性满足要求的程度。"这个定义很宽泛，但强调了"量"达到"质"的"度"。狩野纪昭（Noriaki Kano）将品质视为一个二维的系统，二维的坐标分别是"当然的品质"和"有魅力的品质"，前者是适合

---

1   奥利维耶·阿苏利.审美资本主义：品味的工业化[M].黄琰，译.上海：华东师范大学出版社，2013：21.

2   奥利维耶·阿苏利.审美资本主义：品味的工业化[M].黄琰，译.上海：华东师范大学出版社，2013：34.

的品质，后者是符合和超越客户期待的产品及服务。罗伯特·M.波西格（Robert M.Pirsig）认为品质是用心的结果。苗丽静在《非营利组织管理学》一书中综合国内外文献后认为："狭义的品质是产品、服务等具有的不同程度满足顾客需求的一系列特性。好的品质不仅给予顾客生理、物质上的满足，而且要给予心理、精神上的满足，如优美的外观所带来的美感，名牌和豪华所给予人的身份和地位。"[1]书中还总结了广义的品质，包括产品本身的质量、衍生出的服务、工作人员的敬业程度、环境以及品牌管理品质。由此可见，品质其实隐含了审美愉悦和品位意义。

从美学的角度看，奢侈品的品质总是和手工制作相关联的，会让人产生观赏传统时期艺术品时的"光韵"感悟，同时是一种审美体验，即品味的过程。"光韵"是瓦尔特·本雅明在《机器复制时代的艺术作品》中阐述的手工创作的艺术品因其独创性、原真性、唯一性和时间性而出现的一种能感动人的现象，它有以下特征：第一，艺术作品生成的独一无二性，即原创性或原真性。无论后世的艺术作品仿制得多么神似和形似，但是在原作面前只能是赝品，这样保证了作品的独创性和珍稀性。第二，"光韵"意味着欣赏者与作品之间的距离感，由于时空距离或审美心理距离的产生，使作品本身具有一种"神秘"的效果和"神圣"的美感。第三，"光韵"意味着与传统关联的历史感，原初的艺术作品与其置身当中的特定语境相关。由于这种无法接近的历史感，人们对原作产生膜拜和崇敬的审美体验。第四，"光韵"与艺术作品的宗教仪式和图腾崇拜有关，原初的艺术作品具有一种世俗作品无法比拟的价值。第五，必须身心合一、凝神专注地观照作品才能感知到"光韵"的神妙。[2]根据上述理论，作为奢侈品的路易威登虽然不是艺术品，但它在创新过程中具有艺术品的成分，含有上述某些属性，如具有艺术品的原创性、它的"奢侈"光韵让大众产生距离感和

1　　苗丽静.非营利组织管理学[M].3版.大连：东北财经大学出版社，2016：97.

2　　瓦尔特·本雅明.《机械复制时代的艺术作品》导读[M].周颖，导读.天津：天津人民出版社，2009：51-54.

崇敬感，它始终保持着手工制作的传统，客体必须身心合一才能体会到它的"奢侈"的观念性和物性，这些特性都是路易威登产品保持奢侈品"光韵"的重要品质。探究这些品质产生的缘由，就需回溯法国的历史语境和文化传统，回到法式生活方式中去。

二、法式生活方式

18世纪法国哲学家伏尔泰曾说："欧洲之文明教养和社交精神的产生都应归功于路易十四的宫廷。"[1] 路易十四统治时期形成了法国的优雅风格和奢侈的生活方式。在他统治初期，法国与优雅和高端毫无关联，到其统治末期，他的子民在整个西方世界眼中是时尚与奢华品位的引领者，而他的国家则担负起开始统领奢侈品贸易的经济使命。因此，法式时尚和品位在国际传播中闻名遐迩。从17世纪60年代起，巴黎开始统治奢侈生活，这种统治一直延续到三个半世纪后的今天，以致全欧洲的人们都成为法国大餐、时装和设计的追随者，崇尚这种得到广泛认同的价值观。

路易十四和让-巴普蒂斯特·柯尔贝尔（Jean-Baptiste Colbert）一起创造了艺术与商业的完美结合，共同缔造了第一个由时尚和品位推动的经济体系，使奢侈品行业达到了前所未有的商业化程度。首先，路易十四要求物品都要在法国制造或者由法国工人制造。其次，确保尽可能多的人狂热地追随太阳王路易十四，并只买国王在凡尔赛宫使用的法国奢侈品。柯尔贝尔将国王颁布的这项命令完成得极其成功，以至18世纪他的继任者、日内瓦银行家雅克·内克（Jacques Necker）从商业角度给柯尔贝尔以高度评价："对法国人来说，品位是商业最大的成果。"[2] 国王为奢侈品创造了被人们很自然地认为是"很法国"的新标准，而柯尔贝尔则确保与此有关的每一项物品都得到尽可能广泛的市场。在同一时期，从珠宝设计到菜单

1　诺昂·德让.时尚的精髓：法国路易十四时代的优雅品位及奢侈生活[M].杨冀，译.北京：生活·读书·新知三联书店，2012：封底.

2　诺昂·德让.时尚的精髓：法国路易十四时代的优雅品位及奢侈生活[M].杨冀，译.北京：生活·读书·新知三联书店，2012：7.

设计，再到室内设计，各个领域都发生着革命性的变化，改变着人们的生活方式。从本质上讲，这样大范围的才华涌现离不开统治法国的宫廷对格调和审美的执着追求和广泛影响。到18世纪，"法国制造"彻底吸引了全世界的目光，在后续的几个世纪里继续创造奢侈品制造的辉煌。在19世纪后半叶，法式品位成为美国镀金时代及随后一个世纪里的生活主调，我们能在小说《镀金时代：今日的故事》中看到许多法式风格的家具。然而，法国大革命终止了奢侈品的暂时消费，很多法国贵族的奢侈品都被拍卖或偷走遗落在其他国家，也由此传播了法式生活方式和品位。在格调和时尚方面，正如路易十四所愿，法国人迈出了第一步，他们走在最前列，也最奢侈。他们创造出了路易威登箱包、爱马仕围巾、香奈儿西装、莱俪（Lalique）眼镜等世界级奢侈品，这些知名奢侈品牌在全球依然延续着法式奢侈与时尚的品位和传统。

三、路易威登品牌体现的生活品位

奢侈的生活品位源自宫廷，从16世纪末起法国宫廷的品位和模式就成为欧洲的范式，其奠基者是弗兰西斯一世（Francis I）。在随后的两个世纪里，法国宫廷的奢华生活方式成为资产阶级新贵和中产阶层效仿的典范。同时，奢侈的生活也需要建立与之相应的现代化的城市环境。作为皇家的御用箱包商，巴黎的现代化城市环境和由此形成的旅行条件、法国贵族奢华时尚的生活方式等都是路易威登品牌品位形成的重要因素，品牌亦通过广告扩大其品位的知名度，竭力宣传只有路易威登的品位才能使消费它的人拥有独特而高尚的品位。

（一）巴黎的环境氛围

路易·威登早年从法国偏远山区来到世界公认的时尚和奢侈品中心巴黎创业。由于有木工手艺背景，故能够在马歇尔先生位于圣奥诺雷街的打包及制木箱工坊当学徒。工坊附近的商业氛围不断地熏陶着年轻的路易·威登。在玛德莲街区的东面是林荫大道（Boulevards），这是城市北部的黄金地段，是19世纪前半叶巴黎最负盛名的地方，是欧洲的所有精英们都梦寐以求之地，也是路易·威登的品位逐渐形成的地方。德国诗人海因里希·海涅（Heinrich Heine）说，当上帝在天堂感到厌倦时，他也听说林荫大道的魅力，于是打开一扇窗户，沉思着巴黎的林荫大道。林荫大道宽阔气派，空气清新，是巴黎的闲逛者、好色者和狂欢者的最佳去处。这个区域从巴士底狱（Bastille）往东逐渐就有了工人阶级的氛围。这里最吸引人的地方是戏院，许多戏剧明星、作曲家、大提琴家在这里演出。蒙马特高地、德鲁奥歌剧院、赛马骑师俱乐部等都是巴黎精英们聚会的地方。林荫大道西边是最时尚的地方。在巴黎所有的街道中，意大利大街（Avenue d'Italie）是时尚人士、艺术家、花花公子们经常光顾的地方，并且随处可见各种精美漂亮的橱窗、服装和马车。19世纪30年代，英式的优雅品位风靡林荫大道，英国的制靴匠、制帽者、裁缝和香水制造者都在这里开设了分店。法式生活少不了歌剧。歌剧院正位于附近的佩勒蒂埃街（Rue Le Peletier），演出一结束，时尚餐厅和咖啡馆就成为观众的必去之地，以至于使这里成为世界闻名的地方，南来北往的游人都喜欢聚集在巴黎的街道上购物和消遣，所以这里既是多元文化交融的地方，也是法式生活品位传播之处。正是巴黎浓厚的消费气息和络绎不绝的富庶人流使路易·威登在卡普西纳大街4号开设了自己的制箱打包坊，工坊离凡登广场和巴黎歌剧院仅咫尺之遥。箱包的制作品位也必须迎合人们的品位和用途。

此外，从18世纪到整个19世纪，法式装饰风格也是人们营造奢侈生活品位的关键。巴黎城市中奢华豪宅的设计被西欧和美洲的很多城市模仿。在法国或其他国家，不论是法国城堡风格的住宅还是简朴的小公寓，都能实现法式风格的装饰理想。室内的家具、纺织品及一些装饰艺术品，无论是过去还是现在，无论阶级地位如何，都是生活品位的主要表现。奢侈品在培养高雅品位、拥有高尚生活方式及对品位的区分上扮演着重要角色。反之，对品位的追求促进了奢侈品牌的发展。

（二）奢华的旅行生活

现代早期的统治者及其追随者们在生活方式上不仅要拥有昂贵的手工艺品，同样注重身心的体验。正如约翰·赫伊津哈（Johan Huizinga）评论道，能使生活变得愉快的东西一直以来就那几样，书籍、音乐、美术、旅行、大自然、运动、时尚、社交……和感官上的陶醉……，所以旅行是他们生活中的一部分。《牛津大辞典》对旅游业的描述是："旅游业产生于17世纪，由英国人最先尝试。"[1] 英国贵族是最早的现代意义上的旅游者，他们由于极尽奢侈而引来无数关注。意大利历史学家格里高利·莱蒂（Gregorio Leti）在17世纪90年代的一本书中写道，这些贵族们一直以"奢侈的方式"去旅行，并且"花费惊人"。[2] 他补充说，他们最喜欢去消费的地方就是巴黎。大批来自欧洲其他地方的游客也到巴黎购物。巴黎的百货商店和精品店鳞次栉比，消费者跃跃欲试。为了适应这种情况，法国旅游业的基本设施很快便应运而生，出行携带衣物的行李箱也不断改良，以适应新式交通运输方式和科技的进步，所以只有创新才能符合品位的反常本质。

法国的现代化进程使城市规划、道路建设和交通设施焕然一新，因此富人们的旅行更加频繁。在玛德莲街区附近有新建成的圣·夏尔火车站。马车、轮船、豪华邮轮、火车及飞机等交通工具伴随着新科技而不断推陈出新，使便捷出行成为可能和时尚，而便捷出行需要行李箱为其保驾护航，功能优异、外观悦目的行李箱成为出行者的诉求。路易·威登应客户的要求为每一件物品量身定制行李箱。根据交通工具的承载空间，将拱形盖箱改良成平盖箱；为短途远足，专门制作了茶箱、野炊箱等；根据旅行的性质，为出行者定制坚固抗压、防虫防潮的铜制、锌制或铝制箱；按照出行者的要求定制个性化专门用途箱，如奢华的化妆箱、帽箱、鞋箱、书箱、乐器箱、打字机箱、盥洗箱、钟表箱、衣柜箱等；为了减少旅途负重，路

1   诺昂·德让.时尚的精髓：法国路易十四时代的优雅品位及奢侈生活[M].杨翼，译.北京：
     生活·读书·新知三联书店，2012：14.

2   诺昂·德让.时尚的精髓：法国路易十四时代的优雅品位及奢侈生活[M].杨翼，译.北京：
     生活·读书·新知三联书店，2012：14.

易威登推出了可以折叠放入箱内的软面短途旅行包和洗衣袋，从这些软质旅行包衍生出了各式都市手袋。

20世纪20年代，爵士乐和享乐主义的生活方式被两位传奇的美国人杰拉尔德·墨菲（Gerald Murphy）和萨拉·墨菲（Sara Murphy）夫妇带到巴黎和法属地中海沿岸的蓝色海岸，他们的生活理念和方式也激发了小说家弗朗西斯·斯科特·基·菲茨杰拉德（Francis Scott Key Fitzgerald）创作长篇小说《夜色温柔》的灵感。美国人开发了蓝色海岸，并在那里避暑，享受那里似碧玉和紫水晶般的海水、光热交错的海滩、和煦清凉的夜晚。墨菲夫妇在当时的巴黎艺术界很有名望，他们也是最早一些经常去蓝色海岸度假避暑的人。后来他们在那里的昂蒂布（Antibes）的灯塔下购置别墅，这座别墅被称为"美国别墅"。墨菲夫妇在此招待了来自欧洲各国和美国的许多艺术家与文学家，其中包括毕加索（Picasso）、海明威（Hemingway）、菲茨杰拉德夫妇、莱热（Leger）等。墨菲夫妇在1922年到1931年间在路易威登购买了三十多件物品，包括十个大衣箱、四个船舱箱、三个帽箱、一个花箱和三件羊绒披肩。

此外，法国的蓝色海岸也吸引了很多英国和俄国的精英人物，沿岸的加纳和尼斯由于其温和的气候和惬意悠闲的生活氛围成为著名的疗养胜地。鉴于上述地理环境和社会环境，路易威登之家决定继巴黎和伦敦店铺之后在蓝色海岸开设第三家店铺。1908年12月，乔治前往尼斯，他的店铺位于盎格鲁街附近。在蓝色海岸开店可谓是明智之举，因为那里是国际化区域，俄国、英国、美国和德国的达官贵人们每年冬天都要在那里度假三个月。这个店由嘉士顿-路易·威登管理，他在这里结识了各国的贵族和名人。这些新贵们到蓝色海岸避暑显示了一种悠闲轻松的奢华生活方式，携带轻便的"Keepall"旅行袋和这种生活的本质相匹配。这个旅行袋堪称路易威登的经典，是时代变迁的真正见证者。它是一款柔软轻便的旅行袋，能承装很多物品且可以折叠。它是那种你拿起来就能往里塞衣服、围巾、梳妆包和生活必需品，然后就去付诸一场说走就走的旅行或应对短途旅行或彻夜狂欢的忠实伴侣。

第二次世界大战前，长途旅行仍然是精英阶层的奢侈生活方式。战后，随着科技和经济的迅速发展及公众可支配收入的增长，旅行也扩展到社会其他阶层，路易威登的行李箱和手袋也被各个阶层的消费群体拥有，由非凡人士的平凡消费逐渐演变为平凡人士的非凡消费。

（三）媒介的高度宣传

在时尚杂志上做广告或者撰写介绍产品的文章是路易威登自诞生起就采用的推荐品位的传统方式。例如，1905年《插图》上刊登的布拉柴铜箱和床箱广告，1910年在《农场与城堡》上刊登的"从'Alms'钱包到'Reticule'手袋"广告插页。第一次世界大战爆发后，路易威登的产品市场受到冲击。因此，路易威登设计了精美的产品宣传册，替代了产品总目录，以此营造高品位的视觉氛围来激发人们对拥有物品的向往。这些宣传册的插图和排版有新艺术运动的格调，手袋被放在艺术传统和新的艺术语境中渲染其品质和品位以及审美和隐喻维度。宣传册强调了送出礼物的愉悦。手袋超越了功利主义的实用性，成为人们外在形象的一部分，和服饰、发型、妆容及珠宝处在同一层面上，都是对女性高雅修养品位献上的颂歌。从那时起，路易威登手袋开始出现在《女性》杂志、《艺术与时尚》杂志以及《求精》报上。

另外，借助名人使用箱包的题材来拍摄广告或影片以引导受众对产品的渴望，扩大品牌感知度，同时巩固已有客户对品牌的忠诚度。路易威登通过电影这种大众文化来宣扬产品及其所营造的生活方式是最有效度和信度的广告途径。例如，在奥黛丽·赫本出演的电影作品中，路易威登箱包的重要性几乎可以被授予"最佳道具奖"。比如在影片《黄昏之恋》中路易威登的行李箱发挥出代表生活品位的作用和社会地位的象征性，在那个时代，拥有路易威登就是富豪身份的证明。影片中，那个尺寸超大的豪华行李箱，以及特写镜头里奥黛丽·赫本的清澈大眼睛和高雅的气质、"LV"字母组合、深棕色和米色基调的花押字图案等，都已作为赫本艺术风格的一部分，是高雅、高品位生活的象征，给人们留下了极为深刻的印象，以至于人们纷纷通过消费达到对其风格的模仿和品位的拥有。

四、生活品位的启示

首先，法国奢侈品牌有深厚的文化艺术底蕴和国民对奢侈品鉴赏的成熟品位。路易威登品牌的生活品位源自法国上流社会引领的奢侈和优雅、深厚的古典建筑文化、昂贵的手工艺品、豪华的室内装饰、举办舞会和沙龙的习俗、看歌剧、听音乐、去旅行、品法式菜肴等长久以来深植于生活中的传统氛围和环境。路易威登时代的奢侈生活品位和审美达到了前所未有的新高度，并且蔓延至今，因此可以说法国乃至欧洲都有购买奢侈品的传统和享受文化艺术的社会基础。欧洲人认为购买昂贵的高品质物品是生活品位的使然，真正的奢侈品所代表的是一种整体优雅的气质和审美文化，如果把个人品位集中在某一物品上是不可思议的，而且背离了奢侈品所表达的精神。奢侈品本身不是一种生活必需品，它所表达的是一种生活态度和整体品位。就像路易威登所倡导的舒适、简约、耐用，革新了那个年代世界范围内的箱包品位，并将其品牌文化内化为一种旅行哲学，一种对人生旅途的映射、思考和创设，成为法国人引以为傲的品位一样。

其次，对建构中国的奢侈品品位之启示。在19世纪中叶之前，中国一直都是经济发达的富庶之地，始终是全世界最大的经济体。之后，由于国内外政治因素，中国错过了工业革命的发展机遇。在经历封建王朝覆灭、贵族体制瓦解、战乱纷扰后，中华人民共和国成立了，但国内经济发展艰难蹒跚，全民的文化教育和审美品位没有得到大幅度提升。以前为王公贵族制作奢侈品的手工艺人也很少将手艺扩展为品牌产业，所以我们没有像欧洲那样传承下来的社会氛围和由此培养成的审美品位。"奢侈"一词在中国的国情中是贬义的，中国历史上也没有关于"奢侈品"的说法。现在将珍贵物品称为"奢侈品"是借鉴西方的称谓。改革开放以后，在经济全球化的浪潮中，中国经济迅速发展，很快成为世界第二大经济体。在此过程中，国外的很多品牌也涌入国内市场，由于本国品牌的缺席，国外品牌很快被富裕起来的国人所接受。究其热衷的原因有二：其一，由于国人对身份认同的渴望。中国的儒学文化体系几千年来已经造就了一个阶层分明的社会。中国文明呈现出来的是家长制和社会变迁经过剧烈动荡和融合而产生的综合体。无论是处于任何层级，中国人都在竭力向更高的社会阶层攀登。在中国社会，个人的社会地位、身份的高低和在家族辈分中的位置轻重都很重要，以民族和群体为核心的集体主义历来都是个人身份认同的基准，与西方的个人主义相对，比亚洲其他地区更盛。因此奢侈品消费也具有传统文化的印记，它所推崇的是"一种可见的、表面性的、为他的、炫耀性的奢侈"[1]，也是对社会压力的回应。其二，购买的目的是炫耀个人的权力和财富成就，并进一步证明个人出众的审美品位。虽然当代的奢侈品世界是以西方文化和资本主义生产逻辑为主要话语导向的，但近年，随着中国大国地位的加强和文化自信的提升，经历了几十年品牌消费磨砺的中国消费者的消费认知也逐渐成熟，对奢侈品文化的理解愈加透彻，体现在购买意图逐渐从"为他"的符号消费转向"为己"的审美消费，比起购买彰显符号和社会地位的炫耀性奢侈品，消费者更注重产品的审美文化和高级工艺所带来的品位（图5-1），希望拥有的是"为己"的私密性奢侈品。

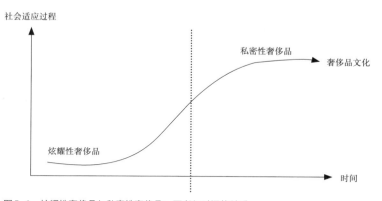

图5-1 炫耀性奢侈品与私密性奢侈品：两者与时间的关系
图片来源：亚历山大·德·圣马里.理解奢侈品[M].王资，译.上海：格致出版社，2019：56.

1　　亚历山大·德·圣马里.理解奢侈品[M].王资，译.上海：格致出版社，2019：56.

这样的演变表明，中国的奢侈品消费群体正在经历多样化分层，各阶层群体都在经历思想观念和品位向着成熟、进步发展的阶段。消费也更加理性和有判断力，消费品位基本与个人接触奢侈品的经验、受教育程度、文化底蕴、收入水平和生活环境紧密相关，故不同的人群表现出不同的购买逻辑和购买行为。

在消费品位提升的过程中，中国消费者对于国外品牌不再是盲目地跟风，而是真正理性地选择适合自己文化品位的产品。然而，他们对法国奢侈品牌的热情并没减弱，最喜欢购买的品牌依然是路易威登。法国品牌的吸引力，究其原因有二：一是入驻中国的时间长；二是法国优雅浪漫的生活品位和艺术气质已深入人心。实际上法国品牌物就好似镜像，反射出的是西方版的深厚的中国文化品位及中国消费者对中国奢侈品牌品位的期待理想。另外，在国家经济政策的支持下，国内近年也涌现出一些优秀的中国品牌，能体现出良好的中国设计品位和非凡的品质。例如，中国品牌"SHANGXIA 上下"以传承中国文化为设计理念，开启具有现代中式审美的物品设计体验，通过制作木作家具、竹丝扣瓷、羊绒毡、薄胎瓷等融合传统文化和现代科技的与时俱进的产品，形成系列类属，搭配度高且自由和谐，从整体上围合成富有诗意的新中式人文生活意境和品位，以传播中国美学的深邃、含蓄、幽静和清雅。

第二节　品位和设计

19 世纪的浪漫主义艺术家威廉·莫里斯和约翰·罗斯金（John Ruskin）在 1851 年世博会上看到那些由机器制造的产品时，顿然觉得物品失去了它的生命、情感和美，认为机器导致了工匠技艺的衰退。后来查尔斯·伦尼·麦金托什（Charles Rennie Mackintosh）对罗斯金的基本观点作了归纳："在诚实的错误中存在希望，而在纯粹的风格主义者冰冷的完美中没有任何希望。"[1]所谓"诚实的错误"是指手艺的差异和个性，而"风格主义者冰冷的完美"则隐喻了机器制造的精准和同质。罗斯金的观点是舍弃机器而拥护手艺，奔向中世纪。这种观点中虽然有维护人的高贵审美品位的人文主义情怀，但他主张向后看完全驳斥机器生产的思想显然有悖于人类社会发展的规律。然而有没有两者兼顾且面向未来的选择呢？驰骋奢侈品世界169年的法国品牌路易威登以自身的历史发展对此作出了肯定的回应。

一、"设计"的两种含义

"设计"这个概念古已有之，只要有人类行为就会显露设计的痕迹，因此设计无处不在。但"设计"这个词却具有现代意义，和机器的标准化生产相关。

在手工业时代，"设计"与古老的手艺如影随形。古代手工艺人打制银器、制作皮具、制造家具等物品无须草图，只是依据头脑中的想象，凭借手感顺势而为。这种包含着无意识的文化和技艺的设计思维定式在代际间传承并逐步调整改进。因为手工技艺的误差使每一件物品都具有独立形象，从而闪烁着能感动人的"光韵"。此时的"设计"代表着制作者和使用者之间协商的逻辑关系，且设计制作的物品沁入了人的情感和"手艺意志"。

而"设计"的现代意义和工业革命相关，正如约翰·赫斯科特（John Heskett）所言"设计就是设计一种能生产设计的设计"[2]，这个过程包括设计师的设计行为、机器批量制造功能和形式兼具的产品、策划营销方式等。因此机器是设计含义转变的前提，它的介入使制作者和使用者之间旧有的关系被打破。现代意义上的设计师将设计思想转化为图纸，交给

---

1 让-克劳德·考夫曼，伊恩·卢纳，弗洛伦斯·米勒，等.路易威登都市手袋秘史[M].赵晖，
  译.北京：北京美术摄影出版社，2015: 346.

2 约翰·赫斯科特.设计，无处不在[M].丁珏，译.南京：译林出版社，2013: 3.

机器进行批量生产，以取代工匠制作的限量产品。这些设计师在工业化之前扮演的是艺术家的角色，专门提供一幅素描或者有象征意义的图案（"disegno"意大利语，指素描，英文"design"的词根来源），抑或制作一个模型以提供图解说明、装饰细节、人物造型或配色方案，以此作为工匠制作的依据。有时，工匠既是"艺术家"，也是手工艺人。机器生产时代的设计活动从过去提供图样的传统中借用了"设计"这个概念，却赋予它不同的内涵和外延，而原先的"艺术家"也转变成了机械时代的专业设计师。机器不需要工匠的眼睛、记忆、手感和技艺来达到传统意义的质量和完美，但需要设计师的蓝图和模型。投资用来铸模、挤压、折弯以及缝纫的机器很昂贵，然而一旦投资完毕，就能一劳永逸地实现高利润，能批量生产同样优质的、同质化的完美产品，这个设计和制造的过程体现的是"设计意志"。

奢侈品设计无论是借鉴手工艺还是依靠机器，产品的品位必须有所体现。然而，机器生产有时会导致产品品位的悖论：在保障原料和质感的前提下，制作产品时，在恰当的时机和合适的地方故意留下一点不完美，这种不完美是为了让人觉得这些产品是手工制作的，从而通过故意把形式变得不那么完美而促使他者认为产品有手工制品的品位和独特性，因此拥有高价值的品位。在商业化语境中，纯手工的奢侈品牌产品非常少见，奢侈品牌通常竭力使设计游走在手工技艺和机器生产之间，设计制造要保证产品存有手工的温情，同时也要机器的辅助来降低时间成本，因此奢侈品设计是在设计一种折中的制作，设计一种产品的未来归宿和下一个"设计文化"上的轮回。如果说设计是和创新相关的而非传统，那么品位就是使设计在坚持传统中不断创新。

二、"设计"的品位

在奢侈品手工艺制作的时代，奢侈品主要为宫廷服务，它的制作要迎合王公贵族的品位。王公贵族们以收藏古董、价值连城的珠宝、金饰、艺术品、精美的纺织品和礼服及富丽堂皇的家具饰品来展示其品位，体现其财富和地位。富丽堂皇的室内空间不仅用来展示这些奢侈品，而且室内设计本身也是奢侈品位的一部分。他们的室内家具既要实用又要体现奢华审美，用从东印度和西印度的贸易路线进口来的红木、乌木、紫木等珍贵木材制成镶嵌着宝石的天然色泽家具，受德国工匠的影响制造出嵌饰和镀金家具。在室内其他精美的配饰上，例如，昂贵的中国和日本瓷器，由瓷器、犀牛角和青铜组成的且周围镶嵌瓷花、花茎上镀金的钟，地毯，枝形吊灯等多感官的法式装饰品位都对后世产生了深远影响。在法国奢侈品家具的制造传统中，有一个行业会专门为家具提供镀金底座，另一类家具工匠专门为行李箱制造隔间，并在抽屉和隔间里装饰精美的镶边丝绸（金银线花边）。到了18世纪，法式品位中穿插了价格相对较低的新奢侈品，如来自亚洲的茶具、棉布等具有东方风情的物品。上述奢侈品都有奢侈品商人协调生产、创新及售后服务的传统。在18世纪及后来的几个世纪里，法国成为创造和消费奢侈品的中心。此后，由于法国大革命等政治运动，很多贵族的奢侈品都流落到世界各地，法式设计品位也由此广为流传。20世纪初的第一次世界大战导致欧洲经济凋敝，世界失去了往日的富裕，贵族流离失所，奢侈品品位需要重新定义。战争带来的物资匮乏使设计尽量简朴，所以顺应时代的、现代主义的简约朴素的设计成为影响品位的主要因素。借此，奢侈品设计也受到现代主义超越内在价值思想的影响，摆脱了19世纪以前奢华繁复的风格，摒弃了那种浮夸的异国情调和东方主义品位，开始转向低调的奢华和极简主义美学。可可·香奈儿是20世纪新奢侈品设计品位的代表者。保罗·莫朗（Paul Morand）的《香奈儿的态度》记录了香奈儿对审美和奢侈品之间关系的评论，她说当她去参加比赛时，她从来没有想过她是在目睹奢侈的消亡，19世纪的逝去，一个时代的终结。这是一个华丽但颓废的时代，是巴洛克风格的最后体现，在巴洛克风格中，华丽的装饰扼杀了人物的个性，过度的修饰毁掉了身体结构……从她的评述中可以看出，设计是为人服务的，应突出人的存在，彰显的是人文精神和人的品位，故将设计的伦理和审美结合起来才能确保奢侈品的合法性品位。

极简主义和20世纪中叶的设计作为对爱德华七世（Edward VII）奢侈传统的反驳和对社会政治经济的响应，体现出一种更为民主化和激发生产力的新奢侈品形式。第二次世界大战前，长途旅行仍然只是精英阶层的奢侈品位，豪华远洋客轮是旅行的交通工具。汽车也逐渐成为旅行工具，20世纪20年代或更晚的时候，汽车也配有加热装置，宽敞的内饰和更大的空间可以用来放置适合休闲旅行的行李。20世纪在40年代末到50年代初，客轮仍然是舒适旅行的重要方式，但没有以前的豪华程度，也面向大众。客轮一般采用塑料和"福米卡（Formica）"等现代新材料，如"堪培拉"号远洋客轮的内饰设计。到了50年代，远洋客轮旅行减少了，代之以更安全安静的飞机旅行，笨重的行李箱不再适用，同时尼龙成为皮草和丝绸的替代品，衣服、配饰和携带的物品也采用相对轻便耐用好打理的材质，可以叠压放置在轻便的行李箱包里。另外，旅行方式的多样化、着装风格和服装样式的现代化使手袋成为生活方式的必备，现代设计品位开始成为主导。

20世纪的奢侈品有不同的设计表达方式。从体现现代主义流线型风格的雷蒙德·罗维（Roymond Loewy）表达流畅工业理念的新型冰箱和电话机设计，或查尔斯·伊姆斯（Charles Eames）的玻璃纤维椅子，到莫里斯·拉皮德斯（Morris Lapidus）的枫丹白露酒店的夸张设计和他的色彩的戏剧化对比，再到由他启发而产生的罗伯特·文丘里的后现代设计风格及后现代设计品位的多元化。到了90年代，在安迪·沃霍尔波普艺术的影响下，设计、艺术及时尚的联姻开启了新的美学品位，即审美的资本主义。当路易威登跨界时尚和艺术后，在马克·雅可布的带领下，与一些时尚设计师、艺术家合作创作出和经典花押字相关的艺术产品（作品）或个性化的花押字定制品，让人联想到理查德·普林斯对完美的破坏，一条贯穿的红色条纹破坏了产品符合质量标准的完美，不完美让它变得独一无二，就艺术的本质而言，这是否也回应了手工艺制作的独一性设计品位。

三、路易威登的"设计"品位

当莫里斯和罗斯金反对机器产品，竭力要回到中世纪精美的手工产品的时候，路易威登却以他们不曾做过的方式拥抱了现代世界。它既利用档案记载传统遗产和更新它的产品及制作技艺，也使用机器作为制作媒介，并且积极回应现代视觉环境，调整产品的色彩体系和形态，从而形成自己的符合时代的设计品位。

（一）家族的"设计"品位

路易威登家族的设计师们在各种社会体制和阶层的见识中磨砺出自己的设计品位。路易·威登从制箱打包开始就一直处于上流社会的语境中，在为欧仁妮皇后等贵族定制箱包的过程中见识了高雅的古典品位，后来结识了经营船运公司兼做铁路运输生意的银行家埃米尔·佩雷尔（Emile Pereire）。佩雷尔创办了法国南方公司，重修了从波尔多到拉特斯特之间的铁路并将之延伸到阿卡雄。后来另一位美国旅行家乔治·普尔曼（George Pullman）也对路易·威登产生了影响，普尔曼设计出了舒适的旅游汽车，他从1830年起为客户提供了舒适的卧铺车厢。这两位企业家认为平盖行李箱适合船舱、火车或机车车厢，是未来行李箱的发展趋势。他们的业务激发了路易·威登设计行李箱的现代品位。此外，路易·威登的妻子艾米丽帮助他了解时尚品位。她向路易·威登讲述巴黎城内的新鲜事，而且每天都和他一起看时尚杂志，比如《贵妇人》和《贵族小姐》，杂志上的插图尤其是箱包图片总能激发他的创作灵感。路易·威登还经常光顾商场里的服饰柜台，了解时尚趋势。同时，路易·威登的好友时装设计师查尔斯·沃斯的服装改革也坚定了他设计箱子的现代品位。携带方便、尊贵大方、坚固耐用、防水性好、密封性强、分格合理的现代品位行李箱应时而生，并获得社会名流的认可，从而推进了箱包设计品位的民主化进程。

乔治-路易·威登有在英国学习的背景，也就是说他具有国际视野。他在路易·威登的指导下熟悉上流社会的规矩礼仪、贵族的思维方式和需求，其设计品位也在参加世博会的过程中不断得到提升。他尤其热衷日本历史、漆器和版画，这是他设计流传至今的花押字图案的灵感来源之一。乔治的品位主要是在设计品牌向国际发展的战略上，在他的领导下，公司在英国设立分店并在美国的大型百货商场中设立了代理销售点。

　　嘉士顿－路易·威登博览群书，对行李箱的历史和传统的深厚学养赋予他极高的设计审美品位。他痴迷于收藏世界各地的特色古董箱，不管是皮质、木质或是金属的，无论是箱外有嵌饰、涂漆或是刷颜料的，都尽收囊中。阿斯涅尔博物馆专门展出他的旅行收藏品。他的审美品位可以从他收藏的古董箱中窥见一斑：14世纪的金属铆钉嵌饰箱（图5-2左）；16世纪末期的瑞士箱，箱外雕刻连续花纹并附着着方形丝绒贴饰，丝绒四周嵌饰铆钉（图5-2中上）；14世纪西班牙古兰经箱，黑色压花皮箱（图5-2中中）；18世纪晚期诺曼底鲁昂的带有织物里衬的木箱，箱子四周用金属包边，箱体上装饰着黑底绿叶、红花和鸟纹（图5-2中下）；16世纪晚期荷兰的皮质和金属柜箱，内部嵌入木质暗屉（图5-2右上）；18世纪法国的皮质高帽箱（图5-2右中）；17世纪日本的鲨鱼皮漆箱，箱外绘画了三种扇子，箱内绘有金树（图5-2右下）。

图5-2　嘉士顿-路易·威登收藏的古董箱
图片来源：PASOLS P-G. Louis Vuitton: the birth of modern luxury[M]. New York: Abrams, 2012：249-251.

上面列举的几款极为精美昂贵的古董箱是嘉士顿高级设计品位的灵感来源。他设计制作的行李箱奢侈而富有美学趣味，沿袭了18世纪欧洲奢侈品的典范和传统，具有20世纪20年代的时代精神和装饰艺术运动的奢华品位。例如，1923年托里诺女士的服装包、1926年印度大公的茶具箱、钢琴家帕德雷夫斯基的旅行箱和著名歌手玛尔特·舍纳尔的梳妆箱。他从历史中汲取灵感，创作出融合古典气质和现代品位的、将梳妆台和梨木象牙修甲桌合成一体的箱子，作品整体上是曲线和几何形态自然交接，线条流畅，是一件设计巧妙的可移动家具。此外，嘉士顿还设计了路易威登店铺的橱窗，橱窗里展出有异国风情的物品、民俗活动和景观，从中可以看出他的文化造诣和营销设计品位（以上设计详见第二章第三节，这里不再赘述）。嘉士顿还设计了1931在法国文森森林（Le bois de Vincennes）举行的巴黎殖民博览会中路易威登参展用的亭子，亭子的前部顶棚由一个20英尺高的图腾柱支撑起来，两边矗立着两棵树、密布着灌木丛，当观众走近的那一刻，走进的是"所谓"的文明世界中的"原始"灵异氛围，感受到的是精致和狂野融合的能量与品味。

（二）"之间"的设计

路易威登的设计品位在于能够恰到好处地游走于"设计"这个概念所涉及的手工艺和机械工业两个领域之间。路易威登创立初期传承的是古老手工艺制箱技艺，工匠按照使用者的意愿制作。他在制作的过程中无须设计草图或建造模型，只是通过结合已有的经验、记忆和直觉而构思成形，这种二维图形或三维模型存在于大脑的想象中，在传统形式和集体无意识的基础上，凭借手感和心智边做边调整直到作品完成。但是技艺和传统本身不足以生产出可以被称作奢侈品的东西，为了让手工行李箱具备某种魅力和奢侈品位，需要为其附加艺术成分和文学叙事色彩以适应人们的视觉审美和想象力，于是要么是工匠本人要么是委托艺术家提供一张素描作为工匠制作的依据。这是设计所涉及的第一个领域，即手工艺领域。

当时代跨入普遍使用机器的年月，机械化大规模生产打破了制作者和使用者之间的传统关系，这种断裂引出了"设计"所涉及的机器制造的品位，产品制造工序更加精细化和程序化，设计制图和制作产品分离，设计师作为单独的职业，从事产品设计开发，而工匠只负责他那一道"做"的工序。现代意义上的设计师负责设计能够通过机器大规模生产的产品模式，而不是手工艺时代工匠制作的有限的特色产品，这种设计活动从过去的传统中借用了"设计"这个术语，却赋予它现代含义，而专业设计师在其中扮演了关键角色。机器不需要工匠的技艺，只需要能提供蓝图和模型的专业设计师，就能够制造出优异的质量和完美的形式，且耗时很短。

路易威登的智慧在于将两个领域恰切融合，使两者在交涉中共同完成产品制作。例如，在巴黎工作室，"之间"设计的两层含义穿插在制作的交流中，设计师也同样要在现代工业设计的流程中工作，既要使新产品保持功能，还要赋予路易威登基因，与制作样板和模型及将设计作品具象化的工匠们一起协商工作。当设计师的作品进入生产阶段时，这些工匠就参与生产工坊的工作。在这个过程中，产品从未改变的是一贯的优质，唯一变化了的是操作这些品质的环境。环境的变化使有些技艺保持了它们的实用性和活力，有些则需应时而变。例如，路易威登各类皮革帆布加工需要两个领域（手工和机器）的协助，有的皮革需要逐步升级，如粒面压花小牛皮，它的特征是均匀一致，用来制作品质尽可能均一的手袋，而褪去了天然原料的个体差异，这一特质通常更多地与工业原料相关。还有些高端皮料也需要两个领域协作，如上光山羊皮（衬着丝绸衬里）、羊羔皮（足够柔软可以贴合身体）、大象皮、短吻鳄皮和蜥蜴皮，这些原料具备某种令它们保持自身魅力的物理特质，但又需加工呈现出工业技术的品位。在当代语境中，路易威登的制造已经不再仅仅使用源于手工艺前辈的语言，而是改进、共生和超越，但它仍然保留着某种建立在工匠技艺之上的真实可靠的手工艺的感觉。路易威登深谙设计是创新、变革、发明且不断改造自我的行为和行业。这种改造是以随意和系统两种方式进行的：既拥有面对经济兴衰起伏时灵活应变和独立执行的能力，也拥有追求设计实践系统化的理想。它的组织和目的意向往往是多层面的，不仅包括产品的生产，还涉及产品的推广。

现代意义的设计代表着社会的进步和对传统手工艺的重新审视。人们对工匠制作的物品质量的认识基本上是基于实现某个特定技艺或某种难度的细节、手艺所达到的极致，以及在此过程中始终如一地坚持和对物品倾注的情感。当人们知道制作某件物品需要几百个小时，而冲压、浇铸或轧压出来的工业产品只需几分钟时，难免会对它刮目相看。然而花费在这两件产品上的相对时间量并非用来衡量两者质量高下的客观标准。"如果质量是建立在尽善尽美和坚持不懈的基础之上的，那么那些从不会疲倦，并且能通过编程获得精确路径的机器一定会做得更好，因为它们要比人类的双手更能确保这一点。"[1]手工艺物品会出现"诚实的错误"，但有它的温情和独特；机器产品虽然冰冷，但呈现的是完美和民主。它们都体现了设计的本质即形式追随功能，在满足功能的前提下，形式追随情感。这两种完全不同的生产体系下的物品呈现出不同的设计品位，表达的是不同的社会理想，而路易威登连接两者实现了"间性"的设计品位，使设计的超前性和社会愿景相重合。

（三）重塑视觉语言

从乔治·路易·威登的《从古至今的旅行》这本书中能看到19世纪中叶以前的行李箱上布满了装饰纹样。他还梳理了从被捆在马或牛拉的长杆上的简单行李卷到19世纪早期的箱子和市场上由著名的巴黎制造商出售的行李箱包的历史。例如，"Lavolaille"专门制造适合放在马车和驿马车的拱形盖行李箱。书中还罗列了13世纪用雕刻的细铜条包边的象牙箱（图5-3），箱体装饰着缠枝卷蔓纹样，箱锁被制成一体型，然后再附上焊接好的装饰花纹，根据维欧勒·勒·杜克记载，这是在19世纪晚期仅存的最古老的箱子。14世纪的行李箱（图5-4）通常由四个小箱子组成，分别

1　　让-克劳德·考夫曼，伊恩·卢纳，弗洛伦斯·米勒，等.路易威登都市手袋秘史[M].赵晖，译.北京：北京美术摄影出版社，2015：345.

装着餐具、亚麻织品、衣服和武器，每个小箱子里又有三个小抽屉，银器、珠宝和香料被分别放在放餐具的小箱子里的三个抽屉里，箱子内外都有装饰的连续花型纹样。虽然这两款中世纪风格的箱子的箱体是长方形，但从装饰和工艺上看，极为精美和奢华，洋溢着古典美。

图5-3　13世纪的象牙箱
图片来源：PASOLS P-G. Louis Vuitton: the birth of modern luxury[M]. New York: Abrams，2012：114.

图5-4　14世纪的行李箱
图片来源：PASOLS P-G. Louis Vuitton: the birth of modern luxury[M]. New York: Abrams，2012：114.

　　路易威登起初也制作拱形盖行李箱，后来改革箱体造型、材质、纹样和颜色，创造出现代意义上的平盖行李箱。但如果路易威登一直沉浸于法国19世纪中晚期的视觉印象中，无疑会缺乏生命力和全球性，因此它能够根据社会环境和科技的进步作出调整，对现代旅行艺术产生了很大影响。为了让传统技艺制作的手工艺品能继续作为相关的奢侈品出现，运用这些技艺的方式必须对正在变化的视觉环境作出回应。这样的现代感视觉环境是因为工业设计的发展造就的。现代主义设计倡导简约流畅，从奥利维蒂打字机时代到博朗家电时代，再到现在的苹果电脑和智能手机时代，工业设计师都在践行这样的设计原则，产品所使用的调色系统、形式语言已经逐渐改变了人们的感知方式，在某种程度上使人们形成了审美定式，从而影响着工匠制作物品的审美品位。例如，1999年马克·雅可布设计的紫色漆皮花押字浮雕感的"Steamer"旅行袋（图5-5），既是对1910年嘉士顿-路易·威登个性化定制的"Steamer"旅行袋（图5-6）形态的继承，又以漆皮为材质体现了时尚和创新。又如2004年上任的皮革产品

法国奢侈品牌研究：路易威登的设计文化

设计总监尼古拉斯·奈特利（Nicholas Knightly）有时尚设计的背景，他认为手袋和服装一样由性别塑造。男士手袋基本选用深色，女士手袋则色彩缤纷；休闲手袋除了传统材质外，也可以采用针织面料的包体和铝制配件。路易威登开发了许多系列设计，用各种形式的皮革或者布料制作同一款式手袋。有些手袋材质的影响力超越了品牌本身的表现力，例如，1985年面世的 Epi 皮革系列就弱化了路易威登的品牌力，突出了 Epi 皮革的质量和装饰工艺；又如棋盘格图案以系列尺寸、新的色彩和材质重新回归市场等。

图 5-5　1999 年"Steamer"旅行袋　　　　　图 5-6　1910 年"Steamer"旅行袋
图片来源：让-克劳德·考夫曼，伊恩·卢纳，弗洛伦斯·米勒，等.路易威登都市手袋秘史 [M].赵晖，译.北京：北京美术摄影出版社，2015：50-51.

在 20 世纪后半叶，路易威登独特的视觉语言表现方式带有一些挑衅性。1990 年，路易威登成为 LVMH 集团隶属品牌，集团总裁伯纳德·阿诺特致力于使品牌完全体现奢侈品的当代意义，在将路易威登品牌引入时尚界的同时，注重产品的基础配饰，由此建立了现代化的时尚帝国，保证了品牌的持久生命力，预示着时尚创意新时代的到来。1996 年，在路易威登花押字图案诞辰 100 周年之际，艺术家和时尚家为此举行了庆祝会。品牌邀请了七位时尚设计师围绕着花押字图案重新设计，以表达他们对经典手袋的个性化美学阐释。阿泽丁·阿莱亚设计了一款豹纹和谐搭配花押字图案的手袋，有一种充满野性魅力的精致感（图 5-7）；海尔姆特·朗为环球旅行的音乐打碟师创造了一款时尚、有城市气息的 DJ 箱（图 5-8）；

西班牙时装设计师茜比拉（Sybilla）设计的花押字图案双肩包里嵌置一把雨伞，为手袋增添了额外的创意功能（图5-9）；伦敦制靴师莫罗·伯拉尼克（Manolo Blahnik）设计的有粉色包边的小型圆筒箱，是一款既可以装鞋子、服装，也可以放置珠宝的首饰箱（图5-10）；美国设计师艾萨克·麦兹拉西（Issac Mizrahi）对于简洁充满激情，对于美国成衣传统怀有敬意，他设计的透明购物袋散发着极简主义的味道，手袋的细节处以天然皮料加持，使其具有当现代遇到古典时的后现代主义诙谐色彩（图5-11）；意大利设计师罗密欧·吉利（Romeo Gigli）深受自然主义和存在主义的熏染，她的具有女性气质的双肩包灵感来自古罗马双耳细颈瓶和箭筒，是古典和现代的巧妙融合（图5-12）；英国朋克风格时尚设计师薇薇安·韦斯特伍德设计的臀形包，既有隐喻性又有功能性，秉持了她一贯的特立独行的反传统作风（图5-13）。这些设计师作品最终汇聚成展览，作品本身虽不具有经典性，但它们的独特性和现代性标志着经典手袋和花押字图案的复兴并积极介入当代社会文化领域。七位时尚设计师为路易威登设计箱包这一事件促成了1997年美国时装设计师马克·雅可布荣任路易威登品牌创意设计总监，这一举措使路易威登正式进入时尚界，时装、配饰、箱包、手袋、香水、眼镜、鞋履等时尚品应时而生。

图5-7 阿泽丁·阿莱亚设计的豹纹花押图案手袋

图5-8 海尔姆特·朗的DJ箱

图5-9 茜比拉的花押图案双肩包里嵌雨伞

| 图 5 - 10 莫罗·伯拉尼克的小型圆筒箱 | 图 5 - 11 艾萨克·麦兹拉西的透明购物袋 | 图 5 - 12 罗密欧·吉利箭筒形双肩包 | 图 5 - 13 薇薇安·韦斯特伍德的臀形包 |

图片来源：LUNA I，VISCARD V. Louis Vuitton: art, fashion and architecture[M]. New York: Rizzoli International Publications, Inc., 2009：93，243，365，137，287，193，389（页码按图片编号排序）．

　　图 5 - 7 — 图 5 - 13 中的手袋设计可以被看作一种"元设计"。"元"（meta）这个词根源自希腊语，表示"之后"或"超越"。它作为词语前缀时，暗示一种在概念背后的更广泛、更抽象的概念，有自我指涉的意义，通常指同类范畴的集合。比如，"在语言学上，元语言是一种关于语言的语言，一种自我引用的语言，一种语言的集合。"[1] 用同样的哲学逻辑，米歇尔将"元图像"（meta-picture）定义为"一种关于图像的图像，能自我指涉的图像，一种图像的集合"。以此类推，元设计是关于设计的设计，是能够反观自我的设计，是一种设计概念的集合。例如，在 2006 年初举行的 2007 年春夏系列的路易威登箱包设计会议上，公司创意设计总监马克·雅可布突发奇想，提出了一款由以前的手袋材料和形态构成的拼缝手袋，手袋拼缝部分采用去年的压明线，但颜色换成象牙色，将棕色的涂鸦变成白色，手袋上再装饰一点贴花，由部分汇聚成整体。几天后，路易威登工作坊里诞生了一个由十块不同材料拼接在一起的小奇迹"路易威登致敬拼缝手袋"（图 5 - 14），这是一款典型的"元设计"手袋，它是对拼缝

1　　RORTY M R.The linguistic turn：essays in philosophical method[M] Chicago: University of Chicago Press, 1967 / 1992 .

图 5-14 路易威登致敬拼缝手袋
图片来源：LUNA I，VISCARD V. Louis Vuitton: art, fashion and architecture[M]. New York: Rizzoli International Publications, Inc., 2009：51.

部分的反省，是以往手袋设计理念的集合。这款限量手袋只生产了24只，其零售价是45000美元。技术团队声称这是他们制造过的最奇怪的手袋。随即，各种时尚媒体倾力宣传它的奢华和时尚。这款手袋实际上是以前各种手袋的拼合体，是一个巨大的样品。它是对总结和浓缩无数个手袋叙事的纪念，它的材料也是以前版本的升级和更新，材料几乎随意地拼在一起，构成了一个立体主义的拼贴、剪贴和观念性艺术品。也许正是这种挑衅的视觉排斥才引发了如此华丽的偶然之物的创作灵感。拼缝手袋可能会有干扰和震撼的承受力，因为几乎没有人会接受皮制货物可能是一种观念，而它的功能是次要的。这种手袋是漂亮的，但不能从传统的审美意义上观看。丰富的优质材料造就了它的奢华，但正是具有最奢华品质的观念引导了设计师对它的创作：马克·雅可布凭借直觉的远见创作瞬间产品。他的观念是任意的、受灵感启发的出发点、原创的突发奇想，这需要技术团队的心灵手巧和持久毅力来回应这种设计的挑战。

"赋予灵感"这个词如今已跃出时尚圈跨入艺术界。虽然这个手袋从传统意义上讲不是一件艺术作品，但不管怎样，它在所有方面都和艺术相关。它是艺术家的创作，很明显地具有签名和风格上的识别性。这种在最初的期待"得到精美的皮制品"和"寻求某种奇特的东西"之间的不协调使人回忆起先锋派的创作方式。它的价格超出了奢侈，完全和手袋的使用目的相背离。这件路易威登的拼缝手袋被认为是杰作。这件手袋耐人寻味的是它作为存在于艺术界、时尚圈和奢侈品三个领域中的作品身份，以及它在创作过程中是如何合并了奢侈品配饰和艺术作品之间的平等现象和象征性交换的。雅可布善于通过选择某一"偶发事件"并理解它潜在的美学意义和创新力量，然后凭直觉转化成现实作品。偶然和随意是创造的两个常数。创新经常是对材料和观念的偶然操作。他在时尚无情的季节性系列的压力下，协调了时装配饰的美学选择和商业责任。当雅可布探寻创作灵感时，他总是徜徉在每年10月在伦敦摄政公园举办的弗里兹艺术博览会（Frieze London）中，这也使人想起在很久以前路易·威登在寻求创造灵感时也常常逗留在高定时装的发明者查尔斯·沃斯的工作室和高级百货商店里……这款"元设计"拼缝手袋是关于"奢侈"的"奢侈"，是设计的集合，也是奢侈品的集合，是主体通过它对奢侈、奢侈品和奢侈品设计的反省，表达了奢侈品设计实际上是一种观念的设计艺术。

(四) 传达核心价值

此外，路易威登的设计品位最终要体现的是其核心价值，核心价值主要是通过商业艺术广告片传达的。20世纪70年代末，路易威登已经凭借历史积淀和品牌管理的调整度过了发展期，在走向扩张期的过程中，已不满足于以工匠手艺、客户口碑、纸媒、电影道具及举办各类活动来扩大影响，而是希望通过专门的广告拍摄来进一步体现品位和表达"奢侈"理念。于是路易威登委托被称为"史诗般摄影旅途中的旅行者"的摄影师让·拉里维埃（Jean Larivière）为其拍摄艺术化的商业片。让·拉里维埃在拍摄中擅于将摄影、绘画和动画的形式相结合，开创了独特的摄影艺术表现形式，他精通以想象力构建旅行过程的场景，以此达到浪漫的诗意境界。在和路易威登长达30年的合作中，他能将品牌最本源的冒险与旅行精神呈现在每一次摄影中。他游走在世界各地，在离开时都能留下一条充满灵感的意象之迹：格陵兰岛冰面上漂浮的旅行箱；修行的小僧侣身着胸前带有银色LV标记的酱红色僧袍，坐在山顶遥望远方；缅甸茵莱湖湖面上两只独木舟相向而驶，一只舟上的僧侣们和对面舟上携带路易威登"Lussac"手袋的、穿着砂砾黄色长裙的都市女子相遇，隐喻着两种文化在无言的激荡中默契交流。路易威登通过影片适时地放大了自己的理念和价值观，旅行精神也自然融为影像的一部分。

除此之外，路易威登还委托他以同样的激情创作了表达路易威登企业充满传奇历史色彩的神秘回忆录影片。20世纪80年代以来，让·拉里维埃为路易威登拍摄的艺术商业片强有力地展现了路易威登慷慨回归史诗般叙事的诗意旅途，品牌精神也随之在旅途中奠定。

随着马克·雅可布的到来，路易威登的广告片呈现出时尚的气息并且在前卫的设计中找到了自己的位置。1998年路易威登漆皮系列成形，自此，路易威登精美的广告中就呈现了所有系列产品：皮具、成衣、鞋履、腕表和珠宝等。广告邀请名演员和模特根据当季的时尚演绎高雅多变的品牌形象。

2007年是品牌品位的转折点。路易威登邀请当时著名的肖像摄影师安妮·莱博维茨（Annie Leibovitz）为其拍摄了"核心价值"系列广告。时任路易威登营销和宣传的执行副总裁皮埃特罗·贝卡里（Pietro Beccari）说："这场广告活动在许多方面都具有革命性，是对旅行愿景的先锋作用，并重新对品牌遗产做出审视。它的先锋作用在于选择的品牌代言人面对一些重大问题表现出的积极主动的态度。"[1] 路易威登曾邀请到多位公众人物出镜，包括苏联总统戈尔巴乔夫（Mikhail Gorbachev）、拳王穆罕默德·阿里（Muhammad Ali）、"飞鱼"迈克尔·菲尔普斯（Michael Phelps）、电影导演弗朗西斯·福特·科波拉（Francis Ford Coppola），以及宇航员巴兹·奥尔德林（Buzz Aldrin）、萨莉·赖德（Sally Ride）等。这些广告的主角不是当红明星，也非普通意义上的公众人物，他们是来自不同领域的名人，有成就更有故事。他们参与关于"Travelling and Craftsmanship"（旅行与工艺）的品牌故事中（图5-15），衬托出品牌的高级别品位。广告拍摄活动也关注环保和可持续发展问题，安德烈·阿加西（Andre Agassi）、凯瑟琳·德纳芙（Catherine Deneuve），以及后来的肖恩·康纳利（Sean

---

1   PASOLS P-G. Louis Vuitton: the birth of modern luxury[M]. New York: Abrams, 2012: 306.

Connery)、凯斯·理查德（Keith Richard）、齐内丁·齐达内（Zinedine Zidane）和安吉丽娜·朱莉（Angelina Jolie）等都是安妮·莱博维茨镜头下的主角。所有这些杰出人物都是路易威登品牌力量的化身，成为品牌历史叙事中继往开来的传奇，同时也暗示着品牌也将像他们一样为社会和人类的发展作出积极的贡献。

图 5-15　路易威登在过去十五年来与全球重量级名人合作的现象级广告作品

　　对旅途中的人来说，旅行就是寻找自己和实现自我价值的过程，这正是路易威登的核心价值。旅行是品牌的源头与核心价值，旅行元素是其创立 169 年以来最宝贵的品牌资产之一。核心价值系列广告作为一项长期的宣传活动，意在重申路易威登的历史传承，宣扬的是旅行超越了"从一个地方达到另一个地方"的物理定义，是"一种情感体验，一个自我发现的过程"，它传递的是普世价值观。在特定的时代背景下，路易威登运用宏大的叙事手法使场景中的角色呈现文化分层和叙事共鸣，以使广告产生的意义更为深刻，影响力也更为深远，而这与奢侈品牌的内核是不谋而合的，即精神内涵和文化价值的建构。品牌的品位也从历史故事和产品设计升华为对整个人类社会的关注。

四、"设计"品位的启示

　　首先，"设计"品位基于"随变哲学"。路易·威登正是在一种生产系统被新的生产系统超越之际开始了他的事业，路易威登企业也正是在一个时代被新的时代替代之际转变了设计品位，它以一种超乎寻常的能力保持它与手工艺传统之间的联系、传统审美和波普艺术之间的协商，却以更具现当代设计意义的先进理念践行"设计"的"随变"创新和"设计"的超前性。它赋予古老的技艺以持续的实用性，与此同时，敏锐地洞察追求奢侈品的群体分层动向及他们的潜在需求，建立新的产品类型学，从而使奢侈品消费不再只局限在少数精英中，而是具备了一种民主意识和工业规模。手工艺与机器生产在工序和流程中互补，使形式追随功能；设计在经典和前卫中游走，使形式追随情感。这种设计上的"间性"也为中国品牌的设计打开了思路。例如"SHANGXIA上下"品牌的设计理念从其标识设计的转变中可以看出，品牌从实现中国的卓越品位走向拥抱世界的多元文化品位。品牌最初的标识是中文的"上"和"下"组成的方框图案（图5-16），富有浓厚的中国传统文化气息，方框内的线条又有突破四周边界向外延伸的流指。标识的空间感和结构感既像中式博古架又像传统窗棂格，其设计运用新的语言方式重新表达旧的品位主题。2021年，品牌标识转变为"SHANGXIA"的拼音字母横排列形式（图5-17），表现出时间从古至今向未来驶去的单向维度和现代性……，而拼音又是中国汉字音系基础，所以品牌标识涉及"间性"设计。2022年的时装新品随之体现出品牌标识转变后的新设计风格，即现代中国的国际化气息，正如新任时装创意总监李阳所说："我认为人们谈到中国总是把目光放在过去，但事实上，中国有很多新的事物、技术、理念可

图5-16 "SHANGXIA上下"标识

图5-17 "SHANGXIA"标识

以去展示，这正是我希望向全世界展示的。东方的当代性，不仅是年代上的新与旧，更是现实与虚拟空间的交融。我希望将这种反差用当代的视角去表达，碰撞出一些全新的东西。"新标识以镜像创意诠释了品牌表达当代中国文化的信念。"上"与"下"的对立共生构成了"SHANG XIA上下"的名字，代表着一种从对立与和谐中诞生的风格和文化，植根于中国又真实反映当下的世界。"SHANG XIA上下"认为东方审美、传统工艺文化并不是指看得见的具象形体，而是指支撑形体的精神，通过汲取这种精神并把它运用在当代设计中，才是继承传统真正的意义，即"取之神，去之形"。

在工业文明的背景下，中国品牌的设计品位还是要遵循《考工记》中倡导的"天有时，地有气，材有美，工有巧。合此四者，然后可以为良"的造物原则，这个过程中包含着时间性原则和情感性原则。例如，"SHANG XIA上下"品牌的"漆韵"系列就体现了时间性原则。丝质面料染色以采摘的黑檀木果实为染料，染色过程历时一个月时间，品牌的手工艺人给面料覆上了如漆般的温润光泽。特殊的处理工艺赋予面料两面不一样的光泽和触感，一面光润，一面暗哑，将较为光润的一面收于内侧，前片的双层设计更使之立体、富有层次感。而"雕塑"系列羊绒毡制作则是情感原则的例证。羊绒毡的制作是来自游牧民族蒙古族制作羊毛毡的手工艺，制作过程不用针线，也不用缝纫机协助，只是手作。先将绒絮团和绒纱一片片或一层层堆叠铺好，然后用手搓、揉、捻、擀以形成如云朵般柔软蓬松的毡层，在此过程中还要往上面喷水，再通过拍打使毡层间紧密地贴合以形成毛毡，为了使毛毡质地更紧实，需要不断地卷起来再用手擀压，然后摊开摔打，如此反复，直到产生密实的织物形态。浅驼色毛毡柔软中带着筋骨，虚实厚薄相映成趣，承载着匠人手作时的情感和意念。这种一次成型的手工毡服不仅厚实保暖，还在柔软中携带着用心造物、用手思考的挺阔感和造型感。羊毛毡的表面和它的形态带有隐喻的和触动人的可能性，这一可能性借助人们对它的愉悦体验被实现，因此，高级的品位要植根于中国手工艺中的技艺和美学品质。

其次，通过设计建构品位的整体性。路易威登设计品位的整体性在于它的高品质、高辨识度和多元化产品所形成的整体氛围。路易威登发挥作用的不只是它的字母缩写标识，也不只是它的花押字图案，而是产品具备与品牌气质相符的外形，使产品内涵超越了表面功能而产生了象征意义。就像可口可乐公司和它的字母标识及它的瓶子一样，是一种整体性设计品位，使消费者凭借设计的局部就能识别出品牌。

第三节　品位和时尚

时尚狭义上讲是指当时崇尚的衣着品位和生活方式，是对当时的社会潮流的感知和反应。时尚即当下崇尚的风尚，凝聚成时间的形状，它通过设计师将当时空间中的思想、情感和社会思潮具象表达在服装抑或物品上，这种表达中混合着历史的气息、当下的认知和对未来的想象，但它具有偶然性和动荡感，随时可能过时，然后再从过时中重新开启下一个时尚的轮回。从历史上看，一些理论家认为时尚起源于文艺复兴时期，另一些学者则认为时尚起源于法国勃艮第宫廷，那里的名媛们轮番展示着不同的服装风格，以自身独特高贵的品位推动时尚发展并赢得尊敬。19世纪，在城市化、商业化和技术进步的时代变革兴起的资产阶级新贵和中产阶级推动了民主化运动，同时启蒙思想也为欧洲社会的现代性做好了思想上的准备，独特性和个性成为现代文化的核心。因此，时尚变成现代性和单调的城市生活的重要点缀。这种重要的现象引发了当代思想巨擘们的关注，其中包括夏尔·皮埃尔·波德莱尔、斯特芳·马拉美（Stéphane Mallarmé）、齐奥尔格·西美尔、瓦尔特·本雅明以及罗兰·巴特（Roland Barthes），他们都对时尚作出了严肃的思考，并试图理解时尚的运作法则，他们的思想也会相互影响，对当今的时尚界的理论探讨作出了创造性的贡献。以下总结了几位学者对时尚理论的阐释。

一、时尚的含义

根据波德莱尔的说法，古典美没有时间性，是不变且完美的，就像一座古老的雕像一般，这种美是从抽象的原则汲取的，或者是被赋予某种概念而成立的。在19世纪中期的巴黎，新兴资产阶级的出现使这种古典美与新都会的现代文明格格不入。他认为现代美包含了"一个恒久不变的元素，它的分量异常地难以决定，还有一个随着内容而定的相关元素是由时尚、道德与重要时刻的热情所决定的"[1]。时尚是短暂性和持续性变化的合体。

斯特芳·马拉美被认为是法国最卓越的象征主义诗人之一。他在主编的杂志《新潮时尚》中将时尚和现代性视为不可分割的连体。但与波德莱尔不同，马拉美不是尝试着要确认现代美学的那种绝对而持续性的本质，而是强调现代时尚那种瞬息变化的短暂之美。

齐奥尔格·西美尔在《时尚哲学》一书中认为时尚是阶级分野的产物，既可以使既定的社会各界和谐共处，又使他们相互分离[2]，因此，时尚只不过是我们寻求将社会一致化倾向与个性差异化意欲相结合的一种社会化生命形式，它推动社会演进。社会分为较高阶层和较低阶层，较高阶层以时尚把它们自己和较低阶层区分开来，而当较低阶层开始模仿较高阶层的时尚时，较高阶层就会抛弃这种时尚，重新制造另外的时尚。因此，时尚是不断变化的，目的是通过求新来标记阶层身份而且还要和其他阶层保持距离和差异，以维护本阶层能够区分其他阶层的品位。"时尚特有的有趣而刺激的吸引力在于它同时具有的广阔的分布性与彻底的短暂性之间的对比。而且，时尚的魅力还在于，它一方面使既定的社会圈子和其他的圈子相互分离，另一方面，它使一个既定的社会圈子更加紧密——显现了既是原因又是结果的紧密联系。最后，时尚的魅力在于，它受到社会圈子的

1　　娜达·凡·登·伯格，等.时尚的力量：经典设计的外延与内涵[M].韦晓强，吴凯琳，朱怡康，等译，北京：科学出版社，2014：399.

2　　齐奥尔格·西美尔.时尚的哲学[M].费勇，吴蒨，译.北京：文化艺术出版社，2001：72.

支持，一个圈子内的成员需要相互模仿，因为模仿可以减轻个人美学与伦理上的责任感。时尚的魅力还在于，无论通过时尚因素的夸大，还是通过丢弃，在这些原来就有的细微差别内，时尚具有不断生产的可能性。在那些多种多样的结构中，社会机制在相同的层面上将相反的生活趋势具体化，时尚显现出自身只不过是其中一种单一的、特别有特点的例子。"[1]

瓦尔特·本雅明是20世纪重要的哲学家。在他未完成的大作《拱廊计划》中可以看出他对时尚的理解。时尚是将新事物的梦想具体化。它有能力一次次更新自己，但它所带来的"新"其实是老调重弹。他将时尚比拟成一种相同轮廓的"新"。时尚是从过去挑选出的基本图案与形式，然后让它像是新事物般被重新使用[2]。时尚是对旧品位的一次次回溯。正如他在《历史哲学论纲》中所言："时尚对于反映现实有种敏锐的感知……"[3]

罗兰·巴特认为时尚是人们用来沟通与交换信息的一套复杂符号系统。他通过分析时尚杂志来说明时尚卖的其实不是对象，而是它的意义，以此满足消费者拥有时尚事物的欲望。

总之，时尚是当下所崇尚的物件、现象或生活方式，这些具象表现的背后其实是意义系统，是现代文化的一部分，它与科技进步、社会思潮和政治运动、艺术、道德相关，并以物品和服装及其形成的氛围表现出时代的精神、品牌的品位和消费者的愿望。时尚的本质是易逝的，它在创新中不断重复以往，在分化社会群体中达成某种协商并重塑身份，以推动社会前进。如果说奢侈品是社会成员向往的乌托邦，那么时尚则是在追求某种乌托邦的过程中，它与现代性有某种相似性。

1　齐奥尔格·西美尔.时尚的哲学[M].费勇，吴蔷，译.北京：文化艺术出版社，2001：92.

2　娜达·凡·登·伯格，等.时尚的力量：经典设计的外延与内涵[M].韦晓强，吴凯琳，朱怡康，等译，北京：科学出版社，2014：406.

3　娜达·凡·登·伯格，等.时尚的力量：经典设计的外延与内涵[M].韦晓强，吴凯琳，朱怡康，等译，北京：科学出版社，2014：407.

二、路易威登的时尚品位

品位和时尚不可同日而语，但在某一层面上又有重叠之处。皮埃尔·布尔迪厄认为品位是某个阶层稳定的兴趣爱好和感知能力，一旦形成就不易改变。而时尚是在某一阶段被人们追随的一种生活方式或着装范式，它具有时效性，只要有新的潮流出现，时尚便会更新迭代，这是时尚和品位的不同之处。然而在时尚流行的阶段亦有与之相适应的品位，因而，此时品位和时尚基本上是同一的。

19世纪中期的时装逐渐向现代转型，随之建立了时尚品位。路易威登的创立与时尚息息相关，其产品起初是运送服装和物品的箱子。随着服装现代面貌的出现，箱子的形态也追随着时尚，将以往的拱形盖箱改良为平盖箱，并且在城市交通的发展过程中，当旅行成为时尚时，行李箱的造型根据交通工具的类型和旅行性质体现出不同的时代品位和私人定制品位。当20世纪初的时尚着装需要手袋作为配饰以呈现整体风格时，路易威登又从以往的行李箱中衍生出适应各种语境、既具功能性又有装饰感的手袋。20世纪80年代，当后现代逐渐走向尾声时，又相继出现了具有多元特征的新现代设计风格。路易威登的设计也从经典的花押字图案和棕褐色、米色转向多彩的波普艺术风格。

时尚在20世纪末期经历了巨大的转变，在八九十年代，曾经是各大国际都市独特领域的时尚在当时已经成为真正的全球性行业，迫使新一代设计师不断创新以便能迎合市场的需求。创新天赋不再是超级大品牌为抗衡全球化市场而寻求设计师的唯一标准，时尚设计师在担任品牌代言人角色的同时，还需要具有市场战略和艺术导向。美国设计师马克·雅可布是这次转变中不可缺少的一部分。

自加入路威酩轩集团以来，路易威登不是第一个在成衣时尚领域实现多样化或聘请外国设计师的品牌。古驰邀请美国设计师汤姆·福特来复兴这家佛罗伦萨公司已是先例。马克·雅可布在汤姆·福特的举荐下，于1997年1月7日被任命为路易威登公司的创意设计总监。在当时欧洲的美国设计师中，雅可布是唯一一位被证明能够处理新挑战的有价值的人才。

凭借对公司体系的认知和对时尚产业的深度了解，雅可布登上了巴黎的舞台。其间，他主导设计的全新花押字漆皮（Monogram Vemis）手袋系列广受欢迎，"Epi Noir"系列也为"Epi"系列注入了新的活力。1998年3月，他提出"从零开始"的极简哲学，为从未生产过服装的路易威登作出了大胆的尝试，他的工作是引入成衣系列以及包括鞋、腕表、珠宝、眼镜等时尚配饰，这是路易威登有史以来的创举，对它的挑战也是双重的，迫使它掌握两个不同的新行业，即女士成衣和男式成衣，这两个行业需要基于神秘的时尚设计技艺，因为从品牌的所有品质来看，路易威登不是一家时尚公司，而是一家拥有精湛技艺的奢侈品企业。

虽然和路易威登合作，但雅可布还一直经营着自己的品牌，他有一些忠实的追随者，如媒体人和百货商店的实力买家，他们在他的发展过程中始终支持着他。1998年，在他的路易威登第一场时装秀上，雅可布在毛衣上附加了很大的双面羊绒材质的皱边，裙下摆也加饰羊毛边。那场秀只展示了一种手袋，是白色的手袋，和模特着装的白色相呼应。白色底上的白色花押字漆皮手袋表面坚硬，但是凸显的花押字图案和光亮的皮质格外吸引人，其创作灵感来自无花押字行李箱和隐藏在其中的奢侈观念。时装秀体现了他重塑品牌形象的想法。他在采访中说："我有意识地作出了没有迎合时尚界期待的决定。我的意思是，秀场结束后，很多人来问我T台上为什么没有手袋！我认为这是一场时装秀，而非手袋秀。"[1]法国媒体带有讽刺意味地评论说，为了保持奢侈品集团路威酩轩的逻辑，马克·雅可布带领这个品牌进入了从未有过的时装行业。路易威登著名的标识明显不在场……极简主义风格在"有一点装饰"和"一点都没有装饰"之间徘徊，并被非常朴素和谨慎的绗缝大衣加以强调。而在大西洋的另一端，称赞的声音络绎不绝，人们认为带有嬉皮风格的雅可布极简主义时尚是路易威登时装的品位，以漆皮代替一贯的花押字猪皮的新面貌符合路易威登低调的奢华，这个系列毫无疑问是公司所期待的新配饰。和以前的经历不同，

---

1   LIMNANDER A. On the Marc[J]. Harper's Bazaar, 2004（2）: 164.

这次他是在一个从未有过时装系列品牌的干净画布上按照自己的风格创作。没有传统，所以可以从零开始，外表不再有任何标记，只是像灰色路易威登箱子一样有浅灰色的里衬，其面料是既奢华又实用的面料。

雅可布认为时机就是一切。有时候合适时间的正确事情实际上是错误的事情。他说一开始，他对自己的角色定义是不脱离路易威登已存在的界域，继而是创造一个平行的界域。路易威登是一个超级经典而保守的古老品牌，它存在于非常潮流的时尚界。如果离这两个界域都远一些，在某种意义上可能会使它们更好地互补。于是，雅可布委托时尚摄影师安妮·莱博维茨邀请戈尔巴乔夫、凯瑟琳·德纳芙和阿加西来拍摄广告，展现路易威登对于"旅行和精致"的历史态度，这是以一种新的方式来表现旧的世界，就如同本雅明的时尚观。随后，他又请时尚摄影师组合墨特和马库斯（(Mert & Marcus）拍摄关于电影明星的光彩夺目的广告片。通过创造两个平行的界域和两种品位的折中，雅可布为自己在公司里赢得了合法地位。路易威登董事长伊夫·卡塞勒说："当他加入我们时，我们的共事依据长期的节奏和根深蒂固的规则：1896 年发明的花押字帆布和源自 19 世纪末的产品。但他为它们注入了新的气息。他和它们融合但没有失去自我。今天我们让这古老遗产在新产业中发光。"

雅可布对于形势有着精确和恰当的想象，他说一个伟大品牌的驰名而独特的产业将在他之后存在。路易威登不是一个时尚公司，他和他的团队制造时尚之物，引入时尚理念，根据时代气息和大众文化的意象而变化。然而，品牌的精神保持不变。此外，他和艺术家们的合作将艺术和时尚联系起来的做法已成为时尚产业的范式。

路易威登的时装风格在雅可布的设计中从一季走向下一季，在过去和现在之间穿梭交错，试图更好地定义那些紧跟时代节奏、跃跃欲试的 LV 女士的理想。每一季的风格都迥异不同，上一季如诗如画，这一季造型挺括，雅可布自如地游走在这两极之间。他的创作都没有具体的计划，每一件东西都和直觉相关，从而避免了模式化。他根植于现实，创作能被大众接受的作品，并且认为没有生活的时尚是毫无意义的。他一直很巧妙地在他的路易威登设计和他自己的品牌设计之间保持平衡。他的设计不被历史所束缚，但他博学的时尚史知识和精湛的服装技艺像许多伟大的法国品牌一样都植根于代代相传的复杂历史文化。他尊重技艺，并且认为激进的新颖不会持久。在多样化且变化多端的世界里，保持本色尤为重要。法国有保护手工技艺的传统，就像它们保护自己的语言规则一样，而英语则是一种流动性的语言。从隐喻的角度讲，雅可布将英语的流动性本质带进了可敬的法国箱包品牌文化中，特别是通过引入服饰，改变了品牌固有的语汇模式。他扩大了路易威登的视野并收获了更广泛的受众。但同时，他对保持最初吸引他带领路易威登传承手艺和技艺的梦想感到焦虑，因为他的设计无法让所有人满意，但他认为路易威登的进步意味着进化。

雅可布谈论着他起初对路易威登行李箱的印象："当我第一次来到这儿，看到这里的一切，我在想，这不是最实用的行李箱，也不是最轻的箱子，那究竟是什么使人们愿意买它呢？我意识到，它被购买是因为它被识别和认可。正是花押字标识赋予它高识别度，就像可口可乐、耐克、米老鼠一样。这是人的本性，人们想成为某一俱乐部的一员。"[1]

他对新时代的路易威登的认知是，它的花押字标识在时尚设计的过程中是一种共存、变形或悖反。因为衣裙不能设计得看似行李箱一样。因此，他设计出的时尚之物有路易威登的品位，但又和其行李箱的设计理念不同。他认为这是一种变异的过程，其中充满了敬意和不敬，敬意是为了致敬传统，不敬是为了进化。当设计中采用了史蒂芬·斯普劳斯变形的路易威登字母的涂鸦艺术，呈现出一种看似对"LV"尊贵的经典图案的戏谑时，它也能以另一种方式唤起对未被注意到的事物的关注。同时呈现敬意和不敬，这对年轻人来说是可见的，是路易威登后现代语境中的表达方式。雅可布找到了在后现代语境下复兴路易威登奢侈品牌的路径，那就是在许多方面颠覆品牌，使其成为品牌本身的一部分，使这种反主流的朋克

1   GOLBIN P. Louis Vuitton Marc Jacobs[M].New York: Rizzoli International Publications, Inc., 2012: 119.

嬉戏正统的奢侈，变成主要的奢侈因素。后来与村上隆和理查德·普林斯的合作是他继斯蒂芬之后在路易威登工作的两大亮点，是审美资本主义和挪用的成功案例。他的另一件作品"蛋包"（Coquille d'Oeuf）体现了他对手工艺的尊重，但此作品颇受争议。这件晚装包是雅可布2012年春夏系列精湛技艺的巅峰之作，它耗时300多个小时，由12500片蛋壳拼接成包的外部花押字图案，这种层级的、罕见的特殊技艺只能由单个人独立完成。蛋壳不似钻石或珍贵鸟皮自带荣耀，但技师能以手工艺将这种平凡之物升华为极致奢华的珍品。雅可布认为手工艺非常重要，它是一种痴迷的、神经质的、情不自禁的行为，同时也是天赋。

从1998年至2012年，马克·雅可布为路易威登推出大约28场主要的时装秀，表现出风格多样、别具一格的特色。从礼服、正装到休闲装，每一季的服装都巧妙地将路易威登的经典元素融入进去，形成了优雅、简洁、俊俏、别致的独特风格，并在风格中以时尚演绎路易威登倡导的奢侈品精神，即以精湛的工艺为根本，从经典中借鉴、挪用，或将其变形、解构或重构，以创造出路易威登自己的时尚品位。

三、时尚品位的启示

首先，是品位的连续性和间断性。路易威登行李箱最初是迎合上流社会的品位，跟随着王公贵族引领的时尚生产运输服装和物品的箱子，这也就奠定了后来产品奢侈品位的基础，同时也形成了简约大气耐用的风格。套用奢侈品牌身份管理的时间关系类型即"间断性与非间断性，连续性与非连续性"。品位拥有的是连续性的风格和间断性的时尚。19世纪中叶，查尔斯·沃斯对高级定制时装的改革间断了以往行李箱的连续性风格，形成了路易威登的风格，使品牌在遵循传统和遗产方面体现出个性化品位。1997年，马克·雅可布的设计又使连续性的路易威登经典风格中加入了间断性的时尚，他保留了路易威登基本的美学元素，创造了使经典时尚化的潮流，使品牌获得新生。"每一种时尚都只不过是为了成功实现'理想'的某种手段，它是在记忆里得到满足的时光，与'忧郁'亦即空无时间的

图 5-18　碳纤维椅
图片来源：京东上下旗舰店

感知，是相对的事物。"[1]正是因为时尚的这种对应天性，不断激发出人们新的品位和新的理想。

其次，是既遵守规则又打破规则。马克·雅可布认为要使路易威登变得年轻酷炫，属于当代、属于此刻，就不得不在一定程度上违反规则，而唯一能够带来真正改变的时刻是在遵守规则的同时又打破规则的那一刻。设计是"一门科学，能够被理性地理解"[2]，这是改编自古罗马建筑师维特鲁威（Vitruvius）的原话。在理性主义者对路易威登基础手袋类型不断生产的过程中，马克·雅可布及其设计团队以风格主义者的方式不断打破经典，但经典品位和变体品位却能在真正的后现代时尚中和平共处，并且突出的是品牌的整体品位，而不只是花押字标识。这样的时尚设计品位也可在"SHANG XIA 上下"品牌的产品中窥见一斑。例如它的碳纤维椅（图 5-18）就体现出经典和现代时尚融合的设计品位。经典明式椅的细节特征被层层简化，厚重的木材被轻且坚硬的碳纤维代替，结构和材质上的现代性使制成后的椅子自重仅为 2.7 千克，却能承受 130 千克的重量。椅子的设计使轻盈与坚固并存，完全是"少即多"原则的典范。碳纤维椅打破了传统的材质和形态上的规矩，以现代材质和色彩演绎了从传统的端庄高雅转向现代时尚酷炫，这是一种指向未来的设计品位。

1　　娜达·凡·登·伯格，等.时尚的力量：经典设计的外延与内涵[M].韦晓强，吴凯琳，朱怡康，等译.北京：科学出版社，2014：399.

2　　让-克劳德·考夫曼，伊恩·卢纳，弗洛伦斯·米勒，等.路易威登都市手袋秘史[M].赵晖，译.北京：北京美术摄影出版社，2015：288.

综上，品位既关联着设计的智慧又隐喻着社会阶级层级和审美区分。它具有共时的稳定性，又面临着历时的进化性；它既在现实的判断中不断自省，又在未来的召唤中超越自身。

　　本书通过对五章的支"点"论述，建构出路易威登品牌设计文化的整体"面"相，同时也回答了以下问题：路易威登品牌的设计文化究竟是什么？路易威登的设计文化是否和现代设计史的脉络如影随形？奢侈品设计文化的本质是什么？

　　奢侈品从本质上讲是和宫廷文化的兴起相关的，对它的设计制作是为了标记统治者的尊严和威望，体现他们的职责、权力、国家财富和形象。到了 18 世纪，奢侈品的设计制作受到公民意识和经济价值，以及来自世界其他地区新商品的影响，形成了设计的多样化和异域风情，它们有助于塑造现代化的消费模式，同时也推动了欧洲制造业的更新。19 世纪是奢侈品走向品牌化的时期，是工业资本家和没落贵族的奢侈品时代。路易威登企业就诞生在这个时期，它为王公贵族的设计实际上是设计了一种品位、一种拥有的权利和一种生活方式，但它在珍贵性和奢侈度上却不能和昔日的旧式奢侈品相提并论，只是由于路易威登服务对象的尊贵和为其提供相应的产品品质卓越，法国的历史和现实使它进入了奢侈品牌的行列，由此铸就的箱包传奇历史使其"奢侈"的名声一直延续至今。从 20 世纪后期至今，奢侈品牌物彻底进入大众的意识和生活，路易威登也在这股潮流中不断更新设计，设计出供消费者行使权利和张扬个性的多元化品位和想象的身份。在经济全球化背景下生产和销售奢侈品的基础上，路易威登形成了依靠资本集团的新资本主义形式，集团整合各种奢侈品牌于一体，路易威登品牌是集团中的引领者，它通过产品的时尚化和销售环境的艺术体验、销售建筑数字化纹理所营造的"超平"感，设计了消费者期待的视觉景观、沉浸式艺术体验、理想的生活方式和梦想拥有奢侈品的权利。

然而，就产品设计本身而言，路易威登的设计一直游走在机械生产和手工制作之间，设计制作游刃在设计师、艺术家和手工艺匠之间，其设计一直与精湛的工艺和创新联系在一起，从而推动了物质世界的工艺、技术和审美的发展。手工技艺需要多年专注才能获得，且具有地域性，因此它是昂贵而独特的，这正是奢侈品牌和消费者都强调的品位。品牌的繁荣依赖于它的地域性，"奢侈品通常被视为场所精神（genius loci）的'真正'产物——这是一种由法语单词'terroir（风土条件）'所描述的精神品质"[1]。路易威登的产地使消费者认为自己购买的是法式生活方式，故拥有了法式品位。

基于以上阐述，本书在理论方面取得了以下三方面的研究成果。其一，深入探讨了设计文化，因为设计文化的概念在专业领域里没有定论，对于路易威登的设计文化也未做过全面深入的研究。因此需要从文献研究中总结出对它的理解，以此作为本文研究的框架结构。研究中主要参考的文献是彭妮·斯帕克的《设计与文化导论》和盖伊·朱利耶的《设计的文化》。斯帕克认为，设计文化是由设计的物质性及意识形态价值体现的。设计无论是思维还是行为其实本身就已包含了文化的指涉。盖伊·朱利耶在他的书中指出，设计文化实质上是设计师设计、企业生产和消费者购买三者之间的互动和促进。基于以上学者的理论，并参阅了国内外其他学者的观点，笔者首先阐释了奢侈品相关概念，总结出设计文化的内容，然后从路易威登品牌的叙事、物态、审美三个层面来论证其设计文化的基本内涵，阐明

1　彼得·麦克尼尔，乔治·列洛.奢侈品史[M].李思齐，译.上海：格致出版社，2021：215.

路易威登箱包体现了游走在"诚实的错误"和机器的精准生产之间的"间性"设计，以及奢侈、艺术和时尚之间的"间性"关系，以此引出设计是保证品牌"奢侈"的基础，是形成产品品位的根本，也是消费者行使和享有购买权利的驱动因素。手工艺时代的奢侈品是王公贵族的专属物品，它们珍贵而稀有，是地位和权力的象征，并拥有高贵的品位；而工业时代的奢侈品牌物拥有的是多元化的品位，对应的是消费者的多元品位。无论是炫耀性消费还是需求性消费，都体现的是呼应设计品位的自主权利和对"奢侈"的诠释。

其二，奢侈品牌不仅设计出产品的形态和审美意象，还设计出一种想象、一种生活方式，以完成对消费者的"殖民"。当旅行成为时尚，路易威登围绕着旅行打造出体现生活方式的箱包，如用于长途旅行的衣柜箱、平盖箱、船舱箱，用于短途远足的软面可折叠包、茶箱、餐具箱等；当女性的裙装逐渐现代化，女性同时走向社会开始其职业生涯时，路易威登又从箱包设计中衍生出都市手袋，作为现代女性生活中必备的功能性配饰物；当1997年马克·雅可布加入LVMH集团后，路易威登品牌旋即转向时尚设计，推出了美学资本主义语境下的时装、腕表、珠宝、鞋履、眼镜等时尚物，从而完成了生活方式的完整性设计。

其三，路易威登品牌的历史实际上是以现代性为暗线的、和现代设计史的发展脉络基本一致的历史。路易威登行李箱的造型和装饰摒弃了中世纪和维多利亚时代的拱形结构和繁复缠枝叶蔓雕刻的装饰，代之以几何形态和几何纹样装饰，完全遵循了"形式追随功能"和"少即多"的现代设计原则。从20世纪60年代的手袋形态的反传统到90年代手袋设计体现的波普文化和跨界创作，再到21世纪箱包手袋设计审美的资本主义化及日常生活审美化，路易威登的设计文化实际上体现了西方现代设计的发展历史。

上述三个层面的研究成果实际上映射了以下三点：第一，奢侈品的设计是对消费者的"想象"的设计、对其理想的设计。它既设计了一种乌托邦的生活境界，具有未来的指向性，也设计了一种异托邦的营销景观，具有资本扩大再生产的社会运转性。第二，"奢侈"实际上是一种观念。路易威登品牌从最初物质上的奢侈逐步走向了当代观念上的奢侈。第三，通过设计及其产品体现了20世纪西方哲学中的主体间性（Intersubjectivity），即一个主体怎样与另一个主体相互作用的"主体间关系"，也即奢侈品牌设计了一种"奢侈品"与其"消费者"之间的关系。奢侈品对消费者是品位的激励，而消费者则促使奢侈品在品位上不断升级迭代。最终，设计的品位本质上反映了国家的文化和形象，以及消费者的理想愿景。

研究奢侈品牌路易威登设计文化的目的是映射出对奢侈品牌设计的内涵和外延的深层认知。奢侈品牌物是工业革命后现代资本主义商业发展的产物，它的民主化设计文化带来的是社会、经济变革的强劲发展。从积极意义上的审美转变和消费信任到消极意义上的伦理颠覆和价值蒙蔽，从哲学、美学、社会学到大众传媒对这种现象的介入探讨，本论题涉及庞杂的领域和复杂的价值观界定，对此学界褒贬不一。反对者强调它所带来的贪欲和个体过度支出的功利性利益，而支持者则更加侧重于它所带来的超越个人权利的价值和理想，如促进经济增长、提高国家税收、增强综合国力和彰显国家形象等。路易威登作为奢侈物品和奢侈商品或许存在设计文化上的过度之处，但它能真正理解奢侈的意义和设计的现代性，我们无法对此评判，因为它既不属于昨天，也不属于今天，而是坚定地眺望着明天，在"旅途"中找寻着它的归属。此外，从品牌的信誉度上看，路易威登是当代奢侈品设计品牌的典范，如果一个品牌带来的款式能够像路易威登产品那样引起如此多的共鸣，并且让人可以信赖，那么，在数码革命让许多种类的消费品过剩的时代，这样的品牌将继续书写未来。[1] 有学者曾说，当代最好的物品是那些存在表达了历史和当代性的物品；是那些洋溢着它们从中产生的物质文化的幽默，同时也使用全球化语言的物品；是那些携带着记忆和未来智慧的物品；是那些像著名电影一样的物品。它们表

1　　让-克劳德·考夫曼，伊恩·卢纳，弗洛伦斯·米勒，等.路易威登都市手袋秘史[M].赵晖，译.北京：北京美术摄影出版社，2015：349.

达了一种对于世界、对于这个充满文化与技术可能的时代的归属感，但也使我们体验到未曾去过的地方。笔者认为，路易威登品牌就拥有这样的物品。此外，本书的论述也印证了肯尼斯·克拉克（Kenneth Clark）在《何为杰作》中谈到的"杰作不应该是一个人那么厚重，而是应该有很多人那么厚重"[1]，路易威登的产品在奢侈品牌中应该就属于这样的杰作，它们值得笔者持久而深入地研究，为中国的奢侈品牌在"慢慢的'快进'中"提供些许思考和启迪。

本书只是带领笔者走进研究奢侈品领域的一盏明灯，相信未来随着人们对奢侈品认知的提高和奢侈品牌对设计策略的考量及调整，奢侈品及其品牌不仅体现出审美的资本主义，还会在审美的人文主义中亮起其他几盏明灯。随着明灯的照耀，笔者在未来的学术旅途中将行至更久、更远……

---

1   肯尼斯·克拉克.何为杰作[M].刘健,译.南京：译林出版社2021：8.

外文文献

[1]　ARNHEIM R, MITCHELL W J T. Picture theory: essays on verbal and visual represen-tation[J]. Leonardo, 1995, 28 (1): 75.

[2]　AYTO J. Oxford school dictionary of word origins[M]. Oxford: OUP Oxford, 2013.

[3]　BAINES J. On the status and purposes of ancient Egyptian art[J]. Cambridge Archaeo-logical Journal, 1994, 4 (1): 67 - 94.

[4]　BRANDT S, GUNTHER KRESS, THEO VAN LEEUWEN.Multimodal discourse: the modes and media of contemporary communication[M]. Oxford: Oxford University Press Inc., 2001.

[5]　BEARDSLEY. Redefining Art[A]// WREEN M J, CALLEN M. The aesthetic point of view. Ithaca, N.Y.: Cornell University Press, 1982: 298 - 315.

[6]　BENAÏM L. Paris redevient la vitrine mondiale de la mode [J].Le Monde, Tuesday, 1995 (3 / 14).

[7]　CASTETS S. Louis Vuitton: art, fashion and architecture[M]. New York: Rizzoli, 2009.

[8]　CAVENDER R. The evolution of luxury: Brand management of luxury brands, old and new[D]. Blacksburg: Virginia Polytechnic Institute and State University, 2012.

[9]　COLLINS H. Collins COBUILD advanced learner's dictionary[M]. 9 th ed. New York: HarperCollins Publishers, 2018.

[10]　ECO U. Travels in hyperreality[M]. New York: Harcourt Brace Jovanovich, 1986.

[11]   FERRY L. Aesthetic man—an invention of judgment in the democratic Age (Homo aestheticus—l'invention du gout a i'agedémocratique)[M]. Paris: Grasst, 1990 : 33 .

[12]   FINE B, LEOPOLD E. The world of consumption[M]. London: Routledge, 2002 .

[13]   FLUSSER V. The shape of things: a philosophy of design[M]. London: Reaktion Books, 1999 .

[14]   GESSNER L, LENDER H. New York picks up the beat[J].Women's Wear Daily, 1992 (11 / 2).

[15]   GOLBIN P. Louis Vuitton Marc Jacobs[M]. New York: Rizzoli International Publications, Inc, 2012 .

[16]   GRANOT E, RUSSELL L T M, BRASHEAR-ALEJANDRO T G. Populence: exploring luxury for the masses[J]. Journal of Marketing Theory and Practice, 2013 , 21 (1): 31 - 44 .

[17]   GRONOW J. Taste and fashion: the social function of fashion and style[J]. Acta Sociologica, 1993 , 36 (2): 89 - 100 .

[18]   GROSS M . Euro dizzy [J].New York Magazine, 1993 (4 / 5): 45 - 46 .

[19]   GULSHAN H. Vintage luggage[M]. New York: Philip Wilson, 1998 .

[20]   HAN Y J, NUNES J C, DRÈZE X. Signaling status with luxury goods: the role of brand prominence[J]. Journal of Marketing, 2010 , 74 (4): 15 - 30 .

[21]   HORNIG T, FISCHER M, SCHOLLMEYER T. The role of culture for pricing luxury fashion brands[J]. Marketing ZFP – Journal of Research and Management, 35 (2): 118 - 130 .

[22]   IKEDA S. Luxury and wealth[J]. International Economic Review, 2006 , 47 (2): 495 - 526 .

[23]   JAN DE VRIES. Luxrury in the Dutch Golden Age in theory and practice[M]// BERG M, EGER E. Luxury in the eightennth century: debates, desires and delectable goods. Basingstoke: Palgrave, 2003 .

[24]   LEA D, BRADBE J. Oxford advanced learner's dictionary[M]. 10 th ed. Oxford: Oxford University Press, 2020 .

[25]   LIMNANDER A. On the Marc[J]. Harper's Bazaar, 2004 (2): 164 .

[26]   LASH S, URRY J. Economies of signs and space[M]. London: Sage, 1994 .

[27]   LEE H C, CHEN W W, WANG C W. The role of visual art in enhancing perceived prestige of luxury brands[J]. Marketing Letters, 2015 , 26 (4): 593 - 606 .

[28]   LLOYD J P. Time and the perception of everyday things[M]//SUSANA VIHMA.

Objects and images: studies in design and advertising. Helsinki: University of Industrial Arts Helsinki, 1992.

[29]   MCLNTOSH C. Cambridge advanced learners dictionary[M]. 4 th ed. Cambridge: Cambridge University Press, 2019.

[30]   MENDES V, HAYE A. de la. 20 th century fashion[M]. London: Thames & Hudson Ltd., 1999.

[31]   MENKES S. A youth quake shapes the future, but what is there to wear now? [J]. International Herald Tribune, 1994 (3 / 7).

[32]   MILLER D. Material culture and mass consumption[M]. Oxford: Basil Blackwell, 1987.

[33]   ONIONS C T. The oxford dictionary of english etymology[M]. Oxford: Oxford University Press, 1966.

[34]   PASOLS P-G. Louis Vuitton: the birth of modern luxury[M]. New York: Abrams, 2012.

[35]   Righini M. Ils secouent les vieilles griffes[J]. Mode: les nouveaux mencenaires, Le Nouvel Observateur, 1998 (3 / 19): 100.

[36]   RORTY M R.The linguistic turn: essays in philosophical method[M]. Chicago: University of Chicago Press, 1967 / 1992.

[37]   SHAW D.To make his own Marc [J].The New York Times, 1993 (2 / 18).

[38]   SOLOMON J D. Learning from Louis Vuitton[J]. Journal of Architectural Education, 2010 , 63 (2): 67 - 70.

[39]   TAKASHI M. Superflat[M]. Tokyo: MADRA Publishing, 2000.

[40]   VEYNE P. Le pain et le cirque: historique d'un pluralisme politique[M]. Paris: Seuil, 1976.

中文文献

[1] 阿道夫·卢斯.装饰与罪恶:尽管如此1900—1930[M].熊庠楠,梁楹成,译.武汉:华中科技大学出版社,2018.

[2] 阿洛瓦·里格尔.风格问题:装饰艺术史的基础[M].刘景联,李薇蔓,译.长沙:湖南科学技术出版社,1999.

[3] 阿肖克·颂,克里斯蒂安·布朗卡特.奢侈品之路:顶级奢侈品品牌战略与管理[M].谢绮红,译.北京:机械工业出版社,2016.

[4] 奥利维耶·阿苏利.审美资本主义:品味的工业化[M].黄琰,译.上海:华东师范大学出版社,2013.

[5] 奥古斯丁.忏悔录[M].周士良,译.北京:商务印书馆,1963.

[6] 鲍懿喜.以时代精神考量设计创新[J].美术观察,2006(10):20-21.

[7] 贝恩德-施特凡·格鲁,卡琳·霍夫米斯特.奢侈品史:1600-2000[M].秦传安,译.上海:上海财经大学出版社,2021.

[8] 彼得·多默.现代设计的意义[M].张蓓,译.南京:译林出版社,2013.

[9] 彼得·麦克尼尔,乔治·列洛.奢侈品史[M].李思齐,译.上海:格

致出版社, 2021.

[10] 伯纳德·曼德维尔. 蜜蜂的寓言: 私人的恶德. 公众的利益 [M]. 肖聿, 译. 北京: 中国社会科学出版社, 2002.

[11] 拉哈·查哈, 保罗·赫斯本. 名牌至上: 亚洲奢侈品狂热解密 [M]. 王秀平, 顾晨曦, 译. 北京: 新星出版社, 2010.

[12] 人民美术出版社, 北京教育科学研究院. 普通高中课程标准实验教科书 美术 工艺 [M]. 北京: 人民美术出版社, 2010.

[13] 长泽伸也. 路易威登的秘密: 经历危机依然强大 [M]. 万艳敏, 孙攀河, 姜志清, 译. 上海: 东华大学出版社, 2016.

[14] 陈晨. 16 至 18 世纪法国奢侈品消费的发展及其对法国经济文化的影响 [J]. 西北大学学报 (哲学社会科学版), 1989, 19 (3): 44-51.

[15] 陈洁. 消费者仿冒奢侈品购买行为研究 [M]. 上海: 上海三联书店, 2015.

[16] 川村由仁夜. 巴黎时尚界的日本浪潮 [M]. 施霁涵, 译. 重庆: 重庆大学出版社, 2018.

[17] 黛娜·托马斯. 奢侈的! [M]. 李孟苏, 崔薇, 译. 重庆: 重庆大学出版社, 2011.

[18] 丹尼尔·贝尔. 资本主义文化矛盾 [M]. 赵一凡, 蒲隆, 任晓晋, 译. 北京: 生活·读书·新知三联书店, 1989.

[19] 丹尼尔·兰格, 奥利弗·海尔. 奢侈品营销与管理 [M]. 潘盛聪, 译. 北京: 中国人民大学出版社, 2016.

[20] 黛娜·托马斯. 奢侈的: 奢侈品何以失去光泽 [M]. 李孟苏, 译. 重庆: 重庆大学出版社, 2022.

[21] 董波. "时代精神" 及其表现: 设计与社会综论之二 [J]. 创意与设计, 2012 (5): 87-92.

[22] 董雅, 陈高明. 中国传统设计文化的现代性转向 [M]. 天津: 天津大学出版社, 2019.

[23] 凡勃伦. 有闲阶级论: 关于制度的经济研究 [M]. 蔡受百, 译. 北京:

商务印书馆,1964.

[24] 范玉洁,陈艳梅.新媒体时代设计艺术与文化研究[M].西安:西北工业大学出版社,2019.

[25] 冯彩.新式奢侈品与旧式奢侈品文化意义研究[D].大连:大连工业大学,2014.

[26] 盖伊·朱利耶.设计的文化[M].钱凤根,译.南京:译林出版社,2015.

[27] 何灿群,董佳丽,向威.设计与文化[M].长沙:湖南大学出版社,2011.

[28] 侯微,李亚骏.品牌叙事及其建构中的秩序:以LVMH旗下网站NOWNESS.COM为例[J].品牌研究,2016(5):55-61.

[29] 黄昊明,蔡国华,姬伟.工匠精神:成就"互联网+"时代的标杆企业[M].北京:北京工业大学出版社,2017.

[30] 黄浩洲.左岸时尚,右岸奢侈:奢侈品管理手册[M].北京:知识产权出版社,2017.

[31] 黄雨水.奢侈品品牌传播研究:符号生产和符号消费的共谋[D].杭州:浙江大学,2011.

[32] 姬喆,蔡启芬,张晓宁.中国传统文化元素与艺术设计实践[M].长春:吉林文史出版社,2021.

[33] 江兵.奢华价值的生成[M].长春:吉林人民出版社,2014.

[34] BASTIEN V, KAPFERER J N.奢侈品战略:揭秘世界顶级奢侈品的品牌战略[M].谢绮红,译.北京:机械工业出版社,2014.

[35] 卡尔·波兰尼.巨变:当代政治与经济的起源[M].黄树民,译.北京:社会科学文献出版社,2013.

[36] 卡洛琳·埃文斯.前沿时尚[M].孙诗淇,译.重庆:重庆大学出版社,2021.

[37] 克里斯托弗·贝里.奢侈的概念:概念及历史的探究[M].江红,译.上海:上海世纪出版集团,2005.

[38] 克洛德·列维 - 斯特劳斯.神话学:从蜂蜜到烟灰[M].周昌忠,译.北京:中国人民大学出版社,2007.

[39] 科林·巴罗.30天学会MBA市场营销学:来自欧美知名商学院的12门市场营销核心课程[M].耿聃聃,龚振林,译.北京:企业管理出版社,2019.

[40] 肯尼斯·克拉克.何为杰作[M].刘健,译.南京:译林出版社,2021.

[41] 孔淑红.奢侈品品牌历史[M].北京:对外经济贸易大学出版社,2009.

[42] 孔淑红.奢侈品产业分析[M].北京:对外经济贸易大学出版社,2010.

[43] 沃夫冈·拉茨勒.奢侈带来富足[M].刘风,译.北京:中信出版社,2003.

[44] 赖红波.中国新奢侈品:数字赋能背景下的本土品牌培育与转型升级[M].上海:同济大学出版社,2021.

[45] 劳伦斯·皮科.奢侈品的秘密[M].王彤,译.北京:中国对外翻译出版有限公司,2022.

[46] 李汉潮.由仁义而行[M].北京:团结出版社,2017.

[47] 李飞.奢侈品营销[M].北京:经济科学出版社,2010.

[48] 李庭洋.中国消费者奢侈品消费行为研究[M].武汉:武汉大学出版社,2016.

[49] 刘晓刚,朱泽慧,刘唯佳.奢侈品学[M].上海:东华大学出版社,2009.

[50] 罗伯特·文丘里,丹尼丝·斯科特·布朗,史蒂文·艾泽努尔.向拉斯维加斯学习[M].徐怡芳,王健,译.南京:江苏凤凰科学技术出版社,2017.

[51] 吕品田.手工生产与生态文明建设[EB/OL].(2018-08-29)[2023-07-20].宣讲家网.

[52] 玛尼·弗格.时尚通史[M].陈磊,译.北京:中信出版社,2016.

[53] 迈克·费瑟斯通.消费文化与后现代主义[M].刘精明,译.南京:译林出版社,2000.

[54] 迈克尔·厄尔霍夫,蒂姆·马歇尔.设计辞典:设计术语透视[M].张敏敏,沈实现,王今琪,译.武汉:华中科技大学出版社,2016.

[55] 梦亦非.奢华之醉:28种奢侈品手工传奇[M].成都:成都时代出版社,2011.

[56] 苗丽静.非营利组织管理学[M].3版.大连:东北财经大学出版社,2016.

[57] 米克·巴尔.叙述学:叙事理论导论[M].谭君强,译.2版.北京:中国社会科学出版社,2003.

[58] 米歇尔·舍瓦利耶,热拉尔德·马扎罗夫.奢侈品品牌管理[M].卢晓,编译.上海:格致出版社,2008.

[59] 米歇尔·舍瓦利耶,米歇尔·古泽兹.奢侈品零售管理:世界顶级品牌如何提供优质产品与服务支持[M].卢晓,译.北京:机械工业出版社,2014.

[60] 娜达·凡·登·伯格,等.时尚的力量:经典设计的外延与内涵[M].韦晓强,吴凯琳,朱怡康,等译.北京:科学出版社,2014.

[61] 诺昂·德让.时尚的精髓:法国路易十四时代的优雅品位及奢侈生活[M].杨冀,译.北京:生活·读书·新知三联书店,2012.

[62] 欧家锦.奢侈品在中国:梦幻商业与美好生活的激荡40年[M].北京:中国经济出版社,2020.

[63] 帕米拉·N.丹席格.流金时代:奢侈品的大众化营销策略[M].宋亦平,朱百军,译.上海:上海财经大学出版社,2007.

[64] 彭传新.奢侈品品牌文化研究[J].中国软科学,2010(2):69-77.

[65] 彭传新.品牌叙事理论研究:品牌故事的建构和传播[D].武汉:武汉大学,2011.

[66] 彭妮·斯帕克.设计与文化导论[M].钱凤根,于晓红,译.南京:译

林出版社,2012.

[67] 皮埃尔·布尔迪厄.区分:判断力的社会批判[M].刘晖,译.北京:商务印书馆,2015.

[68] 皮埃尔·米盖尔.法国史[M].蔡鸿滨,译.北京:商务印书馆,1985.

[69] 乔纳斯·霍夫曼,伊万·科斯特-马尼埃雷.奢侈品到底应该怎样做[M].钱峰,译.北京:东方出版社,2014.

[70] JONATHAN CULLER.论解构:结构主义之后的理论和批评[M].北京:外语教学与研究出版社,2004.

[71] 乔迅.魅感的表面:明清的玩好之物[M].刘芝华,方慧,译.北京:中央编译出版社,2017.

[72] 邱春林.设计与文化[M].重庆:重庆大学出版社,2009.

[73] 让·鲍德里亚.物体系[M].林志明,译.上海:上海人民出版社,2019.

[74] 让-克劳德·考夫曼,伊恩·卢纳,弗洛伦斯·米勒,等.路易威登都市手袋秘史[M].赵晖,译.北京:北京美术摄影出版社,2015.

[75] 维尔纳·桑巴特.奢侈与资本主义[M].王燕平,侯小河,译.上海:上海人民出版社,2000.

[76] 邵亦杨.后现代之后:后前卫视觉艺术[M].上海:上海人民美术出版社,2008.

[77] 邵亦杨."元绘画"、元图像＆元现代[J].美术研究,2020(1):99-106.

[78] 斯蒂芬妮·博维希尼.路易·威登:一个品牌的神话[M].李爽,译.北京:中信出版社,2006.

[79] 斯科特·拉什,约翰·厄里.符号经济与空间经济[M].王之光,商正,译.北京:商务印书馆.2006.

[80] 宋修见.中国文化的生命力[M].北京:北京大学出版社,2022.

[81] 孙捷,伊丽莎白·菲舍尔.奢侈品设计之灵[M].上海:同济大学出

版社,2021.

[82]　苏易.奢侈品:修订典藏版[M].沈阳:辽宁美术出版社,2020.

[83]　陶卫平.品牌帝国:9个时尚品牌的经营哲学[M].上海:上海交通大学出版社,2019.

[84]　田亚莲.民族文化与设计创意[M].成都:西南交通大学出版社,2020.

[85]　闫凤华.中国奢侈品贸易及政策引导:基于奢侈品消费结构方程模型的研究[D].天津:天津财经大学,2013.

[86]　托马斯·索维尔.经济学的思维方式[M].吴建新,译.成都:四川人民出版社,2018.

[87]　瓦尔特·本雅明.《机械复制时代的艺术作品》导读[M].周颖,导读.天津:天津人民出版社,2009.

[88]　王菲.奢侈品消费者行为学[M].北京:对外经济贸易大学出版社,2012.

[89]　王海龙.艺术表达时代精神的四重维度[J].中国文艺评论,2020(4):29-38.

[90]　王海忠,王子.欧洲品牌演进研究:兼论对中国品牌的启示[J].中山大学学报(社会科学版),2012,52(6):186-196.

[91]　王宏建.艺术概论[M].北京:文化艺术出版社,2010.

[92]　王璟.现代艺术设计与民族文化符号[M].长春:吉林大学出版社,2018.

[93]　王坤.中国传统文化元素与艺术设计实践研究[M].长春:吉林人民出版社,2019.

[94]　王乐.论现代奢侈品与艺术品的异同并存与跨界融合[J].艺术设计研究,2020(4):5-10.

[95]　王受之.时装史[M].台北:艺术家出版社,2006.

[96]　王受之.世界现代设计史[M].2版.北京:中国青年出版社,2015.

[97]　汪秀英.品牌学[M].北京:首都经济贸易大学出版社,2007.

[98] 王璇.法国文化产业、文化保护及推广研究：兼论对我国的启示[M].武汉：武汉大学出版社，2019.

[99] 皮埃尔·雷昂福特，埃里克·普贾雷-普拉.路易威登的100个传奇箱包[M].王露露，罗超，王佳蕾，等译.上海：上海书店出版社，2010.

[100] 文静，庞杰.隐性符号的文化释义：基于形式美感的现代设计研究[M].北京：北京工业大学出版社，2018.

[101] 文聘元.法国的故事（上）：近代法国的历史与文化[M].上海：上海社会科学院出版社，2009.

[102] 沃尔夫冈·韦尔施.重构美学[M].陆扬，张岩冰，译.上海：上海译文出版社，2002.

[103] 吴晨荣.思想的设计：黑川雅之与日本的当代设计文化[M].上海：上海书店出版社，2005.

[104] 吴志艳.奢侈品消费在中国：非炫耀性消费的兴起[M].上海：上海交通大学出版社，2017.

[105] 希尔德·海嫩.建筑与现代性：批判[M].卢永毅，周鸣浩，译.上海：商务印书馆，2015.

[106] 齐奥尔格·西美尔.时尚的哲学[M].费勇，吴蕃，译.北京：文化艺术出版社，2001.

[107] W.J.T.米切尔.图像理论[M].兰丽英，译.重庆：重庆大学出版社，2010.

[108] 香港设计中心.设计的精神[M].沈阳：辽宁科学技术出版社，2008.

[109] 辛勤颖.和而不同：中国传统文化与工业产品设计融合性研究[M].成都：电子科技大学出版社，2019.

[110] 寻胜兰.源与流：传统文化与现代设计[M].南昌：江西美术出版社，2007.

[111] 许平.反观人类制度文明与造物的意义：重读阿诺德·盖伦《技术

时代的人类心灵》[J].南京艺术学院学报（美术与设计），2010（5）：99-104.

[112] 米歇尔·谢瓦利埃，卢晓.奢侈中国[M].徐邵敏，译.北京：国际文化出版公司，2010.

[113] 亚历山大·德·圣马里.理解奢侈品[M].王资，译.上海：格致出版社，2019.

[114] 亚当·斯密.道德情操论[M].余涌，译.北京：中国社会科学出版社，2003.

[115] 亚当·斯密.国富论：国民财富的性质和起因的研究[M].谢祖钧，译.广州：新世纪出版社，2007.

[116] 杨明刚.国际顶级品牌：奢侈品跨国公司在华品牌文化战略[M].上海：上海财经大学出版社，2006.

[117] 严双伍.法国精神[M].武汉：长江文艺出版社，1999.

[118] 颜勇，黄虹，应爱萍，等.设计文化：现代性的生成[M].南京：东南大学出版社，2020.

[119] 杨清山.中国奢侈品本土战略[M].2版.北京：对外经济贸易大学出版社，2015.

[120] 姚歆，赵敏.奢侈品网上零售[M].北京：对外经济贸易大学出版社，2010.

[121] 尹吉男.知识生成的图像史[M].北京：生活·读书·新知三联书店，2022.

[122] 袁少锋.中国人的炫耀性消费行为：前因与结果[M].北京：中国经济出版社，2013.

[123] 约翰·赫斯科特.设计，无处不在[M].丁珏，译.南京：译林出版社，2013.

[124] 张夫也.外国工艺美术史[M].2版.北京：高等教育出版社，2015.

[125] 张海虹.形象、消费与身份认同：中国"90后"女性对意大利奢侈品的消费[M].杭州：浙江大学出版社，2021.

[126] 张丽,冯棠.法国文化与现代化[M].沈阳:辽海出版社,1999.

[127] 赵娟,郑铭磊.文化交融背景下的设计创新[M].长春:东北师范大学出版社,2018.

[128] 赵克理.顺天造物:中国传统设计文化论[M].北京:中国轻工业出版社,2008.

[129] 赵林如.中国市场经济学大辞典[M].北京:中国经济出版社,2019.

[130] 真柏,星旻.路易·威登的中国传奇[M].杭州:浙江人民出版社,2012.

[131] 郑爽,赵轶佳,曹阳.奢侈品的"迷失"[M].北京:中信出版社,2016.

[132] 周云.奢侈品品牌管理[M].北京:对外经济贸易大学出版社,2010.

[133] 周昂.中国奢侈病:疯狂消费的隐秘逻辑[J].中国周刊,2011(10):32-33.

[134] 朱明侠,曾明月.奢侈品管理概论[M].北京:对外经济贸易大学出版社,2014.

[135] 朱明侠,张小琳,蔡薇薇.奢侈品市场营销[M].北京:对外经济贸易大学出版社,2012.

[136] 朱炜.美学经济时代下文化产品设计创新研究[M].成都:电子科技大学出版社,2016.

[137] 朱桦,黄宇.经典与时尚:当代国际奢侈品产业探析[M].上海:上海人民出版社,2012.

[138] 左丘明.国语[M].韦昭,注.胡文波,校点.上海:上海古籍出版社,2015.

一、路易威登品牌大事年表（1854—2012）

年代	大事件
1821年	路易·威登出生于法国东部汝拉山区卢斯河畔拉旺拉旺行政区安锲村庄。
1835年	路易·威登离开了父亲的磨坊，踏上了前往巴黎的旅程。
1837年	路易·威登来到巴黎，在位于朱丽特街29号和圣奥诺雷街交汇处的马歇尔先生的制箱打包店里工作，他很快就成了领班。
1853年	拿破仑三世和欧仁妮·德·蒙蒂霍举行婚礼。
1854年	路易·威登和克莱门斯·艾米丽·帕里奥举行婚礼。
	路易·威登创办路易威登公司并在巴黎卡普西纳大街4号创立了第一家箱包制作和打包店。
	路易·威登制作了第一个特里阿农灰色（Trianon grey）拱形盖箱。
1857年	查尔斯·弗里德里克·沃斯，高级时装定制的创始人，也是路易·威登的好友，在巴黎和平街7号开店。
	路易·威登的长子乔治-路易·威登出生。

年代	大事件
1858年	路易·威登推出了第一个特里阿农灰色平盖帆布行李箱系列：平盖、杨木框架，这款行李箱成为全球现代意义的平盖行李箱的原型。
1859年	路易·威登在巴黎附近莱茵河畔的阿斯涅尔创建了第一家工厂。
1867年	路易·威登参加在巴黎战神广场举办的世博会，在52000名参展者中，路易威登的行李箱因其优质的设计赢得铜牌。
1868年	路易·威登参加在勒哈弗尔举办的国际海事博览会，其为探险印度等殖民地而制作的密闭锌制行李箱获得银牌。
1871年	路易威登公司从卡普西纳大街搬至斯克里布大街1号，这个店址一直存续到1914年。
1872年	浅褐色和红色相间的竖条纹帆布出现。
1875年	路易威登衣柜行李箱问世。
1876年	米色底上棕褐色条纹。这种米色和棕褐色的单色原则成为路易威登平面设计配色的标志。
1880年	乔治-路易·威登和约瑟芬·帕特雷尔举行婚礼。
	乔治-路易·威登协助父亲经营店铺。
1883年	乔治-路易·威登的长子嘉士顿-路易·威登出生。
1885年	伦敦首家路易威登专卖店在伦敦中心区牛津街289号开业。

年代	大事件
1886 年	西班牙国王阿尔方索十三世出生，他将是路易威登在 20 世纪初的客户。
1888 年	棋盘格帆布（Damier Canvas）问世。第一次在帆布上印有 "Marque L.Vuitton déposée"（路易威登注册商标）商标字样。
1889 年	在巴黎世博会上，路易威登之家的产品获得金制奖章。本届世博会上，埃菲尔铁塔成为最引人注目的建筑。
	乔治 - 路易·威登的双胞胎儿子皮埃尔和让出生。
	伦敦的店铺从牛津街搬至斯特兰德街 454 号。
1890 年	乔治 - 路易·威登发明了防盗五槽锁并注册专利。
	路易·威登建立员工社会保障和养老金体系。
1892 年	路易·威登去世，享年 71 岁。
	乔治 - 路易·威登开始撰写《从古至今的旅行》。
	路易威登发行了第一册产品目录。
1893 年	乔治 - 路易·威登参加在美国芝加哥举行的世博会。
1894 年	乔治 - 路易·威登出版了《从古至今的旅行》。
1896 年	为抵制仿冒品，乔治 - 路易·威登设计出花押字图案帆布：由 "Louis Vuitton" 首字母、四叶草、钻石形中四叶草、圆形中四花瓣组成。
	乔治 - 路易·威登因他的书成为学术委员会官员。
1897 年	嘉士顿 - 路易·威登在阿斯涅尔工坊当学徒。
1898 年	路易威登的汽车行李箱问世。
	美国沃纳梅克百货商店开始销售路易威登的产品。
1900 年	乔治 - 路易·威登将伦敦斯特兰德街店铺搬至新邦德街 149 号一幢大楼里，这个街区的商店都是王室的御用供货商。
	乔治 - 路易·威登成为巴黎世博会的成员，并成为旅游和露营产品系列的评判官。

年代	大事件
1901年	著名的"Steamer"旅行袋问世。
1904年	在圣路易斯世博会上，乔治-路易·威登是装置接收委员会主席、评审团成员、旅游物品评审委员会主席、旅游物品代言人，所有这些头衔都成就了路易威登品牌的声望和名誉。
1905年	花押字图案帆布在工业产权国家办公室注册的商标证书。
	皮埃尔·萨沃尼昂·德·布拉柴受官方委托在前往刚果探险之前订购了两只带马鬃床垫的大号花押字帆布床箱和一只带有两个暗格的可移动写字台箱。
	3月9日，乔治-路易·威登在巴黎的阿罕布拉酒店挑战魔术大师哈里·胡迪尼。
	路易威登产品参加列日世博会，获得大奖。
	路易威登产品在美国俄勒冈波特兰刘易斯和克拉克远征百年纪念博览会上获得金牌。
	优雅的功能性司机包问世。
1906年	嘉士顿-路易·威登和蕾妮·凡尔赛举行婚礼。
1907年	嘉士顿-路易·威登成为乔治-路易·威登的协助者；"威登父子"公司成立。
	路易威登为北京-巴黎汽车拉力赛提供装备。
1908年	在法国里维耶拉的尼斯开设了第三个店铺。
	路易威登装备了纽约—巴黎汽车拉力赛（2月12日—7月30日）。
	路易威登参加在伦敦举行的世博会。
	路易威登和"Kellner"公司合作设计和装备的越野车在1908年的汽车展中亮相。

法国著侈品牌研究：路易威登的设计文化

年代	大事件
1909 年	乔治的双胞胎儿子皮埃尔和让在第一届巴黎航空展中展出了他们的 "Vuitton-Huber" 直升飞机。
	在里尔开设了第四个店。
1910 年	皮埃尔制造的 "Vuitton II" 直升飞机和其他飞机在巴黎大皇宫举办的国际航空展中展出。
	在布鲁塞尔世博会上展出新产品。
1911 年	路易威登之家在埃及亚历山大城建立。
	乔治-路易·威登委托艺术家保罗·胡格宁 (Paul Huguenin) 为在鲁贝举办的法国国际博览会 (the Expositions Internationale de la France in Roubaix) 的展位创作了四幅关于店铺 (里尔、巴黎、伦敦和尼斯) 的画。
	阿尔伯特·卡恩订购放置电影器材和胶片的专用箱。[1]
1912 年	在布宜诺斯艾利斯举办的国际铁路和陆地交通展上荣获大奖。
1913 年	参加根特世博会,获得大奖。
1914 年	路易威登在巴黎的香榭丽舍大街 70 号建立了世界上最大的旅游品商大厦。
1920 年	嘉士顿-路易·威登在考古协会举办的"旧报纸的历史和艺术"会议上作了题为"我的行李箱的图像旅行"的演讲,后来演讲稿被出版。
	时装设计师让·巴杜订购了服装箱。
1924 年	在加纳开设了第五个店铺。
	阿斯涅尔工坊为雪铁龙下一年的"黑色之旅"准备了 150 件旅行产品,包括服装箱、装备箱、餐箱、急救箱、相机箱、热水瓶盒、司机包。
1925 年	路易威登在法国世博会上展出了为客人定制的著名的 "Milanano" 箱、玛尔特·舍纳尔梳妆箱、帕德雷夫斯基的旅行箱以及鞋箱。

---

1   源自 PASOLS P-G. Louis Vuitton: the birth of modern luxury[M]. New York: Abrams, 2012:551.

年代	大事件
1926年	制作了印度巴罗达大公的茶具箱。
	在维希开设了一家店铺，后来由嘉士顿的长子亨利-路易·威登掌管。
1927年	研制出品了第一款路易威登香水"消逝时光"。
	查尔斯·奥古斯都·林德伯格（Charles Augustus Lindbergh）驾驶他的飞机"圣路易斯精神"号从纽约飞往巴黎，用了33.5小时。在穿越大西洋的旅途后，他购买了路易威登的衣箱，然后乘船返回。
	路易威登在巴黎大皇宫的艺术装饰展中展出了新产品。
1928年	印度查谟-克什米尔邦大公为他的录音机订购了一款专用箱。
1929年	乔治-路易·威登和他的儿子嘉士顿到美国考察。
	指挥家莱奥波德·斯托科夫斯基订购了一款特殊的写字台箱。
1930年	路易威登最具传奇色彩的"Keepall"旅行袋问世。
1931年	嘉士顿为雪铁龙"黄色之旅"提供了阿斯涅尔工坊生产的装备，包括大行李箱、小箱、折叠桌、床箱及其他旅行用品。
	参加了在法国文森森林举行的殖民地国际博览会。嘉士顿设计展厅，其前面有一个支撑顶棚的20英尺高的图腾柱，给观众留下了深刻的印象。
1932年	制造出著名的"Noé"手袋，它能装下五瓶香槟。

年代	大事件
1933 年	参加第八届巴黎国际航海沙龙。[1]
1935 年	庆祝路易威登伦敦店 50 年诞辰（1885—1935）。
1936 年	乔治 - 路易·威登去世，享年 79 岁。
1938 年	因为英国王室成员的访问，嘉士顿用英国国旗的颜色装饰香榭丽舍店的橱窗，被《巴黎晚报》授予最美装饰奖。
1939 年	埃及国王法鲁克一世（Fārūq Ⅰ）和其子福阿德二世（Fu'ād Ⅱ）指定路易威登为其御用供货商并订购了桌箱、收音电唱机箱等产品。
1954 年	路易威登之家成立 100 周年时，在巴黎玛索大街 78 号新开了一家店。
1959 年	PVC（聚氯乙烯）的发明促使路易威登发明了新的涂漆工艺面料，并以此制造了第一批新式花押字帆布柔韧软质包。
1970 年	嘉士顿 - 路易·威登去世，享年 87 岁。
1977 年	成立路易威登控股公司。
	嘉士顿的女婿亨利·雷卡米耶出任公司总裁，实施控制和融合分支机构的国际管理策略。
	和摄影师让·拉里维埃合作，围绕着"旅行的精神"主题拍摄系列广告片。
	在法国中部圣多纳特开设第二家皮具工坊。
1978 年	首次在日本设立路易威登专卖店，分别位于东京和大阪。
1979 年	分别在中国香港、新加坡、日本关岛开设第一家分店。
1981 年	路易威登日本公司成立，并在东京银座开店。
	纽约第 57 街路易威登店铺开业。
1983 年	"路易威登杯"创立，它是"美洲杯"帆船赛的资格赛。 首次比赛分别在纽波特和罗德岛举办。
1984 年	路易威登股票在巴黎和纽约上市。
	在韩国首尔开设第一家店。

1　　源自 PASOLS P-G. Louis Vuitton: the birth of modern luxury[M]. New York: Abrams, 2012:551.

年代	大事件
1985 年	推出水波纹（Epi）皮具系列。 
1987 年	路易威登公司与酩悦·轩尼诗公司合并，成立 LVMH 集团，成为世界上最大的奢侈品商业集团。
	"路易威登杯"帆船赛在弗里曼特尔举行比赛。
1988 年	发售当代艺术家设计的丝巾（按以下图片顺序：安德莉·普特曼的"旅途中"方形丝巾；让-皮埃尔·雷诺的"春秋"方形丝巾；索尔·勒维特的"底流丝巾"和"地球是圆的"方形丝巾）。 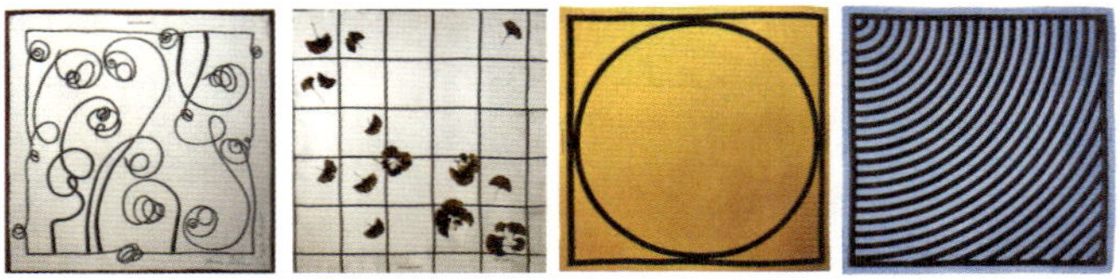
	法国安德尔省的伊苏丹工坊成立。
1989 年	巴黎蒙田大道 54 号路易威登店开业。
	引入路易威登经典车展和赛事。首次在巴黎以外的地方举办展览，展览在巴格特尔花园举行。
1990 年	亨利·雷卡米耶离开 LVMH 集团董事会，董事会主席由伯纳特·阿诺特担任，董事会任命伊夫·卡塞勒为路易威登品牌的首席执行官。
	位于法国阿列省的圣普尔坎工坊成立。
1991 年	路易威登经典老爷车展在英国惠灵汉姆举行。
	在西班牙巴贝拉德尔瓦勒斯和加利福尼亚的圣迪马斯分别成立了两个工坊。
1992 年	源自 20 世纪 30 年代行李箱的灵感，设计产生了"Alma"手袋。 
	在北京王府井半岛酒店设立中国首家路易威登专卖店。
	"路易威登杯"帆船赛在加利福尼亚圣地亚哥举行。
1993 年	推出 Taïga 皮革男士手袋系列。
	路易威登组织了连接新加坡和吉隆坡的环赤道拉力赛。
1994 年	为了纪念乔治-路易·威登的书出版一百周年，路易威登联合《文学半月刊》推出了"和……一起旅行"系列书籍。

年代	大事件		
1995 年	路易威登古董老爷车走过意大利最美的道路。		
	推出了皮质最优的都市手袋系列。		
	巴黎第三个店在圣日耳曼德佩区开业。		
	"路易威登杯"帆船赛在加利福尼亚圣地亚哥举行。		
	在法国中部圣坎普尔的第二个路易威登店开业。		
1996 年	在花押字图案帆布问世一百周年之际，重新推出改版后的棋盘格图案帆布。		
	为了纪念花押字图案帆布问世一百周年，邀请七位设计师以花押字图案帆布为基础每人设计一款箱包。		
	路易威登古董老爷车在纽约洛克菲勒中心展出。		
1997 年	美国时装设计师马克·雅可布被聘为路易威登创意设计总监。		
	发布了两个由时尚摄影师伊内兹·范·兰姆斯韦德（Inez van Lamsweerde）和维努德·玛达丁（Vinoodh Matadin）拍摄的系列广告片"笔"和"文本和货物"。		
1998 年	路易威登首次推出时装系列。	推出花押字漆皮系列。	路易威登为法国世界杯推出了限量版系列号花押字足球，并出版了相关书籍《回弹》，所得收入捐献给联合国儿童基金会。
	在巴黎香榭丽舍大街开设了第一家"全球性"的店铺，实施新的零售概念。		
	路易威登老爷车中国之旅：从大连到北京。		
	路易威登将总部搬到以前美丽园丁百货商店所在地，新桥路 2 号。		
	出版《路易威登世界城市指南》。		

年代	大事件		
1999年	路易威登日本名古屋店开业。		
	"路易威登"杯帆船赛在新西兰奥克兰举行。		
	法国旺代省的圣弗洛伦斯工坊成立。		
2000年	推出花押字迷你系列（Monogram Mini）。		
	推出"Monogram Glace"系列。		
	男装成衣首秀。		
	非洲第一个专卖店在马拉喀什的马穆尼亚酒店开张。		
	马克·雅可布领导公司的广告创意活动。		
	在意大利菲耶索达尔蒂科开设鞋履制作工坊。		
2001年	推出由美国设计师史蒂芬·斯普劳斯设计的涂鸦帆布系列（Monogram Graffiti）。		
	发布迷人优雅的手镯，这是路易威登第一款珠宝。		
	在圣弗洛伦斯开设第二家工坊。		
2002年	推出"Tambour"腕表系列。	位于东京表参道的路易威登之家开业。	罗伯特·威尔森为路易威登设计了当年的圣诞橱窗。
	马克·雅可布和英国插画家朱莉·弗尔霍文创作出"神话"手袋系列。	"路易威登"杯帆船赛在新西兰奥克兰举行。	分别在巴贝拉德尔瓦勒斯、孔代和迪赛新成立了三个皮革工坊。

年代	大事件			
2003 年	推出"Monogram Multicolore"系列，由日本设计师村上隆设计。	"Utah"皮革系列问世。	"Suhali"羊皮系列诞生。	新西兰奥克兰"路易威登"杯20周年纪念。
	和舞台设计师罗伯特·威尔森合作设计圣诞节店铺橱窗。			
	分别在印度新德里、俄罗斯莫斯科、日本六本木新城开设第一家分店。			
2004 年	路易威登公司成立 150 周年庆祝会。			
	首次推出"Emprise"珠宝系列；推出"Damier Géant"系列。			
	路易威登在印度孟买、莫斯科红场开店，首次在南非约翰内斯堡开店，首次在中国上海开设环球专卖店。			
	纽约第五大道路易威登店开业。			
	并购瑞士拉绍德封地区的制表企业。			
2005 年	推出"Speedy"腕表系列。			
	推出"Monogram Cerises"樱桃包系列，由日本设计师村上隆设计。			
	推出"Monogram Denim"系列。			
	马蒂尼耶出版社（Les Editions de La Martiniere）出版《路易威登——现代奢华主义的诞生》。			
	坐落于香榭丽舍大道 101 号的路易威登之家开幕，成为路易威登在世界上最大的旗舰总店。			
	阿斯涅尔工坊经过一年的装修后重新开张。			
	首次推出路易威登眼镜系列。			
2006 年	路易威登在其香榭丽舍大道旗舰大厦七楼开设路易威登 E 空间文化馆。			
	由弗兰克·盖里（Frank Gehry）设计的路易威登基金会建筑物建成。			

年代	大事件
2006年	推出"Monogram Mini Lin"系列；推出"Damier Azur"系列。
	在"Lockit"旅行袋基础上改版推出"Nomade"旅行袋系列。
	推出"Emprise"花朵珠宝系列；推出"Tambour"腕表黑色系列。
	奥拉弗尔·埃利亚松为路易威登设计了当年的圣诞橱窗。
	分别与网球明星斯黛菲·格拉芙 (Stefanie Graf)、安德烈·阿加西，影星凯瑟琳·德纳芙，前苏联领导人戈尔巴乔夫合作，委托摄影师安妮·莱博维茨拍摄路易威登2007年"核心价值"系列广告。
	在塞浦路斯和希腊开店。
2008年	与"滚石"乐队创队成员、吉他手和作曲人凯斯·理查德，好莱坞父女导演弗朗西斯·科波拉、索菲亚·科波拉及影星肖恩·康纳利合作，委托摄影师安妮·莱博维茨拍摄路易威登2008年"核心价值"系列广告。
	香港广东道专卖店开业。
	马克·雅可布与美国艺术家理查德·普林斯合作创作了女装成衣系列。
2009年	在"Monogram Graffiti"和"Monogram Rose"基础上改版推出"Louis Vuitton Sprouse"系列，采用美国设计师史蒂芬·斯普劳斯2001年设计的图案。
	在蒙古国乌兰巴托、美国拉斯维加斯和中国澳门开设分店。
	与宇航员巴兹·奥尔德林、萨莉·赖德和吉姆·洛弗尔 (Jim Lovell) 合作，由安妮·莱博维茨拍摄"核心价值"广告。
	首个高级珠宝系列"L'Ame du Voyage"发布，由劳伦兹·鲍默 (Lorenz Bäumer) 设计。
	路易威登在新西兰奥克兰举行太平洋系列帆船赛。
2010年	路易威登在伦敦新邦德街、多米尼加共和国、黎巴嫩的店铺开业。
	与U2主唱波诺 (Bono) 及其妻阿里·修森 (Ali Hewson)、芭蕾舞蹈家米凯亚·巴瑞辛尼科夫 (Mikhail Baryshnikov)、足球明星贝利 (Pelé)、齐达内、马拉多纳 (Maradona) 合作，由安妮·莱博维茨拍摄"核心价值"广告。
	推出"Monogram Idylle"和"Monogram Empreinte"系列。
	参加巴黎古董商双年展。
	参加上海世博会。

法国奢侈品牌研究：路易威登的设计文化

年代	大事件
2011年	和安吉丽娜·朱莉合作拍摄"核心价值"广告。
	新加坡滨海湾、澳大利亚悉尼乔治街店铺分别开张。
	日本东京表参道路易威登大厦七层E空间对外开放。
	参加巴塞尔国际钟表珠宝展,这是在法国巴塞尔举行的腕表、珠宝展。
	"路易威登艺术时空之旅"展在中国北京举行。
2012年	路易威登之家分别在罗马的艾托伊尔和中国上海66号广场开业。
	和日本艺术家草间弥生合作创作系列产品和艺术项目。
	"路易威登与马克·雅可布"展览在巴黎装饰艺术博物馆展出。
	举办从摩纳哥到威尼斯的路易威登老爷车大赛。

图片来源:PASOLS P-G. Louis Vuitton: the birth of modern luxury[M]. New York: Abrams, 2012.

二、手袋质量测试

耐挠性测试
这个测试主要检验样片的抗折叠和抗挠曲能力。这个测试在皮革或帆布样片上进行。样片被贴在挠度仪上并进行折叠。一个活动夹子记录纵向的来回往复运动。

皮片抗扭力测试
这个测试通过对皮革样片进行横向扭转来检验它的抗变形能力。

在多光源对色灯箱中对原材料的肉眼检验
测试者通过这个测试观察皮革或帆布样片的染色均匀性。

色牢度迁移测试
这个测试检验皮革或帆布样片的染色牢度，先将样片黏附在底座上，然后放入一个封闭的人工环境中，将温度调为50℃、湿度调为95％进行检测。

耐磨牢度测试
这个测试在皮革或帆布样片上进行。用一块粗糙的羊毛转圈打磨样品，模仿随着时间推移而形成的磨损。

金属附件耐汗测试（人工汗液）
这个测试将样品放到吸满人工汗液的棉花中，检验其耐受程度，测试部件放在一个大桶中，里面装着湿透的棉花，放到一个蒸笼中，并加热到55°C。

金属附件耐湿热测试
这个测试检验金属附件对湿热空气的耐受程度。人工测试环境设定为55℃和95％的湿度。

金属配件耐盐雾测试
这个测试检验金属配件对盐雾的耐受程度，样品被放入一个封闭空间中，并用气泵不断向其中喷入中性盐雾。

摆动混合机（TURBULA）测试
这个测试检验某个原料成分经过擦伤或磨损造成的表面效果。这个测试在皮革或帆布样片以及金属附件上进行，将样品插入盛放着石头和软化水的容器中，摆动混合机每分钟进行多次旋转。

锁链抗扭力测试
这个测试检验诸如链条的金属环之类的金属部件对扭转的耐受程度。将样品的一端夹在台钳上，对它进行扭转，直到它变形或在表面可以观察到裂口或破损。

弹簧钩反复开关耐受度测试
弹簧钩样品被固定在一个装置上，反复开关弹簧钩的活动部位。

法国奢侈品牌研究：路易威登的设计文化

挂锁反复开关耐受度测试（从左至右，从上至下）
这个测试用来确定挂锁的强度。样品被固定在一个装置上，反复旋转钥匙将它打开再锁上。

抛光强度栅格测试
这个测试用来检验金属部件的亮漆和电镀的牢固性。在金属片上切割出正交栅格，在这个区域贴上一片胶带，然后移除，检查是否有抛光面的微粒被剥离下来。

拉链反复开关耐受度测试
这个测试用来确定拉链的耐受度。测试装置进行来回的往复运动。

搭扣反复开关耐受度测试
这个测试用来试确定搭扣的耐受度。搭扣样品被固定在一个装置上，通过按压释放按钮将搭扣打开，然后再把它合上。

"翻滚笼（Tumbling cage）"测试
这个测试允许测试者观察成品抵抗意外冲击造成损坏的能力。"翻滚笼"由质量控制实验室制作，模仿物体摔落的情境。样品从"翻滚笼"掉落，从一个高度跌到另一个高度。最后摔到水泥地板上，整个测试过程持续10分钟。

成品耐湿热测试
这个测试允许测试者观察成品对湿热空气的耐受程度。人工测试环境被设定为55℃和95％的湿度。

"举起和放下"测试
这个测试模仿日常使用手袋中反复举起和放下的动作，评估成品对其的耐受程度。
样品按照其尺寸装上一定重量的东西。
通过肩带或者把手固定在一个反复上下运动的装置上。

把手强度测试
这个测试模仿在手袋中装上重物，检验"Neverfull"手袋的两个把手对纵向牵引力的耐受度。每一只把手必须能承受至少105千克的重量。

图片及文字来源：让-克劳德·考夫曼，伊恩·卢纳，弗洛伦斯·米勒，等.路易威登都市手袋秘史[M].赵晖，译.北京：北京美术摄影出版社，2015：388-389.

三、19 世纪的女装

裙装构成和分类	
长筒袜 "年轻女士都穿着时髦的白色丝质长筒袜参加舞会；或者假如她们认为太昂贵了，也可以选择莱尔网眼袜；少女们穿莱尔网眼长筒袜；女士雨天外出，走路时穿明亮颜色的条形图案羊毛长筒袜或方格形、菱形图案的长筒袜。" ——《时尚插画》1862 年 2 月 17 日	
领子和袖子 "其材质是亚麻布。小领子是 T 台的最好选择，是完全时尚的，它们可以立起来，也可以翻下去。领子上有平纹丝绸或蕾丝的缝线绲边和抽褶饰边。在小领子旁边可以看到一对比性的底袖，在柔软的褶皱袖缘周边缝上细棉布双边袖口，就像男士衬衫上挺直的袖口一样，至少要有 10 厘米宽，这种样式有创新性，但不太优雅。" ——《女士商店》1861 年 2 月	
克里诺林裙 "衬裙是由三十个轻便有弹性的圆环组成的，圆环之间间隔三厘米，并且被固定在垂直的带子上。在这三十个圆环中，只有从下往上数的十七个圆环撑起衬裙，而衬裙上部分的圆环只支撑起衬裙的前部且要撑出十八厘米的空间。衬裙背面有两条带孔的带子，它们被缝到固定圆环的、大约在臀部位置的带子上，然后再将蕾丝穿过这两条带孔，并将带子系紧以固定衬裙，防止它拥簇在裙前部。" ——《时尚插画》1860 年 6 月 23 日	  

裙装构成和分类

阳伞

"女士们举的阳伞各式各样，尺寸不一。小阳伞是绣花的或纯色的，伞面上装饰着蕾丝或在荷叶边上饰有蕾丝；有的在边缘接上马拉博单丝经缎流苏，还有的接的是兔皮流苏，但不太好看。阳伞的手柄有长有短，如果是短手柄，伞的顶部有一个圆环，方便伞合上手提。时尚的阳伞颜色总是白色和淡紫色；各种色度的紫罗兰色调以及白色的里衬；棕色用于朴素的小伞，也是'以防万一'的雨伞。"

——《时尚插画》1862年5月25日

晨衣

"女式晨衣：首先是各种风格的白色细棉布质地；华托风格，裙底边饰有荷叶边和软褶皱，在衣服的上部和袖口处也有同样的装饰；其次，在晨衣之后，让我来给你介绍一款小薄纱圆形披肩；一种里衬是细棉布的斗篷……长袖塔勒丹薄纱胸衣；最后，是一件贴身背心……总之，我想补充说明的是一件晨衣及其拼接的白色薄棉布扇形荷叶边。"

——《女士商店》1862年6月9日
"给读者的关于时尚建议的回信"

家居服

"除纯色和花纹丝绸以外，纺织工业生产出大量的制作小礼服的所谓怪诞面料。这些面料再生产出所有的时尚色调：从浅到深的哈瓦那棕色；接近钢铁灰的俄国灰；石板灰；暗淡的颜色；沙色等等。"

——《时尚插画》1862年12月4日

裙装构成和分类		
外出服 "丝绸或羊毛面料用于制作外出服装，颜色基本是纯色。非常细的条纹仍然是时髦的，但是其他花纹突然都消失了。有花纹的服装也没有被抛弃，只是购买新裙装时，更喜欢纯色面料。" ——《时尚插画》1863 年 1 月 26 日		
宴会或音乐会服装 "对于这种场合，我给你的建议是选择冷色塔夫绸礼服，从下面的新颖裙装中选择白底上黑色网纱蓬帕杜花束的塔夫绸裙装（这是非常悦目的图案组合）" ——《女士商店》1861 年 2 月 5 日 "给读者关于时尚建议的回信"		
舞会礼服 "舞会正在代替大舞会，所以需要通常穿戴的礼服和珠宝来搭配。礼服面料都比较轻，参加的人会多穿几周：纱、塔勒丹薄纱、绢网以及几件绸缎内袍又重新出现在礼服上。同时，绸缎的明暗色泽和薄如蝉翼闪闪发光的质地在薄纱的映衬下无与伦比。绸缎蝴蝶结是礼服上的必饰之物，也蔓延至日常服中，长的、松软的带子在中间扭系个结，两边拉出两个花瓣，礼服整体是用绸缎做的。" ——《时尚插画》1863 年 2 月 16 日		

图片及文字来源：GOLBIN P. Louis Vuitton Marc Jacobs[M]. New York: Rizzoli International Publications, Inc, 2012.